KRYSTALLOMETRISCHES PRAKTIKUM

GRUNDBEGRIFFE UND UNTERSUCHUNGSMETHODEN

VON

ROBERT SCHROEDER

ASSISTENT AM MINERALOGISCHEN INSTITUT
DER UNIVERSITÄT HEIDELBERG

MIT 156 ABBILDUNGEN

SPRINGER-VERLAG

BERLIN / GÖTTINGEN / HEIDELBERG

1950

ISBN-13: 978-3-540-01495-9   e-ISBN-13: 978-3-642-94573-1
DOI: 10.1007/ 978-3-642-94573-1

DEM ANDENKEN

AN MEINEN HOCHVEREHRTEN LEHRER

GEHEIMRAT

PROFESSOR DR. V. GOLDSCHMIDT

Vorwort.

Dem Erscheinen dieses Buches liegt der Wunsch zugrunde, die Arbeitsmethoden der Krystallometrie eingehender zu besprechen, als es in den neueren Lehrbüchern angezeigt erscheint.

Die Krystallometrie beschäftigt sich, wie schon ihr Name sagt, mit den geometrischen Eigenschaften, d. h. mit der Morphologie der Krystalle.

Mit anderen Worten, die Krystallometrie umfaßt alle jene Eigenschaften und den sich daraus ergebenden Disziplinen, die mit der äußeren Gestalt der Krystalle zusammenhängen.

Es wurden zuerst die für die Erklärung dieser morphologischen Eigenschaften notwendigen Grundbegriffe besprochen, anschließend daran die Methoden, die nötig sind, um zur Erkenntnis dieser Krystallmorphologie zu gelangen.

Sie wurden so dargestellt, daß der Leser imstande ist, ohne allzu viele theoretische Betrachtungen den Inhalt der einzelnen Kapitel leicht und sicher zu verstehen und ausführen zu können, es wurden deshalb stets einige Beispiele gegeben.

Daß dabei die GOLDSCHMIDTschen Methoden besonders berücksichtigt und benutzt wurden, beruht darauf, daß GOLDSCHMIDT sich gerade mit diesem Teil der Krystallographie, nämlich mit der Krystallometrie, am eingehendsten und mit vielen Verbesserungen und Vereinfachungen ihrer Methoden mit Erfolg beschäftigt hat.

Mit der kurzen geschichtlichen Einleitung zu den einzelnen Kapiteln hoffe ich dem Leser eine Einführung zu geben, wie man sich zu den aufeinanderfolgenden Zeiten die beste Lösung und die geeignetste Darstellung jener Lösungen gedacht hat.

Sehr verbunden bin ich Herrn Prof. Dr. KLEBER für das Lesen der Korrektur.

Im übrigen hoffe ich, daß dieses Buch dem Leser eine leichte und sachliche Darstellung der krystallometrischen Arbeitsmethoden geben möge, ohne daß er gezwungen wäre, nach den einzelnen, in der Literatur weit verzweigten Einzelabhandlungen suchen zu müssen.

Heidelberg, Herbst 1950.

ROBERT SCHROEDER.

Inhaltsverzeichnis.   VII

A. Einleitung.

Als Folgerung über den molekularen Aufbau der Krystalle fand HAUY das Grundgesetz der geometrischen Krystallographie, das Gesetz der rationalen Indices. Da HAUY bemerkte, daß in den meisten beobachteten Fällen die Indices nur den ersten Zahlen der natürlichen Zahlenreihe angehören, wurde das Gesetz später das Gesetz der einfachen rationalen Indices genannt.

Der Zusammenhang der verschiedenen Flächen eines Krystallsystems ist bei jeder Krystallbestimmung das erste und hauptsächlichste Ziel. Wie dieser Zusammenhang aber an den Krystallen in Erscheinung tritt, ist zuerst von CHR. S. WEISS erkannt worden.

Dieser Zusammenhang bildet ein zweites Gesetz der geometrischen Krystallographie: das Zonengesetz.

Dieses Zonengesetz besteht darin, daß in der Entwicklung der verschiedenen Flächen jede spätere Fläche durch Zonen früherer Zonenglieder bestimmt wird.

WEISS hat nun bewiesen, daß sämtliche Kanten (Zonenachsen) eines Krystalls auch rationale Indices haben.

Mit Hilfe der MILLERschen Symbole ist nun leicht, aus den Symbolen zweier Flächen zu dem Symbol der entsprechenden Zone überzugehen.

Sind also irgend zwei Flächen mit rationalen Indices gegeben, so sind die Indices der durch sie bestimmten Zone ebenfalls rationale Zahlen.

Damit ist also bewiesen, daß beide Gesetze, das Rationalitätsgesetz und das Zonengesetz als ein einziges betrachtet werden können.

Auf diesem Gesetz beruht nun die gesamte Grundlage der Krystallometrie, und aus diesem haben sich die krystallographischen Grundbegriffe entwickelt.

Der erste Abschnitt behandelt die Definition und die geschichtliche Entwicklung der Grundbegriffe der Krystallometrie.

Der zweite Abschnitt gibt die geometrische Untersuchung der Krystalle Bezug nehmend auf obige Grundbegriffe.

Die geometrische Untersuchung eines Krystalls beginnt mit der Messung. Mit der zweikreisigen Messung, die wir ausschließlich verwenden, wird die Lage jeder Fläche durch zwei Winkelkoordinaten φ und ϱ bestimmt. Diese beiden Werte geben sofort die Lage der Flächenpunkte in gnomonischer Projektion.

Da nun in der normalen Aufstellung sowohl das Krystallsystem als auch die Elemente und Symbole abgelesen und abgemessen werden können, so ist für die meisten Fälle mit dem Eintragen in das gnomonische Projektionsbild die Berechnung bereits beendet.

Für Neubestimmung ist allerdings eine arithmetische Berechnung der Elemente, einmal für gewisse Durchschnittsrechnungen, aber auch wegen der größeren Genauigkeit, wünschenswert.

Diese arithmetische Berechnung wird nun durch die zweikreisige Messung wesentlich vereinfacht.

Schließlich wird aus diesem gnomonischen Bild mit Hilfe der Leitlinie und des Winkelpunktes auch das Kopfbild und das perspektivische Bild gezeichnet und wenn wünschenswert, auch ein Netz für Modelle hergestellt.

Aus dem gnomonischen Bild ist mithin alles zu entnehmen, was für die krystallometrische Bestimmung eines Krystalles notwendig ist.

B. Die krystallographischen Grundbegriffe und ihre geschichtliche Entwicklung.

I. Einteilungsprinzip der Krystalle (WEISS)

Ein Krystallsystem ist der Inbegriff von Gestalten, denen eine gemeinschaftliche Einheit zugrunde liegt. Es fragt sich nun, worin diese Einheit besteht.

WEISS erkannte den Zusammenhang der verschiedenen Glieder eines Krystallsystems in ihrem Bestimmtwerden durch Zonen. Er sagt: „Der Inbegriff von Gestalten, die ihre Bestimmung sowohl durch die in diesen Formen gegebenen Zonen als auch die sich in diesen Zonen weiter entwickelten Formen bilden ein Krystallsystem.''

Die zweite Frage war nun die nach der bestimmenden Eigentümlichkeit jedes Krystallsystems.

Zunächst wurden die primären Formen untersucht, die der Entwicklung der möglichen Formen zugrunde liegen. So wurde bei diesen das Gemeinschaftliche erkannt, wodurch sie sich von den Formen anderer Systeme unterscheiden.

Daraus stellte WEISS [32] folgende Krystallsysteme auf:

a) Die Krystallsysteme nach CHR. S. WEISS.

1. Das reguläre System, dessen primäre Form das Oktaeder ist.

Der Name regulär ist nicht ganz richtig, da ja die Formen der anderen Krystallsysteme alle nach bestimmten Gesetzen und Regeln aufgebaut sind. Der Unterschied des regulären Krystallsystems gegen die anderen Krystallsysteme besteht vielmehr darin, daß alle anderen Systeme mit Ausnahme des regulären eine gewisse Anzahl variabler Elemente besitzen, während das reguläre System eine in sich geschlossene Einheit bildet.

2. Vom regulären System abweichende Systeme.

a) Solche, welche auf drei untereinander rechtwinkligen, aber nicht sämtlich unter sich gleichen Grunddimensionen beruhen.

I. Viergliedrige: zwei Dimensionen gleich unter sich, aber ungleich der dritten (tetragonal).

II. Solche, wo alle drei unter sich rechtwinklige Grunddimensionen untereinander ungleich sind.

1. Zwei- und zweigliedrig (rhombisch).

2. Zwei- und eingliedrig (monoklin).

Ein- und eingliedrig (triklin).

b) Solche, welche auf einer Hauptdimension und auf drei anderen unter sich gleichen, von der ersteren verschiedenen und auf diesen senkrecht stehenden Grunddimensionen beruhen.

Sechsgliedrige (hexagonal): Drei- und dreigliedrige oder rhomboedrisch (rhomboedrisch oder trigonal).

b) Die Symmetrieoperationen.

Das Einteilungsprinzip der Krystalle beruht lediglich auf dem Symmetriebegriff. Schönfliess sagt darüber:

„Es gibt Figuren, welche die besondere Eigenschaft haben, sich selbst auf verschiedene Weise kongruent oder spiegelbildlich gleich zu sein. Solche Figuren heißen symmetrische."

Wird eine räumliche Figur an einer Ebene gespiegelt, so geht sie dadurch in ihr Spiegelbild über. Im Gegensatz zu kongruent heißt symmetrisch soviel wie spiegelbildlich gleich.

Die Gesamtheit aller Symmetrieeigenschaften eines Krystalls bezeichnet man als seine Symmetrie.

Es gibt 4 Arten der Symmetrie:

1. Symmetrieachsen — 2. Symmetrieebenen — 3. Symmetriezentrum — 4. Inversionsachse resp. Drehspiegelungsachse.

ad 1. Die krystallographisch gleichen Flächen sind deckbar gleich (kongruent). Ein solcher Krystall läßt sich durch Drehung um bestimmte Linien (Deckachsen, Symmetrieachsen) mit sich selbst zur Deckung bringen. Diese Deckachsen können infolge des Gitterbaues der Krystalle nur die Werte 2, 3, 4 und 6 annehmen. Diese Ziffern bezeichnen die Zähligkeit der Deckachsen. Ihr Zeichen ist A_n.

ad 2. Zwei spiegelbildlich gleiche Flächen sind gleich geneigt gegen eine vorhandene oder mögliche Krystallfläche. Eine parallel zu dieser durch den Mittelpunkt gelegten Ebene (Symmetrieebene) teilt diesen in zwei Hälften, die sich verhalten wie ein Gegenstand zu seinem Spiegelbild. Das Zeichen dieser Symmetrieebene ist S.

ad 3. Ist Inversion für sich eine Deckoperation, so sind Richtung und Gegenrichtung einander gleichwertig, es gehört zu jedem Punkt in bezug auf den ausgezeichneten Punkt (Symmetriezentrum) ein gleichwertiger Gegenpunkt.

ad 4. Die Kombination einer Drehung um $360°/n$ mit einer Inversion bezeichnet man als eine n-zählige Inversionsachse.

Die Kombination einer Drehung um $360°/n$ mit einer Spiegelung an einer zu dieser senkrechten Ebene bezeichnet man als Drehspiegelachse.

An sich ist es nun natürlich gleichgültig, ob man die eine oder die andere Art von Achsen verwendet, da vom geometrischen Standpunkt aus beide durchaus gleichberechtigt sind. Es ist also nur eine Frage der Zweckmäßigkeit im Hinblick auf die Erfordernisse der Systematik, welche der beiden Achsen man den Vorzug geben will.

Wie Becke darlegt, verdient aber die Inversionsachse den Vorzug, da bei Verwendung der Inversionsachse die Krystallklassen C_{3h} und D_{3h} in das hexagonale Krystallsystem kommen, während diese beiden Klassen bei Verwendung der Drehspiegelachsen in das trigonale System kommen würden, was ihrem

Wesen widerspricht, da diese Klassen mit Hilfe einer sechszähligen Inversionsachse abzuleiten sind.

Ein weiterer Grund, der für die Verwendung der Inversionsachsen spricht, ist der, daß diese Achsen für den Unterricht besser geeignet sind als die Drehspiegelachsen, da deren Deckoperationen eine sechsmalige Drehung (um je 120°) erfordern, um die Ausgangsstellung zu erreichen; von einer dreizähligen Achse erwartet man aber dies schon nach *einer* Volldrehung (nach dreimal 120°).

Zunächst wollen wir einmal die Wirkungsweise der Inversionsachsen betrachten (Abb. 1a—e).

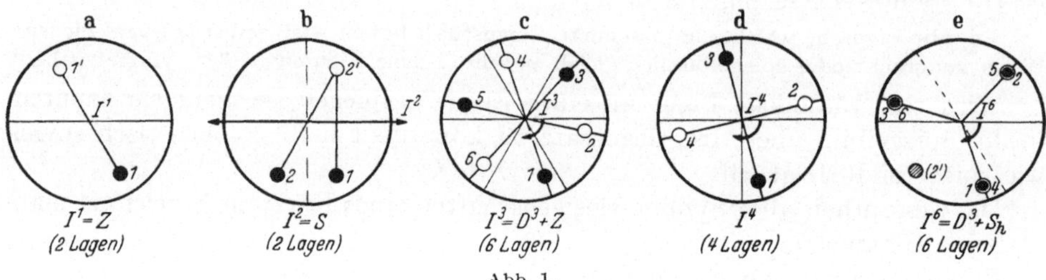

Abb. 1.

Die einzählige Inversionsachse ist identisch mit dem Symmetriezentrum.

Die zweizählige IA. läßt sich, wie Abb. 1b zeigt, als eine Symmetrieebene deuten, wobei die Ebene senkrecht zu I als Symmetrieebene dient ($I^2 = S$).

Die dreizählige IA. kann man durch eine einfache $D^3 + Z$ ersetzen.

Die vierzählige IA. ist die einzige Inversionsachse, die sich nur in dieser Form beschreiben läßt.

Die sechszählige IA. liefert eine Verteilung, die einer $D^3 + S_h$ (normal zur D^3) entspricht.

c) Entdeckung des Einteilungsprinzips von HESSEL.

Der Beweis, daß nur 32 Symmetrieklassen möglich sind, wurde zuerst von HESSEL [20] auf sehr umständliche Weise geführt.

Er ermittelt zuerst, wie viele und in welcher Anordnung gelegene gleichwertige Teile ein Raumding darbieten kann. Diese gleichwertigen Teile können nun ebenbildlich (deckbar) oder gegenbildlich (spiegelbildlich, symmetrisch) sein, auf diese Körper wendet er nun das Gerengesetz (Rationalitätsgesetz) an und eben diesem Gesetz folgen die Krystalle. Durch Beschränkung auf solche Gebilde, die dem Gerengesetz folgen, wird schließlich das Ziel erreicht.

HESSEL unterscheidet folgende Hauptabteilungen der Krystalle:

I. Klasse: Hauptachsenlose Krystallgestalten:
Nur eine Ordnung: Dreigliedrig vierachsige Gestalten.
II. Klasse: Hauptachsige Krystallgestalten.
Erste Ordnung: Einfach Einachsige
    a) Familie der ein- und dreimaßigen,
    b) Familie der ein- und zweimaßigen.
Zweite Ordnung: Mehrfach einachsige, oder ein- und einmaßige.
Es gehören zur I. Klasse die Krystalle des regulären Systems, zur II. Klasse:
Erste Ordnung: a) die hexagonalen Krystalle,
              b) die tetragonalen Krystalle.
Zweite Ordnung: Die rhombischen, monoklinen und triklinen Krystalle.

Diese Untersuchungen Hessels scheinen gänzlich unbeachtet geblieben zu sein, denn im Jahre 1849 nahm Bravais dieselben Untersuchungen wieder auf; da er jedoch bei seiner allgemeinen Untersuchung eine mögliche Krystallklasse übersah, nämlich Hessels (tetragonal bisphenoidische Klasse), kam er nur auf 31 Klassen.

Doch hat Bravais [3] später das Fehlen dieser Klasse entdeckt und, trotzdem sie durch seine allgemeinen Untersuchungen nicht gefordert wird, in seiner Schlußtabelle aufgenommen.

Möbius (1854), der die Arbeiten von Bravais bekämpfte, gelangte als erster zu den Symmetrieachsen 2. Art. Er hat seine Arbeit nicht selbst veröffentlichen können, sie wurden von F. Klein besorgt. Bei Möbius fehlen die Gruppen D_{nh} für gerades n. Dies kam dadurch zustande, daß er glaubte, alle Symmetriegruppen, die eine einzählige Hauptachse enthalten, mit nur zwei verschiedenen Symmetrieeigenschaften erzeugen zu können.

Gadolin [6] hat viele Jahre später (1871) diese Untersuchungen wieder aufgenommen, scheinbar ohne die Arbeiten von Hessel und Bravais gekannt zu haben.

Er geht von dem Prinzip aus, daß alle diejenigen Formen einer Klasse angehören, bei denen die Anzahl und Anordnung der gleichen Richtungen dieselbe ist. Er suchte also die Möglichkeiten verschiedener Anordnung von gleichen Richtungen auf.

Die Gleichheit der Richtungen ist nun entweder Deckungsgleichheit oder symmetrische Gleichheit, je nachdem die entsprechenden Winkel in derselben oder in umgekehrter Reihenfolge aufeinanderfolgen.

Da Gadolin [6] das Rationalitätsgesetz von vornherein berücksichtigte, ist seine Untersuchung nur auf Krystalle beschränkt.

Er findet dieselben 32 Abteilungen wie Hessel.

Auch die von ihm gewählte Darstellung durch Figuren in stereographischer Projektion hat sich bewährt und ist noch heute allgemein im Gebrauch.

Curie (1884) hat die Bravaisschen Untersuchungen wieder aufgenommen. Doch findet er zunächst 36 Klassen. Er zeigte jedoch, daß nur 32 Klassen möglich sind, indem er die 4 Fälle, die, wie schon Hessel zeigte, wegen der Unvereinbarkeit mit dem Rationalitätsgesetzt ausgeschlossen sind, ausschied.

Endlich hat Minnigerode (1887) die möglichen Symmetrieeigenschaften der Krystalle vom Standpunkt der Gruppentheorie behandelt und seine Resultate stimmen mit denen seiner Vorgänger überein.

Die Lage einer Krystallfläche ist bestimmt durch die Cosinuswerte (α, β, γ) ihrer Normalen mit den Koordinaten. Treten für die Werte (α, β, γ) die Werte $(\alpha'\beta'\gamma')$ ein, so nennt man diesen Vorgang eine Substitution. Man schreibt:

$$ S = \begin{pmatrix} \alpha \ \beta \ \gamma \\ \alpha' \beta' \gamma' \end{pmatrix} . $$

Eine Reihe solcher Substitutionen wird eine Gruppe genannt.

Bei Vorhandensein einer Symmetrieachse entspricht jede neue Decklage einer Substitution. Jede Symmetrieeigenschaft entspricht einer Substitution.

d) Ableitung der 32 Symmetrieklassen.

Die Ableitung der 32 Symmetrieklassen kann auf zweierlei Weise geschehen:

α) Das synthetische Verfahren

nimmt ohne Rücksicht auf die Krystallsysteme alle Kombinationsmöglichkeiten, soweit sie sich unter Beachtung des Rationalitätsgesetzes miteinander vertragen, als Symmetrieklassen.

β) Das analytische Verfahren

kommt durch Unterdrückung der Symmetrieelemente aus den 6 Krystallsystemen durch meroedrische Zerfällung ebenfalls zu den 32 Krystallklassen.

Diese Meroedrien entstehen so, daß von den Symmetrieelementen gewisse Arten ausscheiden. Die bei dieser erstmaligen Unterdrückung gewisser Symmetrieelemente hervorgegangenen Symmetrieklassen heißen hemiedrisch und für den Fall, daß eine singuläre Symmetrieachse unterdrückt wird, hemimorph. Wenn diesen hemiedrischen Klassen noch weitere Symmetrieelemente verbleiben, so können auch diese unterdrückt werden, man nennt diese Klassen tetartoedrisch.

In dem hexagonalen Krystallsystem gibt es gar noch eine Ogdoedrie, in dem die bei der trigonalen Tetartoedrie noch vorhandenen vertikalen Symmetrieebenen auch wegfallen.

Bei diesen Meroedrien fallen natürlich die zu den ausfallenden Symmetrieebenen symmetrischen Flächen aus, während die entsprechenden zurückbleibenden weiterwachsen.

Diese teilflächigen Formen heißen korrelate Formen, sie sind entweder kongruent, unterscheiden sich nur durch ihre Stellung (rechtes und linkes Tetraeder), oder sie sind enantiomorph, d. h. spiegelbildlich gleich, sie verhalten sich dann wie rechte und linke Körper (z. B. rechter und linker Handschuh).

Bei allen Symmetrieklassen, die nur Symmetrieachsen besitzen, sind die Formen enantiomorph.

Bei den Meroedrien bleiben alle Formen unverändert, die senkrecht auf den ausscheidenden Symmetrieebenen stehen.

Es soll nun untersucht werden, wieviel Arten zunächst der Hemiedrie in den einzelnen Krystallsystemen möglich sind.

Wie wir schon erwähnten, geht das analytische Verfahren so vor, daß von den Symmetrieelementen der Holoedrien jeweils gewisse gleiche Symmetrieelemente ausfallen. Es entstehen so die Meroedrien.

Kubisches System hat drei Hauptsymmetrieebenen und 6 Nebensymmetrieebenen.

Symmetrieklassen	SE.	SA.	SC.
Hexakisoktaedrische Klasse	$3+6$	$3^{IV} + 4^{III} + 6^{II}$	1
Hexakistetraedrische Klasse	6	$4^{III} + 3^{I}$	0
Dyakisdodekaedrische Klasse	3	$4^{III} + 3^{II}$	1
Plagiedrische Klasse	0	$3^{IV} + 4^{III} + 6^{II}$	0
Tetartoedrische Klasse	0	$4^{III} + 3^{II}$	0

Es sind mithin im kubischen System drei Arten von Hemiedrien möglich, durch Unterdrückung von:

1. 3 HSE. (Tetraedrische H.)
2. 6 NSE. (Pentagonale H.)
3. 3 + 6 SE. (Plagiedrische H.)

Sowohl bei der 1. als auch bei der 2. sind noch Symmetrieebenen vorhanden, deren Ausscheiden jedoch sowohl bei 1 als auch bei 2 zu demselben Resultat der Tetartoedrie führt.

Hexagonales System mit einer Hauptsymmetrieebene und 6 Nebensymmetrieebenen.

Symmetrieklassen	SE.	SA.	SC.
Dihexagonal bipyramidale Klasse . .	$1 + 3 + 3$	$1^{VI} + 6^{II}$	1
Dihexagonal pyramidale Klasse . .	$3 + 3$	1^{VI}	0
Ditrigonal bipyramidale Klasse. . .	$1 + 3$	$1^{III} + 3^{.I}$	0
Ditrigonal skalenoedrische Klasse. .	3	$1^{III} + 3^{II}$	1
Hexagonal bipyramidale Klasse . .	1	1^{VI}	1
Hexagonal trapezoedrische Klasse .	0	$1^{III} + 6^{II}$	0
Ditrigonal pyramidale Klasse . . .	3	1^{III}	0
Hexagonal pyramidale Klasse . . .	0	1^{VI}	0
Trigonal bipyramidale Klasse . . .	1	1^{III}	0
Trigonal trapezoedrische Klasse . .	0	$1^{III} + 3^{II}$	0
Rhomboedrische Klasse	0	1^{III}	1
Triginal pyramidale Klasse	0	1^{III}	0

Da im hexagonalen System $1 + 3 + 3$ Symmetrieebenen vorhanden sind, so sind hier fünf Arten von Hemiedrien möglich.

Von diesen 5 Hemiedrien besitzen noch 3 Symmetrieebenen, eine davon, die ditrigonale bipyramidale Klasse, besitzt sogar noch $1 + 3$ Symmetrieebenen und kann daher noch in zwei verschiedene Tetartoedrien verfallen, so daß hier noch fünf verschiedene Tetartoedrien möglich sind.

Wie schon erwähnt, besitzt die trigonal bipyramidale Klasse noch eine horizontale Symmetrieebene, deren Verschwinden dann zur Ogdoedrie führt.

Tetragonales System. $1 + 2 + 2$ Symmetrieebenen.

Symmetrieklassen	SE.	SA.	SC.
Ditetragonal bipyramidale Klasse	$1 + 2 + 2$	$1^{IV} + 4^{II}$	1
Ditetragonal pyramidale Klasse	$2 + 2$	1^{IV}	0
Tetragonal skalenoedrische Klasse	2	$1^{II} + 2^{II}$	0
Tetragonal bipyramidale Klasse	1	1^{IV}	1
Tetragonal trapezoedrische Klasse	0	$1^{IV} + 4^{II}$	0
Tetragonal pyramidale Klasse	0	1^{IV}	0
Tetragonal bisphenoidische Klasse	0	1^{II}, die zugleich 1^{IV} der zusammengesetzten Symmetrie	0

Im tetragonalen System gibt es $1 + 2 + 2$ Symmetrieebenen.

Im Gegensatz zu dem hexagonalen System sind hier jedoch nur vier Hemiedrien möglich, da eine Klasse mit $1 + 2$ Symmetrieebenen, die der ditrigonalen bipyramidalen Klasse ($1 + 3$ Symmetrieebenen) im hexagonalen System entsprechen würden, nicht möglich ist, denn wenn man bei der tetragonalen

Hemiedrie der skalenoedrischen Klasse noch eine horizontale Symmetrieebene zufügen würde, so würde dadurch die Symmetrie der Holoedrie entstehen, da diese horizontale Symmetrieebene noch zwei weitere vertikale Symmetrieebenen zur Folge hätte.

Bei diesen Hemiedrien sind noch weitere Tetartoedrien möglich, bei der Hemimorphie können noch die beiden Arten der vertikalen Symmetrieebenen ausfallen, ebenso können bei der sphenoidischen Hemiedrie die zwei vertikalen Symmetrieebenen ausfallen.

Rhombisch. Von den 3 SE. kann zunächst eine ausfallen. Damit entfällt gleichzeitig das SC. und 2 SA. Es ist dies die Hemimorphie. Da im rhombischen System die 3 Achsen gleichwertig sind, so kann jede Achse senkrecht (C-Achse) gestellt werden, so daß hier der Begriff der Hemimorphie etwas allgemeiner ist, da dieses KS. keine singuläre Achse besitzt. Die zweite Möglichkeit ist die, daß alle 3 SE. ausfallen. Es bleiben dann nur noch zwei zueinander senkrechte SA.

Der Unterschied dieser Sphenoide gegen die des tetragonalen Systems ist der, daß ihre Mittelkanten nicht alle gleich sind und daß die beiden Polkanten nicht senkrecht aufeinander stehen.

Das Ausfallen von 2 SE. ist nicht möglich, da beim Ausfallen der zweiten SE. auch zwangläufig die dritte ausfallen muß.

Monoklin. Wenn die einzige SE. im monoklinen System ausfällt, so entfällt gleichzeitig damit das SC., und es bleibt nur eine zweizählige SA.

Da diese Hemimorphie nur SA. besitzt, so sind die Formen enantiomorph.

Die zweite Möglichkeit ist die, daß die SA. und das SC. ausfällt und dann nur noch die SE. bleibt.

Triklin. Hier ist nur die Möglichkeit, daß das einzige S.-Element, das SC., entfällt. Jede Form besteht daher nur aus einer einzigen Fläche.

e) Schoenfliess' Einteilung und Bezeichnung nach Gruppen.

Die Ableitung der 32 Krystallklassen kann auch aufbauend erfolgen, d. h. durch allmähliches Zusammenlegen von Symmetrieelementen mit Erschöpfung aller Kombinationsmöglichkeiten.

Schoenfliess [30] leitet die 32 Klassen auf diese Weise ab, indem er von den cyclischen Gruppen ausgehend durch Hinzufügen weiterer Symmetrieelemente zu den 32 Symmetrieklassen gelangt.

Schoenfliess beginnt mit den cyclischen Gruppen C.

Die cyclischen Gruppen besitzen eine einzige n-zählige Symmetrieachse; sie existieren daher für jeden möglichen Wert von n.

Die Diedergruppen lassen sich so definieren, daß sie mehrere Symmetrieachsen besitzen, jedoch nur eine mehr als zweizählige.

Wir kommen nun zu den Gruppen und Krystallklassen zweiter Art.

Die **einfachsten Gruppen** dieser Art besitzen nur eine Achse zweiter Art als Symmetrieelement. Es sind dies die Gruppen: S_n ($n = 1, 2, 3, 4, 6$).

S_1 entspricht einer bloßen Spiegelung.

S_2 entspricht einer Inversion.

S_3 bedeutet eine dreizählige Achse erster Art und eine dazu senkrechte Symmetrieebene.

S_4 hier ist eine Ersetzung der Symmetrieachse zweiter Art nicht möglich.

S_6 entspricht einer dreizähligen Achse erster Art, verbunden mit einem Symmetriezentrum.

Die **weiteren Gruppen** mit einer einzigen Symmetrieachse enthalten noch ein Symmetriezentrum oder auch Symmetrieebenen. Diese Symmetrieebenen gehen entweder durch die Achse oder sie stehen senkrecht darauf.

Die der Gruppe C_n^v entsprechende Krystallklasse enthält außer der n-zähligen Achse noch n verschiedene vertikale Symmetrieebenen.

Eine solche Gruppe existiert für jeden Wert $n = 2, 3, 4, 6$.

Von den Gruppen C_n^h ist der Fall $n = 3$ identisch mit der Gruppe S_3, die der Existenz einer dreizähligen Achse zweiter Art entspricht.

Für gerade n sind diese Gruppen identisch mit den Gruppen C_n^i, für diesen Wert n enthalten sie schon eine Inversion.

Es folgen nun die **Diedergruppen zweiter Art,** man braucht hierfür die Inversion nicht in Betracht zu ziehen. Es genügt, alle Spiegelungen zu suchen, die die Achsen der Diedergruppen in sich überführen. Die spiegelnde Ebene kann entweder horizontal (γ_h) oder vertikal (γ_v) sein. Ist sie horizontal, so enthält sie auch die zweizähligen Nebenachsen. Nach dem Satze:

Eine zweizählige Symmetrieachse und zwei durch sie gehende senkrechte Symmetrieebenen kommen stets vereinigt vor.

Nach diesem Satze geht durch jede Nebenachse und die Hauptachse auch noch eine vertikale Symmetrieebene.

Wir betrachten nun die Gruppen D_n^d. Für den Fall $n = 2$ ist D_n die Vierergruppe V. Sie besitzt drei zueinander senkrechte Symmetrieebenen und ein Symmetriezentrum.

Die Gruppen $n = 3, 4$ und 6. $n = 3$ hat außer der horizontalen Symmetrieebene noch n vertikale, die durch die Hauptachse und je eine Nebenachse gehen.

Zur Gruppe $n = 4$ und $n = 6$ gehört außerdem noch ein Symmetriezentrum.

Es folgen dann die Gruppen, die außer einer einzähligen Hauptachse noch zweizählige, auf der Hauptachse senkrecht stehende Nebenachsen besitzen.

Tetraeder- und Oktaedergruppe. Ihre Symmetrieachsen sind dieselben wie des Tetraeders und des Würfels. Dem Würfel kommen 3 vierzählige, 4 dreizählige und 6 zweizählige Achsen zu, die sämtlich durch seine Mitte gehen.

Von diesen Achsen kommen dem Tetraeder die dreizähligen ebenfalls zu, die vierzähligen sind jedoch für das Tetraeder nur zweizählig, während die 6 zweizähligen ausfallen.

Den zweizähligen Achsen entsprechen 4 Drehungen, während den 4 dreizähligen Achsen 8 Drehungen entsprechen. Dies gilt sowohl für das rechte als auch für das linke Tetraeder. Die durch diese 12 Drehungen bestimmte Gruppe heißt Tetraedergruppe; SCHOENFLIESS' bezeichnet sie durch T.

Die vorstehenden 12 Deckoperationen kommen natürlich auch dem Würfel zu; zu ihnen kommen bei ihm noch 12 andere. Sie entsprechen einerseits den 6 zweizähligen Achsen, andererseits dem Umstand, daß beim Würfel die beim Tetraeder zweizähligen Achsen hier vierzählig sind. Sie ergeben somit im ganzen 24 Deckbewegungen für den Würfel.

Die durch obige 24 Drehungen bestimmte Gruppe bezeichnet er als Oktaedergruppe und nennt diese Gruppe O.

Die Punktgruppe ohne Symmetrie.

Triklin pediale Klasse. . . . . . . C_1

Drehungssymmetrie.

1. Die einfachen Drehgruppen.

Monoklin sphenoidische Klasse . . . C_2
Trigonal pyramidale Klasse . . . . C_3
Tetragonal pyramidale Klasse . . . C_4
Hexagonal pyramidale Klasse . . . C_6

2. Kombination von einfacher Drehung mit Inversion.

Triklin pinakoidale Klasse . . . . . C_i
Monoklin domatische Klasse . . . . C_s
Rhomboedrische Klasse . . . . . . C_{si}
Tetragonal bisphenoidische Klasse . S_4
Trigonal bipyramidale Klasse . . . C_{3h}

3. Kombination von einfacher Drehung mit darauf senkrechter Spiegelebene.

Monoklin prismatische Klasse . . . C_{2h}
Tetragonal bipyramidale Klasse . . C_{4h}
Hexagonal bipyramidale Klasse . . C_{6h}

4. Kombination einer n-zähligen Hauptachse mit n auf dieser senkrecht stehenden zweizähligen Nebenachse.

Rhombisch bisphenoidische Klasse . D_2
Trigonal trapezoedrische Klasse . . D_3
Tetragonal trapezoedrische Klasse . D_4
Hexagonal trapezoedrische Klasse . D_6

Zufügen einer Spiegelebene parallel den Achsen zu 1.

Rhombisch pyramidale Klasse . . . C_{2v}
Ditrigonal pyramidale Klasse . . . C_{3v}
Ditetragonal pyramidale Klasse. . . C_{4v}
Dihexagonal pyramidale Klasse. . . C_{6v}

Zufügen einer Spiegelebene zu 3. parallel den Nebenachsen.

Hexagonal skalenoedrische Klasse . D_{3d}
Tetragonal skalenoedrische Klasse . D_{2d}

Zufügen einer horizontalen Symmetrieebene zur n-zähligen Ausgangsachse.

Rhombisch bipyramidale Klasse . . D_{2h}
Ditrigonal bipyramidale Klasse . . D_{3h}
Ditetragonal bipyramidale Klasse . D_{4h}
Dihexagonal bipyramidale Klasse . D_{6h}

Tetraeder- und Oktaedergruppe.

Tetartoedrie . . . . T
Pentagonale Hemiedrie . . . . . . Th
Tetraedre Hemiedrie . . . . Td
Plagiedrische oder gyroedrische Hemiedrie . . . . O
Holoedrie. . . . . Oh

f) GOLDSCHMIDTs Definition eines Krystallsystems[1].

Über die Definition der Krystallsysteme sind im allgemeinen drei Lehrmeinungen gegeben.

A. Aus den Eigenschaften der Achsen der Grundpyramide bei C. S. WEISS und seinen Nachfolgern, bei LEVY und seinen Nachfolgern aus den Seiten des Grundprismas.

B. Aus der Symmetrie der idealisierten holoedrischen Formen.

C. Aus der Zusammenfassung mehrerer der 32 Symmetrieklassen.

Diese Zusammenfassung bestimmter Symmetrieklassen zu einer Gruppe (Krystallsystem), welche der leichteren Übersicht wegen benutzt wurde, beruht auf rein praktischen Erwägungen und ist in gewissem Sinne sogar willkürlich.

GOLDSCHMIDT [15] stellte diesen Definitionen zwei neue gegenüber:

D. Aus der Symmetrie der Elemente, indem er sagt:

„Krystallsystem ist der Inbegriff aller Krystalle von gleicher Symmetrie der Elemente."

---

[1] Siehe Literaturverzeichnis [15].

E. Aus der Zahl der variablen Elemente, indem er sagt: „Krystallsystem ist der Inbegriff aller Krystalle mit gleicher Zahl der variablen Elemente".

Diese beiden Definitionen sind zunächst krystallonomisch (formbeschreibend). Elemente einer Krystallart sind die Maße (Längen mit Richtungen), durch die sich die Position jeder typischen Fläche der Krystallart am einfachsten rational ausmessen läßt (Gesetz von der Rationalität der Indices).

Unter dem Wort Elemente können sowohl Polarelemente $(p_0\,q_0\,r_0\,\lambda\,\mu\,\nu)$ als auch Linearelemente $(a_0\,b_0\,c_0\,\alpha\,\beta\,\gamma)$ verstanden werden.

Goldschmidt zieht die Polarelemente vor.

Die Längen $p_0\,q_0\,r_0$ sind die Maßeinheiten der Kraft in den Richtungen $\lambda\,\mu\,\nu$. Von diesen sechs sind variabel:

Im regulären System 1, im einachsigen (hexagonalen und tetragonalen) 2, im rhombischen 3, im monoklinen 4 und im triklinen 6.

Seit der röntgenographischen Bestimmung ist es möglich, die Intensitäten $p_0\,q_0\,r_0$ zu bestimmen, während es früher nur möglich war, das Verhältnis der einzelnen Intensitäten zueinander zu bestimmen.

Die Werte $p_0\,q_0\,r_0\,\lambda\,\mu\,\nu$ sind für das Krystallsystem als Ganzes Variable, für die einzelne Krystallart Konstante. Streng genommen sind $p_0\,q_0\,r_0\,\lambda\,\mu\,\nu$ auch bei derselben Krystallart nur für gleichen Druck und gleiche Temperatur konstant.

Die Polarform und die Elemente haben die gleiche Symmetrie, die gleiche Zahl und Anordnung der Symmetrieebenen. Die Symmetrie der so dargestellten Elemente ist das Kennzeichen der 6 Krystallsysteme nach Definition *D*.

Tabelle 1.

Nr.	Krystallsystem	p_0	q_0	r_0	λ	μ	ν	Symmetrie-ebenen	Variable Elemente
1	Regulär	1	1	1	90°	90°	90°	9	0
2	Hexagonal	p_0	p_0	1	90°	60°	60°	7	1
3	Tetragonal	p_0	p_0	1	90°	90°	90°	5	1
4	Rhombisch	p_0	q_0	1	90°	90°	90°	3	2
5	Monoklin	p_0	q_0	1	90°	μ	90°	1	3
6	Triklin	p_0	q_0	1	λ	μ	ν	0	5

Charakterisierung der Projektionsbilder aus der Zahl ihrer variablen Elemente.

Tabelle 2.

Art des Bildes	p_0	q_0	r_0	x_0	y_0	ν	Variable Elemente des Bildes	Bestimmbare variable Elemente des Bildes	Zahl der Symmetriestücke des Bildes		
									Linien	Punkt	Zusammen
Regulär . .	r_0	r_0	r_0	0	0	90°	1	0	8	1	9
Hexagonal .	p_0	p_0	r_0	0	0	60°	2	1	6	1	7
Tetragonal .	p_0	p_0	r_0	0	0	90°	2	1	4	1	5
Rhombisch .	p_0	q_0	r_0	0	0	90°	3	2	2	1	3
Monoklin . .	p_0	q_0	r_0	x_0	0	90°	4	3	1	0	1
Triklin . . .	p_0	q_0	r_0	x_0	y_0	ν	6	5	0	0	0

Charakterisierung der Projektionsbilder aus der Symmetrie ihrer Elemente. Man braucht dazu die Begriffe: Symmetrielinie, Symmetriepunkt, Symmetriestück.

Symmetriepunkt im Bild (Abb. 2) ist ein Punkt, der bedingt, daß jeder andere Punkt a einen zweiten a' mitbringt, der auf aS über S hinaus liegt, so daß $a'S = aS$ ist.

Symmetrielinie ist im Bild eine Gerade SS (Abb. 3), die bedingt, daß jeder Punkt außerhalb SS einen zweiten Punkt b mitbringt, der auf $a - n$ senkrecht SS liegt, im gleichen Abstand von SS.

Symmetriestück ist eine Zusammenfassung von Symmetriepunkt und Symmetrielinie.

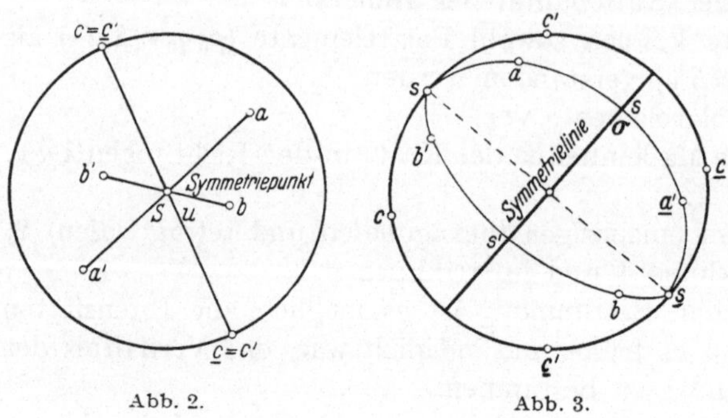

Abb. 2.   Abb. 3.

Symmetrie der Elemente im Bild.

Man kann die Projektion der Elemente (Abbildung 4—10) ansehen als Bild der oberen Fläche der Polarform mit Eintragung von Pol, Grundkreis und Mittellinien. So dargestellt haben die Elemente jedes Systems eine eigentümliche Symmetrie, eine bestimmte Zahl von Symmetriestücken.

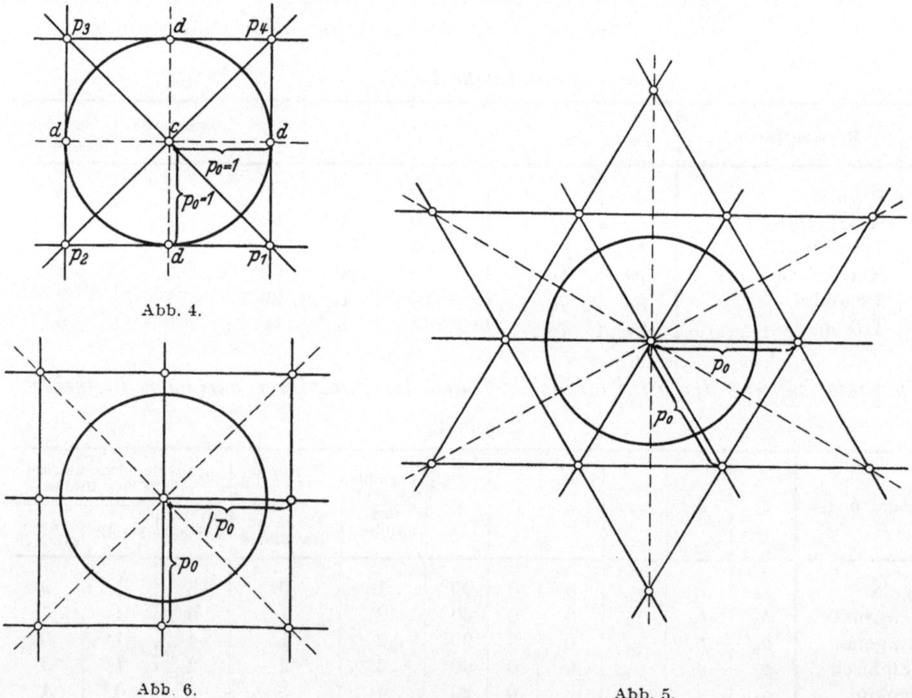

Abb. 4.

Abb. 6.   Abb. 5.

Symmetriepunkt ist nur einer möglich, der Pol. Die Symmetrielinien für die Bilder der einzelnen Systeme sind aus Abb. 4—10 unmittelbar ersichtlich. Nur das reguläre Bild bedarf eines Kommentars.

Im regulären Bild (Abb. 4) spielen die Parallelzonen durch die Oktaederpunkte $[p_1\,p_2]\,[p_2\,p_3]\,[p_3\,p_4]\,[p_4\,p_1]$ die Rolle von Symmetrielinien. Das stimmt nicht mit der Definition von Symmetrielinien und ist als Ausnahme zu vermerken. Der Grund ist die Gleichwertigkeit der drei Achsen und dadurch der ersten Parallelzonen $[p_1\,p_2]\,[p_2\,p_3]\,[p_3\,p_4]\,[p_4\,p_1]$ mit den Hauptradialzonen $[p_1\,p_2]\,[p_2\,p_3]$.

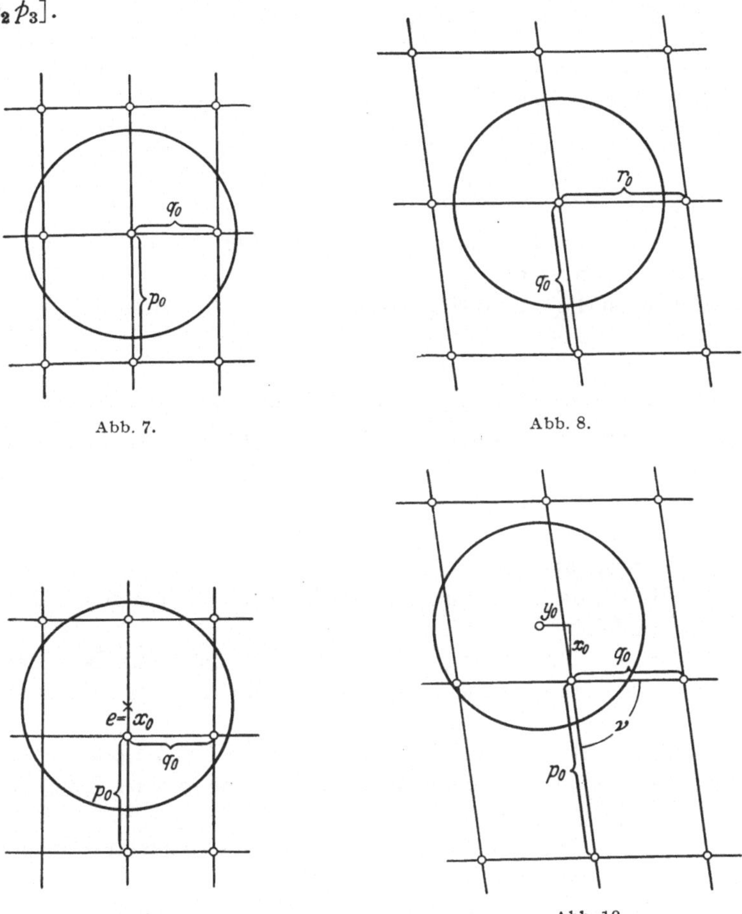

Abb. 7.   Abb. 8.

Abb. 9.   Abb. 10.

Die Zahl der Symmetriestücke bei den Bildern der einzelnen Systeme ist in obiger Tab. 2 ersichtlich. Man findet bei Vergleich mit Tab. 1 die Zahl der Symmetriestücke im Bild für jedes System gerade so groß wie die Zahl der Symmetrieebenen der räumlich dargestellten Elemente (Polarform).

Der Weg zur Erkennung des Systems aus den Formen ist der Weg der Krystallometrie.

Das einfachste Verfahren ist die Messung am zweikreisigen Goniometer und Herstellung des Projektionsbildes.

Durch diese Prüfung erfährt man, ob das erhaltene Projektionsbild ein reguläres, hexagonales, tetragonales, rhombisches, monoklines oder triklines ist. Dies geschieht nach folgender Übersicht:

Für den Grundkreis mit dem Radius $h = 1$:

Tabelle 3.

Zähl.-Anfang zentrisch (im Pol)					Zähl.-Anfang exzentrisch	
Winkel der Achsen					Winkel der Achsen	
90°	60°	90°	90°	z 90° z 60°	90°	z 90° z 60°
$p_0 = q_0 = r_0$	$p_0 = q_0\ z\ r_0$	$p_0 = q_0\ z\ r_0$	$p_0\ z\ q_0\ z\ r_0$	$p_0\ z\ q_0\ z\ r_0$	eine Achse durch Pol	keine Achse durch Pol
Regulär Abb. 4	Hexagonal Abb. 5	Tetragonal Abb. 6	Rhombisch Abb. 7	Monoklin (klino-zentr.) Abb. 8	Monoklin (ortho-exzentr.) Abb. 9	Triklin Abb. 10

Mit der Bestimmung der Art des Bildes ist aber das Krystallsystem nicht immer erkannt. Das System hat den Rang des Bildes oder einen höheren.

Es ist daher noch die Charakterisierung der Systeme durch ihre Projektionsbilder nötig.

Charakterisierung der Systeme durch ihre Projektionsbilder.

Je nach Aufstellung beim Messen, d. h. nach Wahl des Poles (der Projektionsebene) fallen die Bilder desselben Krystalles verschieden aus. Jedes höhere System kann mehrere niedere Bilder liefern. Betrachtet man die Projektion auf Fläche und Gegenfläche als eine, so gibt:

Das reguläre System: Drei reguläre Bilder. Projektionsebene parallel den Würfelflächen. Man kann dieselben Bilder auch tetragonal deuten durch Drehung um 45° in der Bildebene.

Vier hexagonale Bilder. Projektionsebene parallel den Oktaederflächen. Jedes dieser Bilder erlaubt eine zweite hexagonale Deutung durch Drehung um 30° in der Bildebene.

Sechs rhombische Bilder. Projektionsebene parallel den Dodekaederflächen.

Unendlich viele monokline Bilder. Projektionsebene in einer Zone [Würfel zu Dodekaeder].

Unendlich viele trikline Bilder. Projektionsebene senkrecht zu jeder beliebigen Zone in anderer Lage als der vorigen.

Das hexagonale System: Ein hexagonales Bild. Projektionsebene die Basis. Das Bild erlaubt zwei hexagonale Deutungen durch Drehung um 30° in der Bildebene.

Sechs rhombische Bilder.

Drei mit Projektionsebene = Flächen des Prismas ∞ 0.

Drei mit Projektionsebene = Flächen des Prismas ∞.

Unendlich viele monokline Bilder. Projektionsebene in Zone $[0 : \infty\, 0]$, $[0 : \infty]$ oder $[\infty\, 0 : \infty]$.

Unendlich viele trikline Bilder. Projektionsebene senkrecht zu einer beliebigen Zone in anderer Lage als der vorigen.

Das tetragonale System: Ein tetragonales Bild. Projektionsebene die Basis. Das Bild erlaubt zwei tetragonale Deutungen durch Drehung um 45° in der Bildebene.

Vier rhombische Bilder.

Zwei mit Projektionsebene = Flächen des Prismas $\infty\,0$.

Zwei mit Projektionsebene = Flächen des Prismas ∞.

Unendlich viele monokline Bilder. Projektionsebene in Zone $[0:0\,\infty]$, $[0:\infty]$ oder $[\infty\,0:\infty]$.

Unendlich viele trikline Bilder. Projektionsebene senkrecht zu beliebiger Zone in anderer Lage als der vorigen.

Das rhombische System: Drei rhombische Bilder. Projektionsebene $= 0, \infty\,0$ oder $0\,\infty$.

Unendlich viele monokline Bilder. Projektionsebene in Zone $[0:\infty\,0]$, $[0:0\,\infty]$ oder $[\infty\,0:0\,\infty]$.

Unendlich viele trikline Bilder. Projektionsebene senkrecht zu beliebiger Zone in anderer Lage als der vorigen.

Das monokline System: Unendlich viele monokline Bilder, und zwar:

Ein klino-zentrisches. Projektionsebene = Symmetrieebene $0\,\infty$.

Unendlich viele ortho-exzentrische. Projektionsebene in Zone $[0:\infty\,0]$.

Unendlich viele trikline Bilder. Projektionsebene senkrecht zu beliebiger Zone in anderer Lage als der vorigen.

Das trikline System: Unendlich viele trikline Bilder. Projektionsebene senkrecht zu beliebiger Zone.

Charakterisierung höherer Systeme in ihren Bildern durch die Elemente des Bildes.

Reguläres System: Hexagonales Bild: $p_0 = \sqrt{2}$ oder $\sqrt{\tfrac{2}{3}}$ Projektion auf I. Rhombisches Bild: $p_0 = \sqrt{2}\,q_1 = 1$ Projektion auf 10.

Hexagonales System: Rhombisches Bild: $p_0 : q_0 = 1 : \sqrt{3}$ oder $q_0 = \sqrt{3}$.

Die Achsenzone mit $q_0 = \sqrt{3}$ ist die hexagonale Prismenzone. Sie zeigt Poldistanzen von $30°$, $60°$, $19°\,6'\ldots$

Tetragonales System: Rhombisches Bild: $q_0 = 1$.

Die Achsenzone mit $q_0 = 1$ ist die tetragonale Prismenzone. Sie zeigt Poldistanzen von $45°$, $26°\,34'\ldots$

Vergleich der Definitionen *ABCDE* der Krystallsysteme.

Vorbemerkungen. Objekt der Systematik. Krystallformen oder Krystalle. Bezieht sich die Einteilung (Systeme der Klassen) auf die Krystallformen oder auf die Krystalle als Naturkörper mit allen ihren Eigenschaften?

Ursprünglich bezog sie sich nur auf die Formen, man hätte sagen können: Krystallformen-Systeme. Dann wurden optische Eigenschaften, hierauf thermische, elektrische und andere physikalische Eigenschaften herangezogen. Das optische Verhalten gestattete, die aus den Formen definierten Systeme optisch zu bestätigen, denn gewisse optische Erscheinungen ließen auf Formen eines bestimmten Systems schließen. Damit wurden die Krystallformen-Systeme zu Systemen der Krystalle.

Die heutige Systematik bezieht sich vor allem auf die Systematik der Krystalle.

Anforderungen an eine Systematik. Eine Systematik soll in die Masse der Objekte Ordnung und Übersicht bringen. Dies geschieht aufsteigend durch

Zusammenfassen der Objekte zu Gruppen oder absteigend durch Trennung in Abteilungen.

Bei dem Aufbau einer Systematik ist der beste Weg: Ansteigen vom Einfachen zum Komplizierten s. Seite 11.

Im Einfachsten findet man das Gemeinsame, den Zusammenhang.

Oft stehen zwei Eigenschaften im Gegensatz. Zum Beispiel bei den Krystallen: Zahl der variablen Elemente und Symmetrie.

Tabelle 4.

Krystallsystem	Reg.	Hexag.	Tetrag.	Rhomb.	Monokl.	Trikl.
Zahl der variablen Elemente	1	2	2	3	4	6
Zahl der Symm.-Ebenen der Form.-Elemente	9	7	5	3	1	0
Zahl der Symm.-Ebenen der opt. Elemente .	$\infty\,\infty$	∞	∞	3	1	0

Je kleiner die Zahl der variablen Elemente, desto größer ist die Symmetrie. Eine aufsteigende Ordnung nach der Symmetrie bringt deshalb eine umgekehrte Folge, als nach der Zahl der variablen Elemente. Die Systematik folgt am besten den ursprünglichen Eigenschaften, nicht den abgeleiteten.

Symmetrie ist die abgeleitete Eigenschaft. Dafür sprechen folgende Betrachtungen:

1. Das Hochsymmetrische ist geometrisch das Einfache. Der Kreis ist einfacher als die Kegelschnitte, das Quadrat einfacher als das Trapez, die Kugel einfacher als das Ellipsoid nach Ableitung und mathematischer Behandlung.

2. Das optisch Hochsymmetrische ist das zur optischen Untersuchung Einfache.

3. Das Hochsymmetrische ist genetisch das Einfache, und zwar physikalisch wie chemisch:

a) Die einfachsten Arten des dreidimensionalen Aufbaus einer Partikel sind der tetraedrische, hexaedrische, oktaedrische, aus 4, 6, 8 gleichen Kugeln. Sie bringen die hohe Symmetrie des regulären Systems.

b) Die chemischen Elemente krystallisieren fast alle regulär oder hexagonal, d. h. mit hoher Symmetrie, die komplizierten organischen Verbindungen meist monoklin oder triklin.

4. Die Zahlenreihe der variablen Elemente 1, 2, 3, 4, 6 ist die einfachste.

5. Die Spezialwerte der variablen Elemente involvieren die Symmetrie, nicht umgekehrt.

6. Die Elemente der Formen können ohne Rücksicht auf Symmetrie bestimmt werden, nicht umgekehrt.

Systematik nach ansteigender Zahl der variablen Elemente ist der Systematik nach ansteigender Symmetrie vorzuziehen.

Vergleich der Definitionen D, E mit A, B, C sowie unter sich.

Definition A gründet sich, wie D und E auf Eigenschaften der Elemente. Denn die Grundpyramide ist nichts anderes als eine Darstellungsform der Linearelemente $a_0\, b_0\, c_0\, \alpha\, \beta\, \gamma$.

Definition B gründet sich wie D auf die Symmetrie, sucht diese aber nicht in den Elementen, sondern in den Krystallformen selbst. In diesen ist sie nicht zu finden.

Idealisierung. Ein Krystall des hexagonalen Systems beispielsweise soll 7 Symmetrieebenen haben. Das trifft in Wirklichkeit niemals zu wegen ungleicher Zentraldistanz, Unvollzähligkeit und ungleicher Ausbildung der gleichwertigen Flächen. Zur Hebung der Schwierigkeit dient die Idealisierung, und zwar durch:

1. Verlegen der gleichwertigen Flächen in gleiche Zentraldistanz. Diese Idealisierung erfordert jedoch vorherige Erkennung des Krystallsystems und der gleichwertigen, d. h. zu einer Gesamtform gehörigen Flächen. Damit entfällt die Symmetrie als Erkennungsmittel.

2. Ersetzen der Flächen durch ihre Normalen, damit entfällt die Zentraldistanz. Dagegen bietet das Erkennen der Symmetrie Schwierigkeiten wegen der unbestimmten Länge der Strahlen.

3. Zufügung der fehlenden Flächen. Meist sind die zu einer Gesamtform zugehörigen Flächen unvollzählig. Dadurch vermindert sich die Symmetrie. Diese Zufügung kann aber erst vollzogen werden nach Erkennen der Symmetrie.

Das Fehlen von Einzelflächen beim natürlichen Krystall gegenüber dem idealisierten erschien in manchen Fällen regellos, in andern gesetzmäßig. Für das gesetzmäßige Entfallen einer Hälfte der Flächen bildete man Hemiedrien und Hemimorphien als Unterabteilungen der Krystallsysteme. Für sie aber fehlte ein Teil der zur Definition des Systems gehörigen Symmetrieebenen. Die Definition des Systems, zu dem sie gehören, war für sie falsch. Richtig blieb und gemeinsam für alle Krystalle des Systems die Eigenart der Elemente.

Definition C beseitigte den Widerspruch, daß die Unterabteilungen nicht alle die verlangte Symmetrie des Systems hatten.

Sie setzte an Stelle der Systeme 32 koordinierte Klassen, jede charakterisiert durch die Eigenart ihrer Symmetrie.

Der Vielzahl der 32 Klassen sucht man dadurch abzuhelfen, daß man die Gruppen der 32 Klassen zu Systemen zusammenfaßte, so erschienen in der Systematik die Klassen wieder als Unterabteilungen der Systeme.

Es fehlen oft die Kennzeichen zur Bestimmung der Klasse, während sie zur Bestimmung des Systems ausreichen, von dem die Klasse ein Teil ist. Danach hat praktisch die Klasse den Charakter der Unterabteilung des Systems.

Definition E. Zusammenfassung. Krystallsystem ist der Inbegriff aller Krystallarten von gleicher Zahl variabler Elemente. Zur Charakterisierung jeder Krystallart gehören sechs Elemente. Von diesen können 1, 2, 3, 4 oder 6 variabel sein.

Man hat danach 5 Systeme:

```
mit 1 variablen Elemente:  regulär
 ,,  2    ,,     Elementen: einachsig (hexagonal und tetragonal)
 ,,  3    ,,        ,,    : rhombisch
 ,,  4    ,,        ,,    : monoklin
 ,,  6    ,,        ,,    : triklin
```

Das einachsige System zerfällt nach der Art der variablen Elemente in zwei Untersysteme: das hexagonale und das tetragonale. Betrachtet man diese beiden wegen der charakteristischen Verschiedenheit in Form, Kohäsion und Partikelgerüst, so erhält man sechs Systeme.

Diese Definition gilt sowohl für die Formen, wie auch für die optischen und die andern physikalischen Eigenschaften, ebenso für das Partikelgerüst.

Die Elemente können in verschiedener Gestalt gegeben sein. In allen Gestalten bleibt ihre Zahl die gleiche.

Sie erscheinen in zwei Hauptformen:

1. als drei Längen (Intensitäten, Abstände) mit Richtungen (Winkeln unter sich),

z. B. Linearelemente $a_0 \, b_0 \, c_0 \, \alpha \, \beta \, \gamma$, Polarelemente $p_0 \, q_0 \, r_0 \, \lambda \, \mu \, \nu$.

2. als Koeffizienten der homogenen quadratischen Gleichung:

$$A \, x^2 + B \, y^2 + C \, z^2 + D \, y \, z + E \, z \, x + F \, x \, y = 1.$$

In jeder dieser Formen bestimmt sich das Krystallsystem durch eine bestimmte Art des Konstant- (oder Null-) Werdens einiger der variablen Elemente. Diese variablen Elemente wechseln ihre Größe für die verschiedenen Krystallarten, sie haben einen bestimmten Wert für jede Krystallart und sind daher geeignet, das System wie auch die Krystallart zu charakterisieren.

GOLDSCHMIDT zieht seine Definition E allen andern vor. Für Definition E spricht:

1. Einfachheit und kleine Zahl der Bestimmungsstücke.

2. Ableitbarkeit der sechs Systeme durch Spezialisierung der sechs Elemente. Charakterisierung der Krystallarten durch weitere Spezialisierung der gleichen Elemente.

3. Gleichzeitige Gültigkeit der Definition für die Formen wie für die optischen und für die andern physikalischen Eigenschaften, auch für das Partikelgerüst. Dabei ist die Zahl der optischen variablen Elemente die gleiche wie die der krystallometrischen.

4. Das Zusammenfassen des hexagonalen und des tetragonalen Systems in ein Hauptsystem ist der Optik und Krystallometrie gemein.

5. Diese Definition verlangt eine mathematische Form und leitet dadurch die mathematische Behandlung ein.

6. Die Zahl der variablen Elemente ist als die ursprüngliche Eigenschaft anzusehen, die Symmetrie als die abgeleitete.

7. Aus den Elementen läßt sich die Symmetrie ablesen, nicht umgekehrt.

8. Die Elemente sind das unmittelbare Resultat der Krystallmessung und Berechnung. Mit ihnen ergibt sich das Krystallsystem ohne Betrachtung anderer Art.

g) Bezeichnung von HERMANN-MAUGUIN[1].

Diese Symbole kann man entweder vollständig geben, so daß man aus dem Symbol jedes Symmetrieelement der betreffenden Klasse sofort ablesen kann, oder gekürzt, so daß nur so viele Elemente gegeben sind, daß man die fehlenden durch Substitution ergänzen kann.

Eine Symmetrieebene wird durch ein m angedeutet, eine Symmetrieachse durch eine der Zähligkeit entsprechende Zahl (z. B. bedeutet 4 eine vierzählige Achse). Eine Inversionsachse wird durch eine der Zähligkeit entsprechende Zahl mit Strich darüber angedeutet (z. B. $\bar{3}$ bedeutet eine dreizählige Inversions-

---

[1] Siehe Literaturverzeichnis [22]

achse). Die Formel $42\,m$ bezieht sich auf eine tetragonale Klasse (Skalenoedrische Klasse). Sie gibt an: eine vierzählige Inversionsachse, das System kann nicht kubisch sein, weil an zweiter Stelle beim kubischen System eine 3 steht. Außerdem zweizählige Achsen in der Richtung der Nebenachsen sowie Symmetrieebenen, deren Normale den Winkel zwischen den Nebenachsen halbieren.

Beziehen sich eine Achse und eine Symmetrieebene auf dieselbe Richtung, so schreibt man z. B. $2/m$ oder $\dfrac{2}{m}$.

Man führt die Achsen nach untenstehender Tabelle auf:

Tabelle 5.

	Erstes Symbol	Zweites Symbol	Drittes Symbol
Monoklin	Orthoachse		
Rhombisch			
Tetragonal	a-Achse	b-Achse	C-Achse
Trigonal, Hexagonal	Hauptachse	Nebenachse	Zwischenachse
Regulär	[100]	[111]	[011]

h) Gruppentheorie.

Die Symmetrieelemente brauchen nicht für sich allein aufzutreten, sondern sie können auch miteinander kombiniert werden. Es fragt sich nun, wie groß die Zahl der verschiedenen Kombinationen von Symmetrieelementen ist. Man bezeichnet die verschiedenen Kombinationsmöglichkeiten als verschiedene Klassen der Symmetrie.

Diese Kombinationsmöglichkeiten scheinen auf den ersten Blick außerordentlich groß zu sein, doch treten gewisse einschränkende Prinzipien auf. Gewisse Symmetrieelemente bedingen sich gegenseitig. Das schränkt natürlich die Zahl der verschiedenen Kombinationen ein. Es ergibt sich, daß in bezug auf diese Symmetrieverhältnisse nur 32 Symmetrieklassen unterscheidbar sind.

Ist die Zahl der Symmetrieoperationen einer Krystallklasse ermittelt, so muß jede Aufeinanderfolge zweier zu S gehöriger Operationen mit einer einzigen in der Menge S enthaltenen Operation gleichbedeutend sein, diese Bedingung bezeichnet man als Gruppeneigenschaft der Menge S.

Man kann nun die Beschreibung der Symmetrieelemente dadurch abkürzen, daß man nicht sämtliche angibt, sondern nur einen solchen Teil, der durch Kombinieren der in ihm enthaltenen Operationen die fehlenden zu erzeugen gestattet. Diese Abkürzung kann für dieselbe Gruppe auf verschiedene Art erfolgen.

Unter den Gesetzmäßigkeiten des Gruppenbegriffes ist besonders jene wichtig, daß die Flächenzahl der allgemeinsten Form in jeder der 32 Abteilungen gleich dem Grad der Gruppe, d. h. gleich der Anzahl der in ihr enthaltenen Operationen ist. In bezug auf jede einzelne Operation existieren Stellen, welche bei Ausführung derselben nicht an einen andern Ort wandern, und zwar sind dies in bezug auf Drehungen die Endpunkte der Drehungsachsen, die in diesem Zusammenhang als Symmetriepole zu bezeichnen sind. Bei den Doppelpyramiden z. B. sind die beiden Symmetriepole, die den Drehungen der Hauptachse entsprechen, ihre auf die Kugel übertragenen Spitzen (NAUMANNS Polecken), dieselben bleiben bei diesen Drehungen unverändert, vertauschen sich aber bei Drehungen um die Nebenachse. In bezug auf letztere Drehungen sind aber nicht die Spitzen, vielmehr nur je 2 Endpunkte der Nebenachsen Symmetriepole, und zwar werden diese je einer zweizähligen Drehungsgruppe angehörigen durch die Operationen der n-zähligen Drehungsgruppe wiederum nicht in sich, sondern in eine gleichberechtigte übergeführt, da diese Drehungen ja eine Vertauschung der Nebenachsen bewirken.

II. Die krystallographischen Elemente.

a) Achsen und Achsenebenen.

Die Lage einer Gerade G' ist bestimmt durch die Lage von 2 Punkten auf derselben, in denen sie die 2 Achsen schneidet, also durch die Abschnitte OA' und OB' (Abb. 11). Liegt ein Punkt P auf der Geraden G', so gilt für seine Koordinaten x und y folgende Gleichung:

$$\frac{x}{OA'} + \frac{y}{OB'} = 1.$$

Beweis: Die Parallele durch P zu OA' treffe in By, die zu OB' in Ax. Aus der Ähnlichkeit der Dreiecke $B'ByP$ und $B'OA'$ folgt die Proportion:

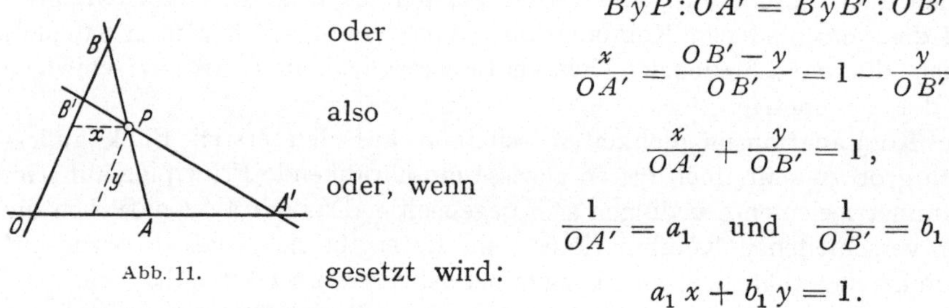

$$By\,P : OA' = By\,B' : OB'$$

oder

$$\frac{x}{OA'} = \frac{OB' - y}{OB'} = 1 - \frac{y}{OB'},$$

also

$$\frac{x}{OA'} + \frac{y}{OB'} = 1,$$

oder, wenn

$$\frac{1}{OA'} = a_1 \quad \text{und} \quad \frac{1}{OB'} = b_1$$

gesetzt wird:

$$a_1\,x + b_1\,y = 1.$$

Abb. 11.

Liegt der Punkt P zugleich auf einer Geraden G'' mit den Achsenabschnitten OA'' und OB'', so gilt für ihn auch die Gleichung:

$$a_2\,x + b_2\,y = 1,$$

und es lassen sich die Koordinaten des Schnittpunktes der beiden Geraden G' und G'' bestimmen.

Es ist:

$$x = \frac{b_2 - b_1}{a_1 b_2 - a_2 b_1}, \qquad y = \frac{a_1 - a_2}{a_1 b_2 - a_2 b_1}.$$

Den gemeinsamen Nenner $a_1 b_2 - a_2 b_1$ findet man aus der Determinante:

$$\begin{vmatrix} a_1 & b_1 \\ a_2 & b_2 \end{vmatrix}$$

Den Zähler von x findet man, indem man in der Determinante die Koeffizienten von $x = 1$ setzt, den Zähler von y, indem man den Koeffizienten von $y = 1$ macht.

Die Lage einer Ebene im Raume (Abb. 12) ist bestimmt durch drei nicht in einer Geraden liegenden Punkte derselben, also die 3 Punkte ABC, in denen die Ebene drei sich schneidende Gerade (Achsen) trifft, also durch die Abschnitte

OA, OB, OC. Die Ebene schneidet die 3 Achsenebenen in den Geraden AB, BC, AC, und das Dreieck ABC ist ein Teil dieser Ebene.

Eine mit der Ebene E parallele Ebene E' schneidet die Achsen in den Geraden $A'B'$, $B'C'$ und $A'C'$, welche zu den entsprechenden Geraden AB, BC, AC parallel sind.

Folglich:

$$\frac{OA'}{OA} = \frac{CB'}{OB} = \frac{OC'}{OC},$$

also

$$OA' : OB' : OC' = OA : OB : OC.$$

Bei einer parallelen Verschiebung einer Ebene ändert sich nur ihr Abstand vom Schnittpunkt der Achsen (die Zentraldistanz), dagegen bleibt das Verhältnis der Achsenabschnitte unverändert.

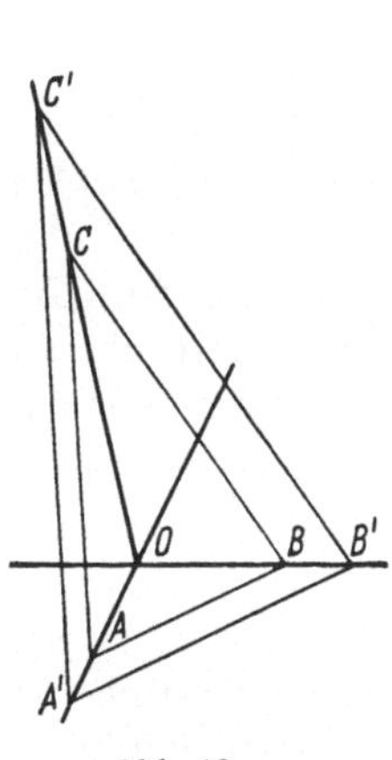

Abb. 12.

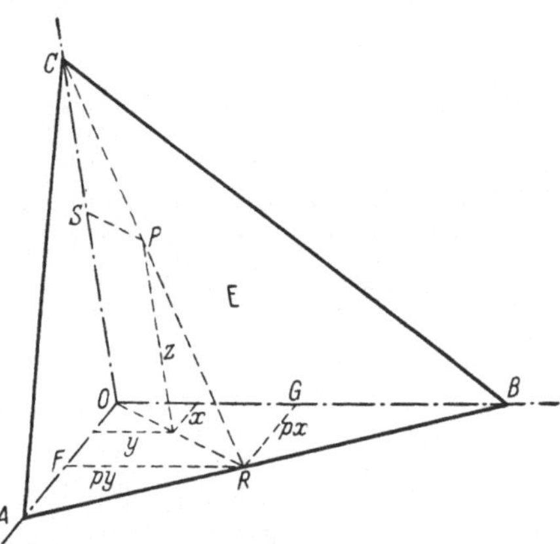

Abb. 13.

Liegt ein Punkt auf einer Ebene E_1 mit den Achsenabschnitten OA_1, OB_1, OC_1, so gilt für seine Koordinaten xyz die folgende Gleichung:

$$\frac{x}{OA_1} + \frac{y}{OB_1} + \frac{z}{OC_1} = 1.$$

Beweis: Legt man durch einen beliebigen Punkt P (Abb. 13) in der Ebene E_1 und der Achse OC eine Ebene $OC_1 R$, so gilt für die Koordinaten des Punktes P in dieser Ebene folgende Gleichung:

$$\frac{SP}{OR} + \frac{UP}{OC_1} = 1,$$

oder, da $SP = OU$ und $UP = z$ ist,

$$\frac{OU}{OR} + \frac{z}{OC_1'} = 1.$$

Ist OR p-mal größer als OU, so sind die Koordinaten von R py und px, und es besteht die Gleichung:

$$\frac{px}{OA_1} + \frac{py}{OB_1} = 1 \quad \text{oder} \quad \frac{x}{OA_1} + \frac{y}{OB_1} = \frac{1}{p} = \frac{OU}{OR}.$$

Setzt man diesen Wert für OU/OR in die vorige Gleichung ein, so erhält man:

$$\frac{x}{OA_1} + \frac{y}{OB_1} + \frac{z}{OC} = 1.$$

Ist eine Fläche ABC durch ihre Achsenabschnitte $OA = a, OB = b, OC = c$ gegeben, wobei man meist $b = 1$ setzt, so genügen zur Bezeichnung der Lage einer anderen Fläche zwei weitere Werte.

Eine Fläche Ap, Bq, Cr, welche die Achsen in der p-fachen bzw. q-fachen Entfernung schneidet, läßt sich parallel so verschieben, daß sie eine Achse in der einfachen Entfernung schneidet, sie verwandelt sich dabei etwa in die Fläche A_1, $B_{r/p}$, $C_{q/p}$ oder, wenn $1/r = n$ und $m = r/p$ gesetzt wird, in eine Fläche A_1, Bn, Cm. Die Werte m und n, durch die also die Lage der Fläche bestimmt wird, heißen die Ableitungszahlen der Fläche, sie sind bei Krystallen stets rationale Zahlen (Gesetz der Rationalität der Ableitungszahlen).

b) Zweck der Aufstellung eines Achsensystems.

Die Aufstellung eines Achsensystems bei den Krystallen hatte zunächst den Zweck, für die Flächen einen mathematischen Ausdruck zu finden, der einerseits ihre Richtung und ihre Bezeichnung angibt, andererseits zur Grundlage bei krystallographischen Berechnungen dienen soll. Dieser Ausdruck besteht in der Darstellung der Verhältnisse jener vom Mittelpunkt aus gemessenen Stücke (Parameter). Diese werden als Vielfache oder Bruchteile der für jede Achse angenommenen Einheiten angegeben (Indices). Der Ausdruck

$$\frac{a}{\mu} : \frac{b}{\nu} : \frac{c}{\xi}$$

bezeichnet danach eine Fläche, deren Richtung gegeben ist durch 3 Punkte, die ihre Durchschnittspunkte mit 3 Richtungen als bekannt vorausgesetzten Achsen haben und die vom Mittelpunkt aus um die Stücke a/μ, b/ν, c/ξ entfernt sind.

Von jedem Achsensystem wird nun verlangt, daß dieser mathematische Ausdruck für alle physikalisch gleichen Flächen gleichlautend sein soll und daß das einem Krystall zugrunde gelegte Achsensystem nicht allein seine morphologischen Symmetriegesetze, sondern auch seine physikalischen Eigenschaften zum Ausdruck bringen soll.

In jedem Krystallsystem sind verschiedene Achsensysteme denkbar, die in gleicher Weise den an sie gestellten Anforderungen genügen. So könnte man z. B. im regulären System ebensogut die 4 Normalen auf die Oktaederfläche (trigonale Achsen) oder die 6 der Rhombendodekaederflächen (rhombische Achsen) an Stelle der 3 Würfelflächen (oktaedrische Achsen) nehmen.

Welchem von diesen Achsensystemen der Vorzug zu geben ist, darüber entscheiden die Symmetrieverhältnisse, und es ist in jedem Falle jenes Achsensystem zu wählen, dem die höchste Symmetrie zukommt.

Die eben genannte Forderung, daß das aufgestellte Achsensystem den höchstmöglichsten Symmetriegrad aufweisen soll, bezieht sich im allgemeinen nur auf die holoedrischen Formen. Bei den meroedrischen Formen ist zwar diese Forderung auch erfüllt, jedoch nur in bezug auf die Elemente und physikalischen Eigenschaften.

Weiss war der erste, der die Bedeutung der Kräfte, die die Krystallisation erzeugen, erkannte und verwertete.

Die Aufgabe der Erforschung sei es daher, die Verhältnisse der Zahlengrößen der in den Hauptrichtungen der Krystalle wirkenden Kräfte so zu bestimmen, daß die in den Richtungen wirkenden Kräfte sich am einfachsten ableiten lassen. Diese Größen bestimmen den geometrischen Hauptcharakter der Krystallart und werden daher die Elemente genannt. Durch dieses Studium der verschiedenen Krystallarten könne das allgemeine Gesetz abgeleitet werden.

Hauy und Bernhardi [2] gingen vorzugsweise von äußeren Linien, den Kanten, Weiss dagegen von inneren, den Achsen, aus.

Als Achse definiert er eine Gerade, die die Form des Krystalls derart beherrscht, daß alle Flächen um sie herum gleichartig angeordnet sind, dabei weist er besonders darauf hin, daß diese Achse nicht nur eine geometrische Bedeutung habe, sondern auch die Richtung erkennen lasse, in der hauptsächlich die Krystallisationskräfte wirken.

Von der Betrachtung der Elemente können zunächst die regulären Krystalle ausscheiden, da ihre Verhältnisse in den Hauptrichtungen alle gleich groß sind. Dasjenige im hexagonalen System wird durch das Verhältnis der Zwischenachsen zur Hauptachse der Bipyramide bestimmt.

Weiss [33] ging zuerst von der Ansicht aus, alle Krystallformen seien auf rechtwinklige Achsen reduzierbar.

Den Ausgangspunkt von der Weissschen Systematik bildet die prinzipielle Verschiedenheit des regulären Systems von den nichtregulären Systemen infolge der Gleichheit der Krystalle dieses Systems nach allen Richtungen, die zu den drei aufeinander senkrechten Richtungen gleiches Verhältnis haben. Außer den 7 Formen des regulären Systems umfaßt das reguläre System aber noch eine Anzahl von Formen, an denen nur die nach einem bestimmten Gesetz ausgewählte Hälfte der Flächen gleichwertig ist, die andere Hälfte fehlt oder ist wenigstens nicht gleichnamig; die so entstehenden Formen werden hier zum erstenmal von den vollflächigen richtig abgeleitet.

Die vom regulären abweichenden Systeme haben ebenfalls entweder drei rechtwinklige Dimensionen, aber nicht alle drei gleichwertig oder drei nicht zueinander rechtwinklige. Die ersteren zerfallen in die viergliedrigen mit zwei gleichen Grunddimensionen (tetragonal) und die zwei- und zweigliedrigen (rhombisch), die zwei- und eingliedrigen (monoklin) und die ein- und eingliedrigen Formen (triklin).

c) Auffassung der Elemente von Junghann.

Das Gesetz der rationalen Parameter, das von Weiss entdeckt wurde, kann auch folgendermaßen ausgesprochen werden:

Wählt man an einer Krystallgestalt irgend 3 Flächen, die sich nicht in parallelen Kanten schneiden, also eine Ecke D bilden, sodann eine vierte, welche auf den Kanten der Ecke die Strecken DA, DB, DC bestimmt, so trifft jede fünfte Fläche des Krystalles dieselben Kanten in 3 Punkten $A'B'C'$ immer so, daß die Strecken DA', DB', DC' sich zueinander verhalten, wie drei aliquote Teile von DA, DB, DC, so daß also immer:

$$DA' : DB' : DC' = \frac{DA}{\mu} : \frac{DB}{\nu} : \frac{DC}{\varrho}$$

ist, wobei $\mu \, \nu \, \varrho$ positive oder negative ganze Zahlen oder auch Null bedeuten.

Die ganzen Zahlen μ, ν, ϱ, die bekanntlich die Indices der fünften Fläche genannt werden, sind also bei der ersten NEUMANN-MILLERschen Auffassung des WEISSschen Fundamentalsatzes Divisoren der Längen $p_1 \, p_2 \, p_3$, bei der zweiten Auffassung aber Multiplikatoren der Dreiecksflächen $a, b, c,$ und das von MILLER eingeführte Symbol der Fläche (μ, ν, ϱ) ist also bei der ersten Auffassung eine Abkürzung für: $\left(\dfrac{p_1}{\mu} : \dfrac{p_2}{\nu} : \dfrac{p_3}{\varrho} \right)$, bei der zweiten für: $(\mu a : \nu b : \varrho c)$.

Beide Auffassungen stimmen miteinander überein.

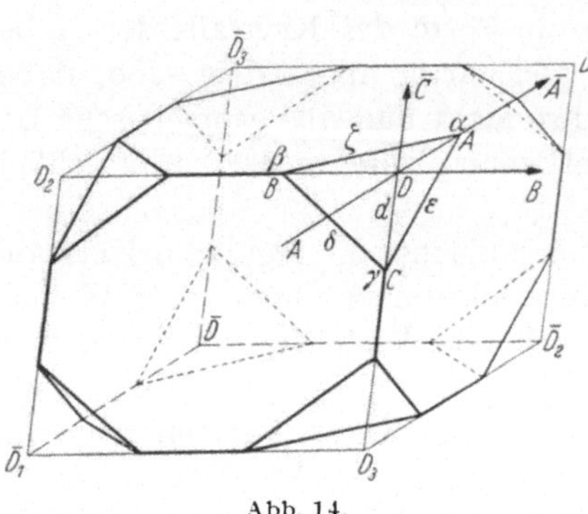

Abb. 14.

JUNGHANNs Auffassung, wie er sagt, eine von der Fiktion der Achsen unabhängige Betrachtungsweise der krystallonomischen Geometrie, ist nun folgende (Abb. 14):

Er wählt 3 Flächen des Krystalles, die eine Ecke die Hauptecke D bilden, und eine vierte, die die Kanten von D in den Punkten $A B C$ schneidet, er fügt nun noch für das Dreieck $A B C = d$ die Bezeichnung Schlußdreieck hinzu.

Das Tetraeder $D A B C$ nennt er das Elementartetraeder.

Er betrachtet nun als Elemente des Krystalles:

1. Die drei Flächenwinkel der Hauptecke, deren Cosinus er mit

$$\cos(bc) = \alpha, \qquad \cos(ca) = \beta, \qquad \cos(ab) = \gamma$$

bezeichnet.

2. Die 3 Flächenwinkel, die d mit den Seitenflächen a, b, c bildet, und zwar die Außenwinkel am Elementartetraeder, die nach Abstumpfung der Ecke D durch die Fläche $(A B C)$ an der übrigbleibenden Gestalt nach innen geöffnet erscheinen.

Die Cosinusse derselben sind:

$$\cos(da) = \delta, \qquad \cos(db) = \varepsilon, \qquad \cos(dc) = \zeta.$$

Die 6 Winkel, von denen ein jeder durch die 5 anderen bestimmt ist, betrachtet er als die Elemente des Krystalles.

Wir verlängern nun die Kanten DA, DB, DC des Elementartetraeders um den aliquoten Teil ihrer Länge und konstruieren das durch diese Kanten bestimmte Parallelepipedon. Dieses ist dann das Hexaeder des Krystalles, dessen je drei verschiedene Seitenparallelogramme sich verhalten wie $a : b : c$. Die Fläche d ist die erste Oktaederfläche.

Das Hexaeder eines Krystalles ist durch die Wahl der 4 Flächen a, b, c, d der Form nach vollständig bestimmt.

Durch diese erste Oktaederfläche, deren Symbol (111) ist, wird die Hauptecke abgestumpft, und es ist klar, daß jede Fläche, deren Symbol $m a$, $n b$, $p c$ ist, worin m, n, p ganze positive Zahlen sind, diese Hauptecke D abstumpft.

Auch ist es klar, daß jede Fläche, deren Symbol (onp) (mOp) (mnO) ist, die Flächenwinkel α, β, γ abstumpft und daß die Symbole (mOO) (OnO) (OOp) gleichbedeutend mit den Parallelen zu den Flächen des gewählten Hexaeders sind.

Somit können wir alle möglichen Flächen eines Krystalls als Abstumpfungen der Ecken und der Flächenwinkel ihres gewählten Hexaeders auffassen.

Da die Achsen nichts anderes sind als die in das Innere des Krystalls verlegten Durchschnittslinien dieses gewählten Hexaeders, so wird wenigstens

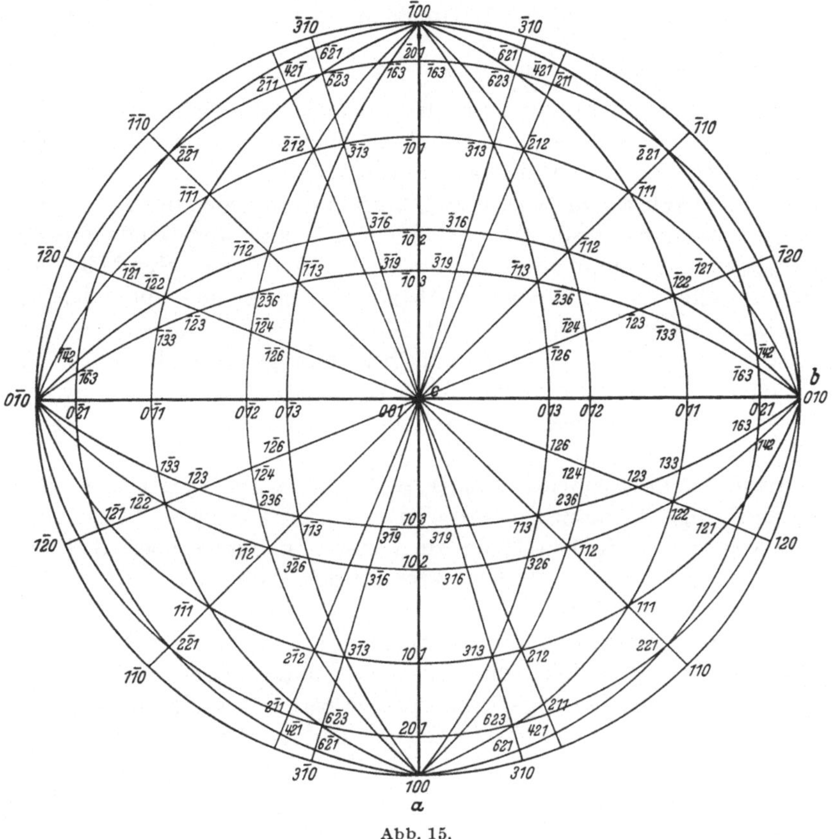

Abb. 15.

für die rechtwinkligen Systeme, ebensowenig für die beiden schiefwinkligen Systeme, durch diese Auffassung nichts Wesentliches an der bisher üblichen Betrachtungsweise geändert.

Das allgemeine Zonenschema (Abb. 15) lehrt nun, daß, wenn man die einfachen Körper in der Folge wie Abb. 15 angeführt nimmt, die Flächen jedes folgenden Körpers die Winkel der Flächen zweier vorausgehender Körper abstumpfen und daß dabei das Symbol jeder abstumpfenden Fläche aus den Symbolen der beiden abgestumpften Flächen durch Addition der gleichstelligen Indices gefunden wird.

Diese besondere Art der Abstumpfung nennt er die krystallonomische.

d) GOLDSCHMIDTs genetische Ableitung der Elemente.

GOLDSCHMIDT hat eine genetische Ableitung der Elemente aufgestellt unter folgendem hypothetischem Satz:

Jede Fläche ist krystallonomisch möglich, die senkrecht steht auf einer Molekular-Attraktionsrichtung.

Dem krystallbauenden Molekül schreibt er im allgemeinen drei primäre Attraktionskräfte zu.

Diese Anschauungsweise liegt allen weiteren Betrachtungen zugrunde.

Zunächst war zu versuchen, für GOLDSCHMIDTs Hypothese einen Beweis zu finden.

Der Weg der Untersuchung war folgender:

Es wurde zuerst die Entwicklung der Formen aufgesucht und gezeigt, wie man durch deren Anwendung die primären Richtungen und Intensitäten erkennt. Zu diesem Zweck wurden die Formen der flächenreichsten und dann die Formen aller Mineralien zusammengefaßt und im Index der Krystallformen kritisch ausgelesen. Es wurde eine Art der Darstellung angewendet, in der das Bild (Projektion) der unmittelbare Ausdruck der Zahlen (Symbole) ist. Um dieses zu erreichen, mußten gewisse Abänderungen an den Symbolen und an den Projektionsarten vorgenommen werden.

Auch die Elemente, die der Krystallberechnung zugrunde gelegt werden, mußten eine Veränderung erfahren. Um sich diesem aufgestellten System anzuschließen, sollen sie zugleich die Einheiten der Symbole und der Projektion sein.

So erhielt er die Elemente $p_{,} q_{0} (r_{0} = 1) \lambda, \mu, \nu$ für die polaren Symbole und die zugehörige gnomonische Projektion.

Um graphische Aufgaben lösen zu können, kommen noch 3 Hilfswerte: $x_{,} y_{0} h$, die die Lage des Ausgangspunktes (0) der Projektion zu dem Krystallmittelpunkt festlegen, hinzu.

Diese alle zusammen sind die Polarelemente oder die Elemente der Polarprojektion. Sie bilden zugleich die Unterlage für die stereographische Projektion. Der Linearprojektion liegen andere Elemente zugrunde, die sich von den üblichen krystallographischen Elementen nur dadurch unterscheiden, daß nicht b, sondern $c = 1$ gesetzt wird. Es werden für sie die Buchstaben $a_{,} b_{0} (c_{0} = 1) \alpha \beta \gamma$ genommen, zum Zweck graphischer Lösungen noch die Hilfswerte $x'_{0} y'_{0} h$. GOLDSCHMIDT nennt diese Linearelemente oder Elemente der Linearprojektion.

Mit Hilfe dieser Symbole kann man leicht exakte Projektionsbilder herstellen.

In einem Atlas [14] wurden die Projektionsbilder für eine Anzahl der formenreichsten Mineralien der verschiedenen Krystallsysteme aufgenommen. Aus diesen Projektionsbildern erkennt man Gesetzmäßigkeiten, und zwar neben solchen der Symmetrie noch weitere, die unabhängig von dem System allen Krystallen angehören. Letztere können für die deduktive Entwicklung der Krystallformen von besonderem Interesse werden.

Bei der Diskussion (Betrachtung) dieser Projektionsbilder zeigte es sich, daß die Entwicklung der Formenreihen von ganz bestimmten Flächen ihren Ausgang nimmt.

Fällt man aus dem Mittelpunkt des Krystalls auf die Flächen des Pinakoidalkörpers (001) (010) (100) Senkrechte, so geben diese Normalen PQR, die nnter sich die Winkel λ, μ, ν einschließen, die Richtungen der krystallbauenden Primärkräfte an (Abb. 16).

Auf diese Richtungen trägt man die relativen Größen der krystallbauenden Primärkräfte $p_0\,q_0\,r_0$ als Längen auf.

Ist die oben aufgestellte Hypothese richtig, so sind gerade die Polarelemente das eigentlich Fundamentale, dem Molekül Eigentümliche und für die Formen Ursächliche.

Es bilden die Normalen PQR eine körperliche Ecke, die man zum Parallelepiped ergänzen kann mit den ebenen Winkeln $\lambda\mu\nu$ und den Kantenlängen $2p_0\,2q_0\,2r_0$.

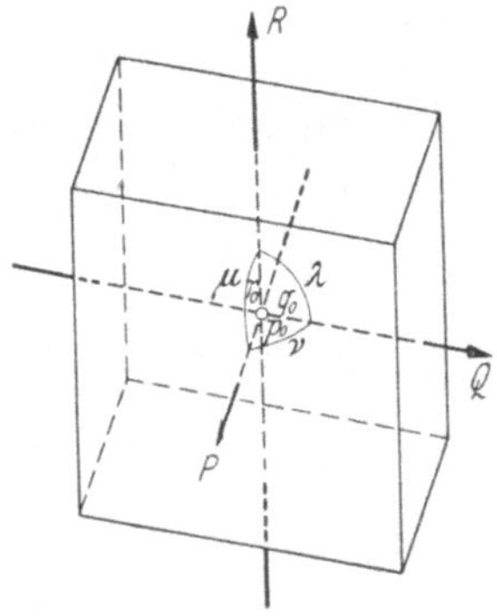

Dieses nennt Goldschmidt das Parallelepiped der Primärkräfte oder kurz die Polarform.

Unter Achsen pflegt man dagegen die in den Mittelpunkt transferierten Kanten des Pinakoidalkörpers zu verstehen.

Man nennt sie wegen ihrer Bedeutung in der Linearprojektion Linearachsen. Sie schließen die Winkel $\alpha\beta\gamma$ ein.

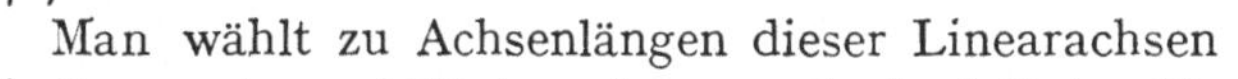

Abb. 16.

Man wählt zu Achsenlängen dieser Linearachsen die Parameterverhältnisse der zuerst abgeleiteten Form, nämlich der primären Domen (101) (011) resp. der primären Pyramide (111)abc.

Die Primärform (Grundform) ist nun vollständig bestimmt durch die Werte $a_0\,b_0\,c_0\,\alpha\beta\gamma$, die Goldschmidt als Linearelemente bezeichnet.

Die Polarform dagegen, also die Form, die aus den auf die Grundform gebildeten Senkrechten zu einem Parallelepiped gebildet wird, nennt Goldschmidt die Polarform. Diese ist mithin durch die Werte $p_0\,q_0\,r_0\,\lambda\mu\nu$ bestimmt (es sind dies die Polarelemente).

Zwischen der Grundform und der Polarform besteht das Verhältnis der Reziprozität oder Polarität.

Dies hat folgende Beziehungen zur Folge:

1. Jede Kante (Achse) des einen Parallelepiped steht senkrecht auf einer Fläche des anderen.

2. Die sphärischen Dreiecke der körperlichen Ecken des einen und des anderen sind reziprok, d. h. die Winkel des einen ergänzen die Seiten des anderen zu 180°.

3. Es besteht die Beziehung:

$$a_0 : b_0 : c_0 = \frac{\sin\alpha}{p_0} : \frac{\sin\beta}{q_0} : \frac{\sin\gamma}{r_0} = \frac{\sin\lambda}{p_0} : \frac{\sin\mu}{q_0} : \frac{\sin\nu}{r_0},$$

ein Spezialfall der allgemeinen Relation.

$$a\,a_0 : b\,b_0 : c\,c_0 = \frac{\sin\alpha}{p\,p_0} : \frac{\sin\beta}{q\,q_0} : \frac{\sin\gamma}{r\,r_0} = \frac{\sin\lambda}{p\,p_0} : \frac{\sin\mu}{q\,q_0} : \frac{\sin\nu}{r\,r_0},$$

worin abc und pqr bekannte Größen sind.

Letztere Gleichung umschließt die wichtigste Verknüpfung der Symbole und Elemente sowie der Projektionen. GOLDSCHMIDT nennt sie die Fundamentalgleichung.

Beweis zu 2 (Abb. 17): Es sei M der Krystallmittelpunkt, $ABCD = FGHE$ das Eck der Grundform, das sphärische Dreieck abc bildend, $PQRM$ das Eck der Polarform, das sphärische Dreieck lmn bildend.

$$MP \perp EGAH \qquad \text{Ebenso: } PMQ \perp EH$$
$$MQ \perp EHBF \qquad\qquad QMR \perp EF$$
$$MR \perp EFCG. \qquad\qquad RMP \perp EG.$$

Der Winkel abc ist identisch mit dem Winkel kui der beiden Lote ku und iu auf Kante EF und somit gleich dem Supplement von λ; analog an den anderen Kanten.

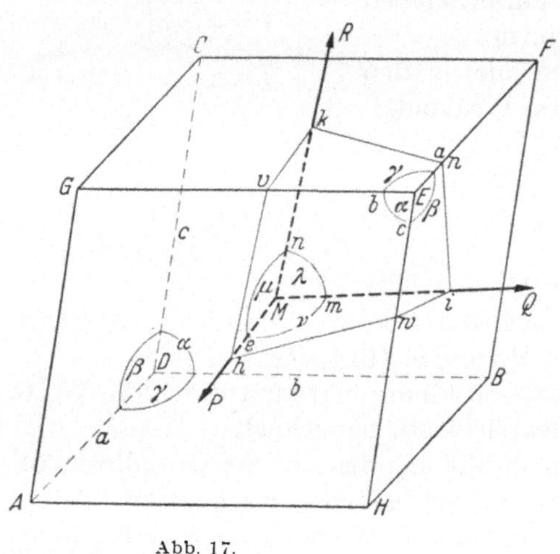

Abb. 17.

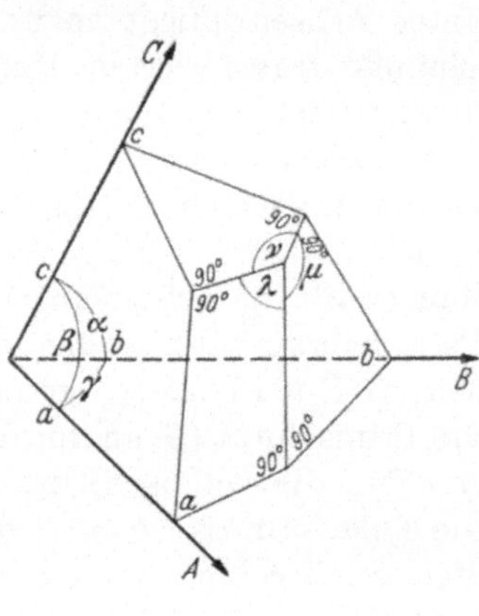

Abb. 18.

Somit ist:

$$c\,a\,b = i\,u\,k = 180° - \lambda \qquad \text{denn: } M\,h\,v = M\,h\,w = 90°$$
$$a\,b\,c = k\,v\,h = 180° - \mu \qquad\qquad M\,i\,w = M\,i\,u = 90°$$
$$b\,c\,a = h\,w\,i = 180° - v; \qquad\qquad M\,k\,u = M\,k\,v = 90°$$

Ebenso ist:

$$E\,v\,h = E\,w\,h = 90° \qquad m\,l\,n = v\,h\,w = 180° - \alpha$$
$$E\,w\,i = E\,u\,i = 90° \qquad n\,m\,l = w\,i\,u = 180° - \beta$$
$$E\,u\,k = E\,v\,k = 90° \qquad l\,n\,m = u\,k\,v = 180° - \gamma$$

Aus obenstehender Abb. 18, in der aus einem Punkt $\lambda\mu v$ im Raum innerhalb des Eckes $\alpha\beta\gamma$ der Grundform Lote auf die das Eck einschließenden Flächen gefällt sind, ist zu ersehen, daß:

$$\lambda = 180° - a$$
$$\mu = 180° - b$$
$$v = 180° - c.$$

Beweis zu 3 (Abb. 19): Eine Fläche kann definiert werden durch ihre Parameter, das sind in Abb. 19 die Abschnitte $M\mathfrak{A} = A$, $M\mathfrak{B} = B$, $M\mathfrak{C} = C$ auf den Achsen ABC. Sie kann auch durch die Parallelkoordinaten $M\mathfrak{P} = P$, $M\mathfrak{Q} = Q$, $M\mathfrak{R} = R$ des Fußpunktes F der Flächennormalen MF aus dem Koordinatenanfang, bezogen auf die zu ABC polaren Achsen PQR, definiert werden. Die Fundamentalgleichung vermittelt die Umwandlung der einen Definition entsprechenden Werte in die der anderen.

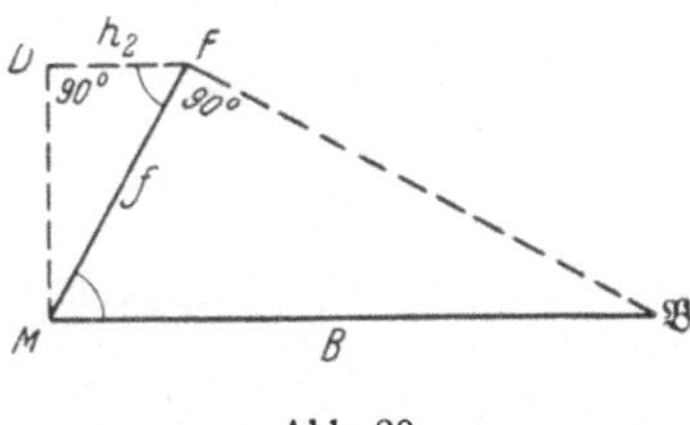

Abb. 19.   Abb. 20.

Fällt man aus F (Abb. 19) auf die Ebene $\mathfrak{R}M\mathfrak{P}$ eine Senkrechte $= FD$, so läuft diese parallel mit $\mathfrak{B}M$. Es liegen außerdem $FDM\mathfrak{B}$ in einer Ebene. Man verbinde D mit M und zeichne die Figur $DFBM$ in ihrer eigenen Ebene heraus (Abb. 20).

Es ist dann:
$$\triangle FDM \sim MF\mathfrak{B},$$
da
$$DF \,\|\, M\mathfrak{B}; \qquad FDM = MF\mathfrak{B} = 90°.$$

Nun setzt man:
$$FD = h_2, \qquad FM = f; \qquad M\mathfrak{B} = B,$$

so besteht das Verhältnis:
$$h_2 : f = f : B$$
oder
$$h_2 = \frac{f^2}{B}.$$

Analog ist, wenn man die gleiche Konstruktion nach den zwei anderen Achsen A und C hin ausführt.
$$h_1 = \frac{f^2}{A}, \qquad h_3 = \frac{f^2}{C},$$

oder es ist:
$$A : B : C = \frac{1}{h_1} : \frac{1}{h_2} : \frac{1}{h_3}. \tag{1}$$

Bezeichnet man den Inhalt der Flächen:

$$M\mathfrak{Q}G\mathfrak{R} \text{ mit } \omega_1$$
$$M\mathfrak{R}H\mathfrak{P} \quad ,, \quad \omega_2$$
$$M\mathfrak{P}J\mathfrak{Q} \quad ,, \quad \omega_3,$$

so läßt sich das Volumen V des Parallelepipeds der Figur auf 3 Arten ausdrücken. Es ist:
$$V = \omega_1 h_1 = \omega_2 h_2 = \omega_3 h_3,$$

danach besteht das Verhältnis:

$$\omega_1 : \omega_2 : \omega_3 = \frac{1}{h_1} : \frac{1}{h_2} : \frac{1}{h_3} = A : B : C \qquad (2)$$

nach Formel 1.

Es ist aber in dem Parallelogramm: $M\,\Re\,H\,\mathfrak{P}$:

$$M\Re = R, \qquad M\mathfrak{P} = P, \qquad \sphericalangle \Re M \mathfrak{P} = \mu.$$

Danach berechnet sich der Inhalt:

$$\omega_2 = PR\sin\mu; \qquad \omega_1 = RQ\sin\lambda; \qquad \omega_3 = QP\sin\nu,$$

und es besteht die Bezeichnung:

$$\omega_1 : \omega_2 : \omega_3 = RQ\sin\lambda : PR\sin\mu : QP\sin\nu$$

oder, wenn man durch PQR dividiert:

$$\omega_1 : \omega_2 : \omega_3 = \frac{\sin\lambda}{P} : \frac{\sin\mu}{Q} : \frac{\sin\nu}{R}.$$

Dies zusammen ergibt die Formel 2:

$$A : B : C = \frac{\sin\lambda}{P} : \frac{\sin\mu}{Q} : \frac{\sin\nu}{R}.$$

In diesem Satz bedeuten PQR die Intensitäten der Kraftanteile. Drückt man dieselben in den Einheiten $p_0 q_0 r_0$ aus, so ist:

$$P : Q : R = p\,p_0\,q\,q_0 : r\,r_0.$$

Die Achsenabschnitte b_1 bezieht man auf die Grundform $a_0\,b_0\,c_0$ (lineare Elemente), dann ist:

$$A : B : C = a\,a_0 : b\,b_0 : c\,c_0,$$

dabei sind nach dem Satz von der Rationalität der Indices a, b, c rationale Zahlen.

Setzt man diese Werte in obige Gleichung ein, so nimmt sie die Form an, die wir bereits kennenlernten:

$$p_0 : q_0 : r_0 = \frac{\sin\alpha}{a\,a_0} : \frac{\sin\beta}{b\,b_0} : \frac{\sin\gamma}{c\,c_0} = \frac{\sin\lambda}{a\,a_0} : \frac{\sin\mu}{b\,b_0} : \frac{\sin\gamma}{c\,c_0} \quad \text{(Fundamentalgleichung)}.$$

Nun gilt noch für die Konstanten jedes Krystalls die Gleichung:

$$p_0 : q_0 : r_0 = \frac{\sin\alpha}{a_0} : \frac{\sin\beta}{b_0} : \frac{\sin\gamma}{c_0} = \frac{\sin\lambda}{a_0} : \frac{\sin\mu}{b_0} : \frac{\sin\nu}{c_0},$$

daher:

$$p : q : r \text{ (resp. } p : q : 1) = \frac{1}{a} : \frac{1}{b} : \frac{1}{c} = \frac{1}{m} : \frac{1}{n} : \frac{1}{o} \;(\text{WEISS}) = h : k : l \;(\text{MILLER}).$$

Erfahrungsgemäß sind abc, hkl rationale Größen (Gesetz von der Rationalität der Indices), also auch pqr, das heißt, die Kraftanteile in jeder Richtung treten in rationaler Anzahl auf, oder die Primärkräfte zerfallen stets in eine ganze Anzahl gleicher Teile.

Dies ist der genetische Ausdruck des Satzes von der Rationalität der Indices, man kann es also auch als Gesetz von der Rationalität der Kräfteteilung bezeichnen.

Elemente einer Krystallart sind, wie wir schon oben sahen, krystallonomisch die Maße (Längenmaße mit Richtungen), durch die die Lage jeder typischen Fläche eines Krystalls am einfachsten rational ausgemessen werden kann. (Gesetz der Rationalität der Indices.)

Die Elemente der Linearprojektion sind genau analog denen der Polarprojektion. Sie leiten sich aus der Grundform her, wie die Polarelemente aus der Polarform. Man hat die 3 Achsen, die sich unter den Winkeln $\alpha\beta\gamma$ schneiden mit den Parametereinheiten $a_0 b_0$ und $c_0 = 1$.

Mit ihrer Hilfe kann man die Knotenpunkte (Zonenpunkte) $[ab]$ aus ihren Koordinaten ab mit den resp. Einheiten $a_0 b_0$ auftragen, ebenso die Flächenlinien von $(ab) = 1/a \cdot 1/b$ durch Verbinden der Punkte aa_0 und bb_0 (Abb. 21).

Analog der Polarprojektion ist noch einzutragen der Scheitelpunkt C aus seinen rechtwinkligen Parallelkoordinaten $x_0' y_0'$ oder seinen Polarkoordinaten $d'\delta'$ und es ist mit der Vertikalhöhe K der Projektionsebene über dem Krystallmittelpunkt als Radius um C ein Kreis zu beschreiben, der der Grundkreis der cyclographischen Projektion ist.

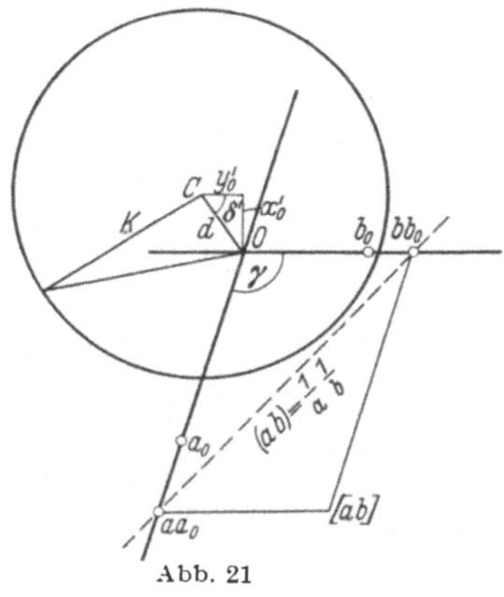

Abb. 21

Danach hat man im ganzen für die Linearprojektion folgende Elemente, die sich im Index berechnet finden:

$$a_0 \, b_0 \, (c_0 = 1) \; \alpha\,\beta\,\gamma \; x_0' \, y_0' \, k \, d' \, \delta' \,,$$

von denen je fünf unabhängige zur Festlegung der Grundform resp. der Projektion ausreichen.

Von den zwischen den Linear- und Polarelementen bestehenden Beziehungen mögen hier nur zwei besonders hervorgehoben werden:

1. Die Radien der Grundkreise gleich den vertikalen Entfernungen der Projektionsebenen vom Krystallmittelpunkt, bezogen auf die relativen Einheiten $(r_0 c_0)$, sind in polarer und linearer Projektion gleich.

Beweis: Sei der polare Radius $= h r_0$, der lineare $= k c_0$, so behauptet der Satz, es sei $h = k$.

Ist das Parallelepiped (Abb. 22) die Grundform $(0 \cdot 0 \infty \cdot \infty \, 0)$, so ist die Basis L die Ebene der Linearprojektion. Man lege die Ebene der Polarprojektion P senkrecht zu den aufrechten Kanten der Grundform, ziehe MCO' parallel diesen Kanten, außerdem MOS senkrecht L. Es liegen $O'S$ in der Ebene L, OC in der Ebene P.

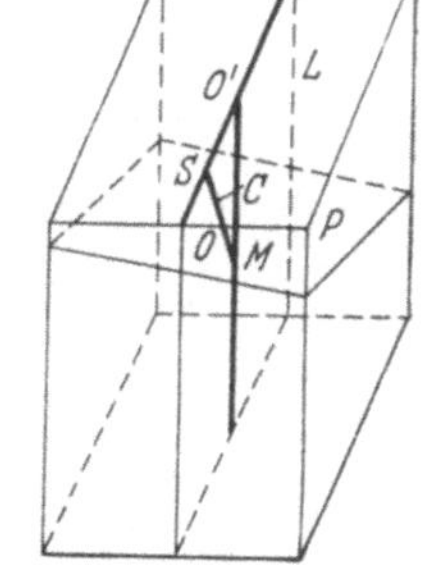

Abb. 22.

Nun ist:

S der Scheitelpunkt der linearen Projektion,
O' der Koordinatenanfang der linearen Projektion,
C der Scheitelpunkt der polaren Projektion,
O der Koordinatenanfang der polaren Projektion;

denn es ist MC senkrecht P, MS senkrecht L und daher:

C der Austrittspunkt der Normale aus M auf der polaren Projektionsebene P,

S der Austrittspunkt der Normale aus M auf der linearen Projektionsebene L.

Da außerdem MO' den prismatischen Kanten der Grundform parallel läuft und L die Ebene der Linearprojektion ist, so ist der Punkt O' die lineare Projektion der prismatischen Zonenachse $[O]$. Da ferner MO senkrecht steht auf der Fläche L, der Basis der Grundform $= (001)$, während die Fläche P die polare Projektionsebene ist, so ist O der gnomonische Projektionspunkt der Fläche L.

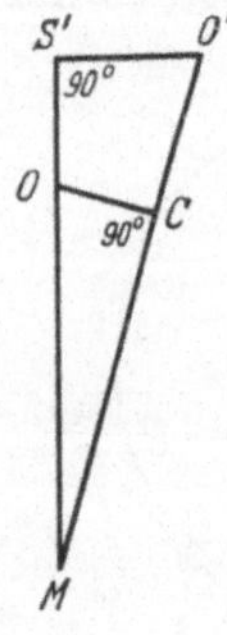

$MCO'SO$ liegen in einer Ebene auf den Seiten des Dreiecks $MO'S$. Zeichnet man dieses Dreieck (Abb. 23) heraus, so ist:

$$\triangle MCO \sim MSO', \quad \text{da} \quad < MCO = MSO' = 90°,$$

daher:

$$MC : MO = MS : MO'.$$

Es ist daher:

$$MO = r_0, \qquad MO' = c_0, \qquad MC = h\,r_0, \qquad MS = k\,c_0,$$

$$h\,r_0 : r_0 = k\,c_0 : c_0,$$

Abb. 23.

also:

$$\boxed{h = k.}$$

2. Die Abstände von Scheitelpunkt und Koordinatenanfang gemessen, in ihren relativen Einheiten, sind gleich und entgegengesetzt gerichtet in linearer und polarer Projektion.

Beweis: Setzt man diesen Abstand in polarer Projektion $= d$, in linearer $= d'$, so ist zu beweisen, daß $d = -d$.

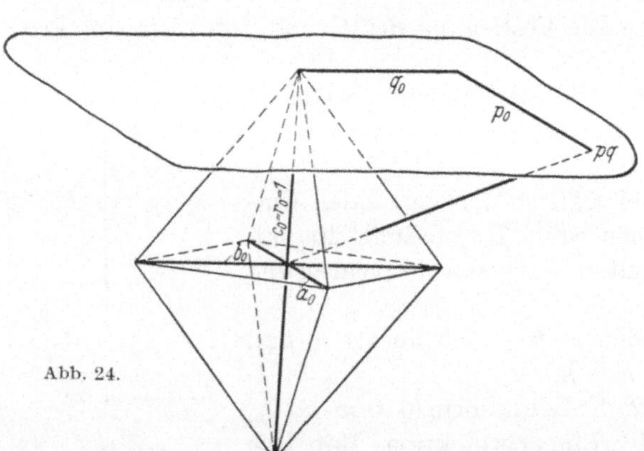

Es ist in obigen Figuren (Abb. 22 und Abb. 23):

$$MO = r_0, \qquad MO' = c_0,$$

$$d\,r_0 : r_0 = d'c_0 : c_0,$$

$$CO = d\,r_0, \qquad SO' = d'd_0,$$

$$d = d'.$$

Nur die Richtung der d ist verschieden. Also:

$$d = -d'.$$

Abb. 24.

Eine Fläche kann definiert werden durch ihre Parameter, das sind die Achsenabschnitte $a\,a_0\,b\,b_0\,c\,c_0$ auf den Achsen (Linearachsen). Ebenso kann sie definiert werden durch die Parallelkoordinaten PQR des Fußpunktes (Projektionspunktes) der Flächennormalen aus dem Koordinatenanfang (Krystallmittelpunkt) auf die Projektionsebene, bezogen auf die zu $a\,a_0\,b\,b_0\,c\,c_0$ polaren Achsen.

Die Umwandlung der Werte der einen Definition in die andere ist sehr einfach. Ebenso wie die Symbole von Miller die Reziproken jener von Weiss sind, ebenso sind auch die Polarelemente die Reziproken der Linearelemente.

In Abb. 24 sind die Beziehungen von den beiden Arten von Elementen (Linear- und Polarelementen) graphisch dargestellt, ebenso in Abb. 25 und Abb. 26.

Wie man aus Abb. 25 ersieht, wurden bei der Umwandlung der Linearelemente in die Polarelemente $c = 0{,}9539$ in den Wert 1 umgerechnet, indem

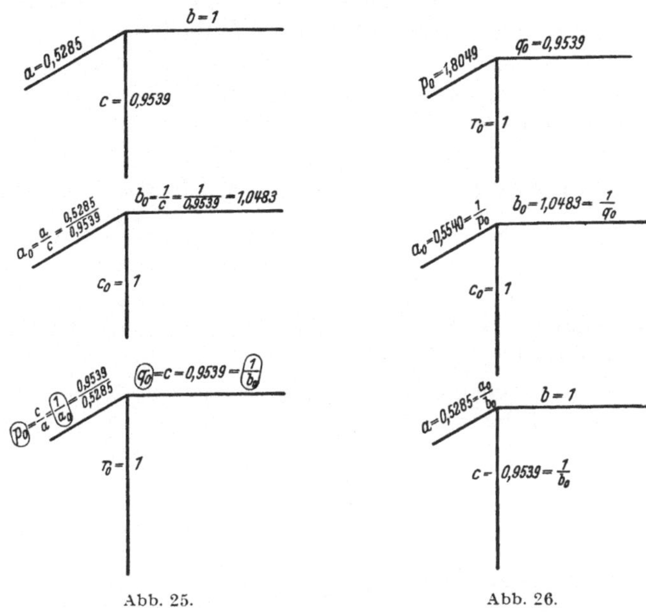

Abb. 25.   Abb. 26.

man die Werte a und b durch c dividiert (Abb. 25). Die Werte für $c = 1$ sind in GOLDSCHMIDTs Winkeltabellen unter $a_0 b_0$ aufgeführt. Nun nimmt man die Reziproken:

$$p_0 = \frac{c}{a} : \frac{1}{a_0}, \qquad q_0 = c = \frac{1}{b_0}.$$

Umgekehrt zur Umwandlung von den Polarelementen in die Linearelemente (Abb. 26). Man nimmt zunächst reziprok:

$$a_0 = \frac{1}{p_0}, \qquad b_0 = \frac{1}{q_0}.$$

Alsdann:

$$a = \frac{a_0}{b_0}, \qquad b = 1, \qquad c = \frac{1}{b_0}.$$

Diese Formeln gelten nur für das kubische, tetragonale und rhombische System.

III. Die krystallographischen Symbole.

a) Grundlage für eine Symbolisierung.

An ein Symbol ist vor allen Dingen die Forderung zu stellen, daß es die Lage einer bestimmten Fläche unzweideutig angibt, dabei ist es natürlich Voraussetzung, daß die Krystallelemente bekannt sind.

Gleichzeitig soll das Symbol so beschaffen sein, daß es zu jeder einfachen Form isoparametrische Symbole liefert.

Die Grundlage für die Symbolisierung der Krystallflächen bildet das Rationalitätsgesetz unter Bezugnahme auf eine Einheitsfläche.

Man bestimmt das Verhältnis einer Grundfläche auf der a-, b- und c-Achse. Dies ist das Parameterverhältnis. Dann mißt man die Achsenabschnitte der andern Flächen mit diesen drei Maßstäben als Einheit und gibt das zugehörige Zahlenverhältnis m, n, o an, d. h. wie oft diese Einheitsmaßstäbe auf den betreffenden Achsen angelegt werden müssen, um die Lage der Schnittpunkte der andern Flächen auf diesen Achsen zu erhalten.

b) Parameterverhältnisse als Symbole Chr. S. Weiss.

Weiss wählte als Symbole einfach die direkten Achsenabschnitte der Flächen.

Als Achse definiert er eine Gerade, die die ganze Form des Krystalls derart beherrscht, daß alle Teile desselben um sie herum gleichartig angeordnet sind. Er betont dabei, daß diese Achsen erkennen lassen, in welcher Richtung die wichtigsten Krystallisationskräfte wirken.

Sind a, b, c die Achseneinheiten, $h_1\,h_2\,h_3$ die Achsenabschnitte, so schreibt Weiss [33] das Symbol der Fläche h:

$$\frac{a}{h_1} : \frac{b}{h_2} : \frac{c}{h_3}\,.$$

Diese Bezeichnung besitzt den Vorteil, von der Lage der Fläche unmittelbar eine Vorstellung zu geben. Außerdem erleichtern diese Symbole außerordentlich die Einsicht in die Zonenverhältnisse.

Da jedoch Weiss für alle Krystallsysteme nur drei aufeinander senkrechte Achsen benutzt, so hat ihm das Krystallsystem des Epidot außerordentliche Schwierigkeiten bereitet.

Er nahm an, daß die Zonen der vorherrschend entwickelten Flächen, also die Zonen parallel der b-Achse, hemiedrisch seien, während die Endflächen dieser Zone vollflächig seien. Er bezieht dabei die Flächen des Epidot auf ein rechtwinkliges Achsensystem mit den Elementen:

$$a : b : c = \sqrt{150} : \sqrt{75} : 2\,.$$

Obgleich diese Werte mit den damals bekannten Winkelwerten übereinstimmen, befriedigten sie doch wegen ihrer Kompliziertheit den Verfasser nicht. Es erscheint merkwürdig, daß Weiss nicht versucht hat, durch erneute Messungen seine Resultate zu prüfen, da inzwischen das von Wollaston angegebene Reflexionsgoniometer schon in Berlin im chemischen Laboratorium der Akademie der Wissenschaften benutzt wurde; zwar war Weiss anfänglich ein Gegner des Reflexgoniometers, da er glaubte, daß man wegen der häufigen Wachstumsstörungen damit keine genaueren Messungen als mit dem Anlegegoniometer erzielen könne.

Dem Einfluß von Weiss auf die deutsche Wissenschaft ist es zuzuschreiben, daß dieser Irrtum eine so lange Lebensdauer hatte.

Im hexagonalen System nimmt Weiss wegen der eigentümlichen Symmetrieverhältnisse drei horizontale Achsen (Nebenachsen), während die vierte Hauptachse länger oder kürzer als jene ist und auf diesen senkrecht steht. Trotzdem genügen auch hier zur Bezeichnung einer bestimmten Fläche nur zwei horizontale Ableitungszahlen, denn wenn man die Entfernung, in der die eine dieser Nebenachsen geschnitten wird, gleich 1 setzt, die der zweiten gleich n, so ist auch die dritte damit bestimmt. Trägt man $OA = 1$ auf OA' und OA'' von O aus ab und verbindet die gefundenen Punkte mit A, so ergibt sich die Proportion:

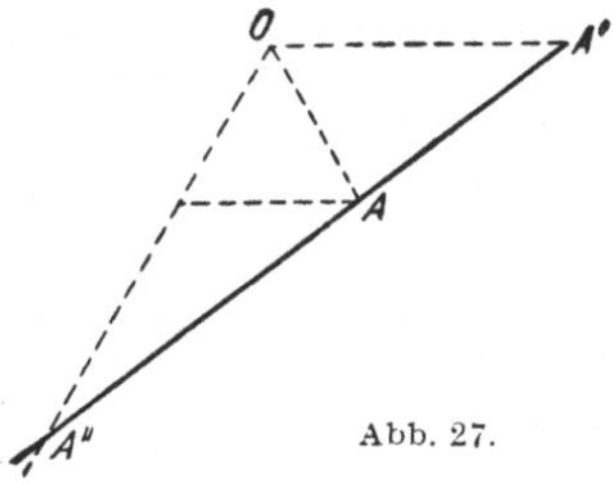

$$s : 1 = n : n - 1, \quad \text{also} \quad s = \frac{n}{n-1},$$

Abb. 27.

so daß das Achsenverhältnis einer Fläche im hexagonalen System im allgemeinen heißt:

$$a : n\,a = \frac{n}{n-1}\,a : m\,c \quad \text{(Abb. 27)}.$$

c) Symbole von MOHS.

Den Schwierigkeiten, die bei WEISS durch die Annahme nur rechtwinkliger Achsen entstanden, begegnete MOHS [24], indem er die Notwendigkeit schiefwinkliger Achsen erkannte und in seinem Grundriß der Mineralogie 1822 einführte.

Er definiert eine Achse als eine gerade Linie, die durch den Mittelpunkt zweier paralleler Schnitte geht und auf den Ebenen derselben senkrecht steht. NEUMANN widerlegt diesen Irrtum von MOHS und weist nach, daß die wenigen richtigen Sätze in der Krystallographie von MOHS aus den Schriften von WEISS entnommen wurden.

MOHS nahm 7 Grundgestalten an:

1. Der Würfel,
2. Das Rhomboeder,
3. Die quadratische Pyramide,
4.   ,, gerade rhombische Pyramide
5.   ,, schiefe   ,,   ,,   mit einer Symmetrieachse
6.   ,,   ,,   ,,   ,,   ohne eine   ,,
7.   ,,   ,, rhomboidische Pyramide.

Bei den sechs letzten wurde nur die aufrechte Achse als solche genommen und sie daher als einachsige Systeme dem vielachsigen (regulären) gegenübergestellt.

Besonders im hexagonalen System ist der Gedankengang von MOHS sehr interessant, weil er versteckt schon die von GOLDSCHMIDT eingeführten G_1- und G_2-Symbole verwendet.

In die Polkanten eines Rhomboeders sind je 2 Flächen so gelegt, daß sie, während die Kante bestehen bleibt, eine hexagonale Pyramide bilden. Dies ist nur auf eine Art möglich, die Abb. 28 darstellt. Aus ihr ist zu ersehen, daß die 2 Pyramiden- und die 2 Rhomboederflächen, die an derselben Kante liegen, eine Zone bilden. Daraus ergibt sich die Lage der Pyramidenflächen in der Projektion (Abb. 29). Zieht man zwischen zwei Rhomboederpunkten R die Zonenlinie, so liegen die Projektionspunkte der Pyramidenflächen auf dem Schnitt dieser Zonenlinie mit den beiden zwischen den Punkten R liegenden, von OR um $30°$ abstehenden Achsen.

Setzt man

$$R = 10, \qquad \text{so ist} \qquad P = \tfrac{1}{2},$$
$$R = 1, \qquad\qquad\qquad P = 10,$$

wie aus dem Projektionsbild zu ersehen ist.

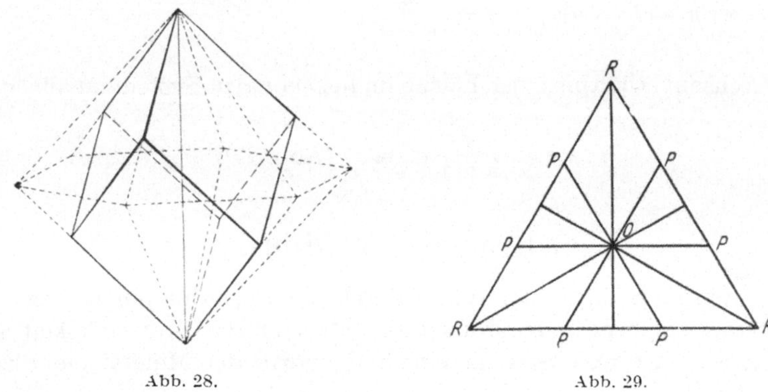

Abb. 28.   Abb. 29.

Allgemein ist das ursprüngliche (rhomboedrische) Symbol $= pq$, so ist das abgeleitete (pyramidale)

$$= \frac{(p + 2q)}{3} \; \frac{(p - q)}{3},$$

ist das abgeleitete (pyramidale) Symbol $= pq$, so ist das ursprüngliche (rhomboedrische) $= (p + 2q)(p - q)$.

Es ist somit in MOHS' P- und R-Symbolen versteckt dasselbe enthalten, was sich in GOLDSCHMIDTs als $G_1 G_2$ darstellt.

d) BERNHARDIs Symbole.

Der Medizinalrat BERNHARDI [2] in Erfurt verwarf in seiner Abhandlung zwar die Molekularschichten HAÜYs, behielt aber die Bezeichnung bei.

Die Formeln für die Abnahme an den primitiven Formen deutete er so, als werde dadurch nur angezeigt, welche und wie große Stücke von den Kanten oder Ecken dieser Form weggeschnitten werden müssen, um die abgeleiteten Flächen zu erzeugen. Zu diesem Zweck nahm er als Grundgestalten nur geschlossene, d. h. außer den regulären das Rhomboider und fünf irreguläre Oktaeder (Grundpyramiden), an denen A, E, O die Ecken, B, C, D, G die Kanten und die Zahlen um dieselben die Größe des Teiles bezeichnen, der abzuschneiden ist. BERNHARDI teilt die Grundformen mit HAÜY in regelmäßige und unregelmäßige, als regelmäßige nimmt er das Hexaeder oder das Oktaeder, die unregelmäßigen zerfallen in Rhomboide und unregelmäßige Oktaeder.

Er stellt folgende Grundformen auf, von denen sich sämtliche Formen der Krystalle nach dem HAUYschen Grundgesetz ableiten lassen:

1. reguläres Oktaeder,
2. quadratisches Oktaeder,
3. Oktaeder mit rechteckiger Basis,
4. ,, ,, rhombischer Basis,
5. ,, ,, rhomboidischer Basis,
6. ,, ,, drei Rhomboiden als Basis,
7. Rhomboider.

Die ersten sechs sind deformierte Abkömmlinge des Oktaeders, das Rhomboid ein deformierter Würfel. Bei den 6 Abkömmlingen des Oktaeders fehlen darunter einige, denn das regelmäßige Oktaeder bildet folgende Reihe von deformierten Abkömmlingen.

Dieselben werden durch die Form der durch die Kanten gelegten Schnitte bestimmt.

Bei BERNHARDI

1. 3 quadratische Schnitte — 1
2. 1 quadratischer und 2 rhombische Schnitte — 2
3. 1 rechteckiger ,, 2 ,, ,, — 3
4. 3 rhombische Schnitte — 4
5. 1 rechteckiger, 2 rhomboidische Schnitte — fehlt
6. 1 rhomboidischer, 2 rhombische Schnitte — 5
7. 3 rhomboidische Schnitte — 6

Nr. 1 entspricht dem regulären Oktaeder,
Nr. 2 ,, ,, tetragonalen System,
Nr. 3 ,, der rhombischen Kombination (001) (101) (011),
Nr. 4 ,, dem rhombischen (111),
Nr. 5 fehlt bei BERNHARDI,
Nr. 6 entspricht der monoklinen Kombination (001) (101) (011),
Nr. 7 ,, ,, Triklin (001) (101) (011).

Als eine dem Oktaeder entsprechende Grundform im hexagonalen System muß aber noch die hexagonale Bipyramide folgen. Im ganzen also 9 Grundformen.

Da aber nur 3 und 4 sowie 5 und 6 und endlich 8 und 9 das Rhomboeder und die dihexagonale Pyramide nicht unabhängig voneinander sind, haben wir nur sechs verschiedene unabhängige Grundformen.

Wie wir schon auf Seite 36 erwähnten, blieb BERNHARDI bei der Bezeichnung der Flächen bei den Kantenschnitten stehen, die er jedoch wesentlich verbesserte.

Statt des einfachen Hexaeder wählte er das Oktaid und bezeichnete, wie wir Seite 36 sahen, die 4 Flächen ganz nach der HAUYschen Art mit P, R, M, T, die 3 Ecken mit A, E, O und die 6 Kanten mit B, C, D, F, G, H und gab dann an, in welchem Verhältnis die 3 Kanten einer Ecke von der zu bezeichnenden Fläche geschnitten werden.

Statt der ganzen Zahlen führte er Brüche mit dem Zähler 1 ein, denn die Zahlen der Nenner werden dadurch viel kleiner. Denn es verhält sich:

$$15 : 10 : 6 = \tfrac{1}{2} : \tfrac{1}{3} : \tfrac{1}{5}.$$

Um das Symbol noch weiter zu vereinfachen, ließ er den Zähler 1 weg.

Nimmt man den Würfel als Grundform, so ergeben gleiche Abnahmen an den Kanten das Kantenzwölfflach (Rhombendodekaeder), ungleiche Abnahmen an denselben das viermal Sechsflach (Pyramidenwürfel), gleiche Abnahmen an die Ecken das Achtflach (Oktaeder). Einfach ungleiche mit gleichen Werten der beiden kleineren Nenner werden das Deltoid-Vierundzwanzigflach (Ikositetraeder), einfach ungleiche mit gleichen Werten der beiden größeren Nenner das dreimal Achtflach (Triakisoktaeder) und endlich doppelt ungleiche das Achtundvierzigflach (Hexakisoktaeder).

Sollen jene Veränderungen an dem Oktaid (Oktaeder) vorgenommen werden, so sind einfach die Oktaederachsen den Würfelkanten gleich zu setzen.

Die Bezeichnungen dieser einzelnen Formen sind nun folgende:

Würfel . . . . $\overset{1}{{}_0A_0}$		Ikositetraeder . . . . $\overset{y}{{}_xA_x}$
Oktaeder . . . . $\overset{1}{{}_1A_1}$		Triakisoktaeder . . . . $\overset{x}{{}_yA_y}$
Rhombendodekaeder . . . . $\overset{0}{{}_1A_1}$		Hexakisoktaeder . . . . $\overset{y}{{}_xA_z}$
Tetrakishexaeder . . . . $\overset{0}{{}_xA_y}$		

Wir wollen diese Art der Bezeichnung an einem Hexakisoktaeder demonstrieren. Wir nehmen:

$$\overset{15}{{}_{10}A_6} = \overset{1/2}{{}_{1/3}A_{1/5}} = \overset{2}{{}_3A_5}.$$

Der vierte Schnitt ergibt sich durch bloße Addition, da $3 + 5 = 6 + 2$ ist. Auf diese Weise lassen sich natürlich alle Flächen ausdrücken, da um eine reguläre Oktaederecke acht Flächen liegen müssen.

$$\overset{2}{\underset{6}{{}_3A_5}}\quad \overset{2}{\underset{6}{{}_5A_3}}\quad \overset{3}{\underset{5}{{}_2A_6}}\quad \overset{3}{\underset{5}{{}_6A_2}}\quad \overset{5}{\underset{3}{{}_2A_6}}\quad \overset{5}{\underset{3}{{}_6A_2}}\quad \overset{6}{\underset{2}{{}_3A_5}}\quad \overset{6}{\underset{2}{{}_5A_3}}.$$

Die Grundlage zu den Symbolen von LEVY datiert noch vor der Einführung der Achsen, enthält jedoch bereits die Keime dazu.

LEVYs Symbole beziehen sich auf sechs primitiv angenommene parallelepipedische Formen:

Würfel	Orthoromb. Prisma
Rhomboeder oder auch das hexagonale Prisma	Klinorhomb. Prisma
Rechteckiges Prisma	Klinorhomboidisches Prisma

LEVY nimmt die Längen von drei in einer Ecke zusammenstoßenden Kanten und die von ihnen eingeschlossenen ebenen Winkel der obengenannten Körper.

Diese Primitivformen sind bereits von Krystallflächen gebildet, die durch einfache Buchstaben bezeichnet werden, ebenso erhalten ihre Kanten und Ecken Bezeichnungen durch Buchstaben.

Die übrigen Flächen werden als Ebenen durch drei um eine Ecke zusammenstoßende Kantenabschnitte konstruiert. Diese Abschnitte sind immer ein rationaler Teil der betreffenden Kante der Primitivform.

Das Symbol dfh bedeutet eine Fläche, die von der Ecke O, in der sich d, f, h treffen, den Abstand d, f und $1h$ hat.

Solche dreiziffrigen Symbole erhalten im allgemeinen nur seltene Flächen, während die häufigeren durch konventionelle Abkürzung, z. B. a, O usw., bezeichnet werden. Neben den systematischen Formensymbolen wird jeder Flächengattung ein willkürlicher Buchstabe beigelegt, der vom ersten Autor der betreffenden Form gewählt wird.

Wir wollen uns jedoch nicht näher mit diesen Symbolen beschäftigen, da dieselben bei uns nie verwendet werden und auch nie verwendet wurden.

e) Symbole von NAUMANN.

Viele Jahre lang waren, besonders in Deutschland, die NAUMANNschen Symbole die verbreitetsten. Da dieselben vielfach noch in der älteren Literatur zu finden sind, so möchte ich hier kurz eine Einführung in die NAUMANNschen [26] Symbole geben.

NAUMANN war vorzugsweise Krystallograph, er war ein Schüler von MOHS.

Die NAUMANNsche Bezeichnung geht hauptsächlich auf die WEISSsche Grundlage zurück.

NAUMANN verlangt von einer krystallographischen Bezeichnung, daß man sich dabei möglichst schon den betreffenden Krystall vorstellen kann, d. h. daß sie uns an das Krystallsystem erinnern und daß sie die Grundform des Formenkomplexes erkennen lasse. Das Zeichen soll unmittelbar auf die gesamte Form und nicht bloß auf einzelne Flächen dieser Form hinweisen.

Jedes Zeichen besteht daher aus dem Symbol der Grundform und aus verschiedenen Hilfselementen.

Die einfache Form, deren Achsenlängen a, b, c selbst sind, heißt bei NAUMANN die Grundform und erhält die Buchstaben O, P, R.

Die Gesamtheit aller gleichwertigen Flächen an einem Krystall, deren Anzahl durch die Symmetrieverhältnisse des Krystallsystems bedingt wird, nennt man nach NAUMANN einfache Form.

Der Buchstabe O bezeichnet das Oktaeder. Er soll auf uns die Vorstellung dieser Form bewirken. Die übrigen regulären Formen werden durch Umschreibung aus dem Oktaeder abgeleitet.

Wenn man jede Halbachse des Oktaeders nach verschiedenen rationalen Zahlen m und n verlängert und in jede Oktaederecke 8 Flächen legt, die an diesen Abschnitten m, n und l resultieren, so entsteht, wenn man noch für jeden Achsenabschnitt die positiven und negativen Richtungen nimmt, die Form

$$m\,O\,n,\ \text{das Hexakisoktaeder}.$$

Die Flächen desselben haben das Parameterverhältnis

$$m : n : l.$$

Nur im regulären System wird der Buchstabe O für die Grundform benutzt, in allen andern benutzt er den Buchstaben P = Pyramide und im trigonalen den Buchstaben R = Rhomboeder.

Diesen P oder R wird dann wie im regulären System bei abgeleiteten Formen jedesmal entsprechend ein m resp. ein n oder beides zugefügt. Also auch hier haben wir das allgemeine Zeichen

$$m\,P\,n.$$

Wo $m > n$ und beide $>$ als 1 sind.

Im hexagonalen System nennt NAUMANN das Prisma erster Art ∞P, das dihexagonale Prisma ∞Pn, wenn n den Wert 2 erreicht, geht das dihexagonale Prisma in das Prisma zweiter Art $\infty P2$ über. Genau so ist es bei den hexagonalen Pyramiden, nur daß dabei an Stelle von ∞ eine bestimmte Zahl stehen muß.

Die Rhomboeder bezeichnet NAUMANN

$$R = (10\bar{1}1)$$
$$mR = (h\,o\,k\,l).$$

Hierauf gründet er die sekundäre Ableitung und Bezeichnung der Skalenoeder.

Verbindet man die 6 Polkanten eines Rhomboeders mit der Verlängerung der c-Achse, so erhält man von zwölf ungleichseitigen Dreiecken begrenzte Skalenoeder, die man als $+Rn$ und als $-Rn$ unterscheiden kann und die um $180°$ gegeneinander gedreht sind.

Die Rhomboeder heißen stumpf, wenn die von den Polkanten gebildeten Winkel stumpf sind. Zum Beispiel $\bar{1}122$, spitz, wenn dieser Winkel spitz ist, z. B. 3361.

Das Rhomboeder, dessen rhomboedrische Kanten mit denen eines Skalenoeders und deshalb auch die Mittelkanten mit diesen gemeinsam hat, heißt das Rhomboeder der Mittelkanten dieses Skalenoeders.

Ist mR das Rhomboeder der Mittelkanten mRn, so bedeutet n den Zahlenwert n der Vervielfältigung der Hauptachse.

Außer diesen Rhomboeder der Mittelkanten lassen sich jedem Skalenoeder noch zwei weitere Rhomboeder einschreiben, jenes das die kürzeren, und jenes, das die größeren Polkanten gemein hat.

Die Indices dieser 5 Rhomboeder lassen sich leicht durch den Zonenverband ableiten, da immer ein Rhomboeder in die Zone von 2 Skalenoederkanten fällt.

Im rhombischen System nennt NAUMANN die a-Achse die Brachyachse, die b-Achse die Makroachse. Dabei werden die Formen in Brachy- und Makroformen getrennt. Die Pinakoide und Domen, die der Brachyachse parallel gehen, heißen Brachypinakoide resp. Brachydomen. Also ist z. B. unser (021) ein Brachydoma $2\check{P}\infty$, bei den Flächen parallel der Makroachse ist es entsprechend.

Bei den Prismen und Pyramiden heißen jene, die zwischen (100) und (110) liegen, Brachyprismen, die zwischen (010) und (110) Makroprismen, entsprechend bei den Pyramiden.

Dies wird dadurch angezeigt, daß man über P das Zeichen $\check{P}$ oder $\bar{P}$ setzt.

Im monoklinen System wird die a-Achse die Klinoachse genannt. Dabei nennt NAUMANN die Flächen, die im spitzen Winkel der schiefen Achsen liegen, die positiven, die im stumpfen Winkel liegen, die negativen Formen.

Die b-Achse nennt NAUMANN im monoklinen System die Orthoachse.

Wie im rhombischen System genau so werden hier die Formen Klinoformen entsprechend dem rhombischen System den Brachyformen und Orthoformen entsprechend im rhombischen System den Makroformen benannt.

Im triklinen System nennt NAUMANN die a-Achse wieder Brachyachse, die b-Achse Makroachse. Es ergeben sich folgende Bezeichnungen: *Makropinakoid,*

Brachypinakoid sowie entsprechend die anderen Formen: *Prismen, Domen, Pyramiden.*

NAUMANN bezeichnet die drei Achsen als:

$$\text{Vertikale Achse} = c\text{-Achse}$$
$$\text{Makrodiagonale} = b\text{-Achse}$$
$$\text{Brachydiagonale} = a\text{-Achse.}$$

f) Symbole von MILLER.

Da durch eine Multiplikation oder Division mit einer beliebigen Zahl die Parameter ihr Verhältnis zueinander nicht ändern, so kann für die Relation:

$$m\,a : n\,b : o\,c$$

nach Division mit mno auch geschrieben werden:

$$\frac{a}{n\,o} : \frac{b}{m\,o} : \frac{c}{m\,n} \quad \text{oder} \quad \frac{a}{h} : \frac{b}{k} : \frac{c}{l} ,$$

wo hkl als Produkt ganzer Zahlen ebenfalls ganze Zahlen sind. Diese drei, die Lage einer Fläche bezeichnenden Zahlen heißen die Indices der Fläche, und ihr daraus gebildetes Symbol ist (hkl). Diese einfachste Art der Bezeichnung wurde zuerst von WHEWELL [34] vorgeschlagen, da dieselbe jedoch erst durch MILLER [23] eine allgemeine Verbreitung fand, so wird sie gewöhnlich nach diesem Autor benannt.

Diese MILLERschen Indices können entweder als Reziproke der Achsenabschnitte bezeichnet werden oder als Ableitungszahlen, in denen die Normalen der Fläche auf diejenigen der Hauptfläche bezogen werden.

Da MILLER die Reziproken der Achsenabschnitte als Symbol nimmt, wird natürlich der Wert ∞ zu 0, da $1/\infty = 0$; $(0kl)$ ist daher das Symbol einer Fläche, die die a-Achse im Unendlichen schneidet.

(001) eine solche, die die beiden Achsen a und b im Unendlichen schneidet. Für die negative Seite der Achsen wird über dem betreffenden Buchstaben ein Minuszeichen gesetzt, also z. B. $(1\bar{1}0)$.

Die Indices einer Fläche verhalten sich also wie die reziproken Werte der Achsenabschnitte der Fläche auf den von einem Punkt ausgehenden Durchschnittslinien der Fundamentalflächen.

$$\frac{1}{h}\frac{AO}{HO} = \frac{1}{k}\frac{BO}{KO} = \frac{1}{l}\frac{CO}{LO} ,$$

wo hkl eine positive oder negative Zahl sein kann.

Das heißt also:

$$\frac{1}{h}\frac{a}{\frac{1}{h}a} = \frac{1}{k}\frac{b}{\frac{1}{k}b} = \frac{1}{l}\frac{c}{\frac{1}{l}c} = 1 .$$

Wie man sieht, schließt sich die MILLERsche Bezeichnung eng an die WEISSsche an, indem sie, wie oben gezeigt, von den Achsenabschnitten einer Fläche ausgeht, indes nicht diese selbst, sondern die reziproken Werte der auf die Achsen bezüglichen Koeffizienten, die sogenannten Indices, enthält. Auch fallen die

Zeichen für die einzelnen Achsen (a, b, c) aus, es werden nur die Indices unmittelbar hintereinander geschrieben; die vordere Hälfte von a, die rechte von b und die obere von c (also die 3 Halbachsen im vorderen, rechten, oberen Oktanten), desgleichen die darauf bezüglichen Indices. Letztere wurden mit hkl bezeichnet. Sind nun die bei einer Fläche die auf die Achsen a, b und c bezüglichen Koeffizienten m, n, r, so verhält sich:

$$h : k : l = , \quad \text{also auch} \quad m : n : r = \frac{1}{a} : \frac{1}{b} : \frac{1}{c}.$$

Liegt eine Fläche im vorderen, rechten, oberen Oktanten und hat sie die Zeichen $a : 2b : 3c$ nach WEISS, so verhält sich $h : k : l = \frac{1}{1} : \frac{1}{2} : \frac{1}{3}$. In diesem Verhältnis multipliziert man alle Glieder mit 6, dann geht es über in $6 : 3 : 2$, und das MILLERsche Zeichen für die Fläche wird (632). Liegt die Fläche im vorderen, rechten, unteren Oktanten, so setzt man über den dritten Index das Minuszeichen und erhält ($63\bar{2}$). Geht eine Fläche einer oder zwei Achsen parallel, so daß der betreffende Koeffizient ∞ wird, so wird im MILLERschen Symbol an der betreffenden Stelle der Index 0 erscheinen ($0 = 1/\infty$).

Beim Zusammenfassen aller zu einer und derselben Form gehörigen Flächen schreibt man die Indices einer Fläche in gebrochenen Klammern { }. Während also die 8 Flächen des Oktaeders der Reihe nach die Symbole (111) ($\bar{1}11$) ($\bar{1}\bar{1}1$) ($\bar{1}1\bar{1}$) ($11\bar{1}$) ($1\bar{1}\bar{1}$) ($\bar{1}\bar{1}\bar{1}$) ($\bar{1}1\bar{1}$) erhalten, schreibt man das vollständige Oktaeder {111}.

Wenn eine Zone die beiden Flächen (hkl) und ($h_1k_1l_1$) enthält, so kann man leicht bestimmen, wie wir dann Seite 48 sehen werden, ob eine dritte Fläche ($h_2k_2l_2$) ebenfalls dieser Zone angehört. Man schreibt dann die Indices dieser Zone [uvw] in eckige Klammern.

Eine der NAUMANNschen Flächenbezeichnung ähnliche stammt von DANA her und unterscheidet sich vor allem dadurch von der NAUMANNschen, daß er das P (Pyramide) ebenso wie das O (Oktaeder) und das R (Rhomboeder) wegläßt und an deren Stelle, wenn zwei Zahlen auftreten, einen Strich setzt, später ließ er auch diesen Strich weg.

In der neuesten Auflage von DANA werden jedoch nur die MILLERschen und im hexagonalen System daneben auch die BRAVAIS-Symbole verwendet.

Diese MILLERsche Bezeichnung ist, wie schon vorher erwähnt, für alle Krystallsysteme mit Ausnahme des hexagonalen Systems heute üblich.

Während sonst sämtliche Flächen einer Form die gleichen Zahlen im Symbol erhalten, wäre dies im hexagonalen System nicht der Fall (Abb. 30).

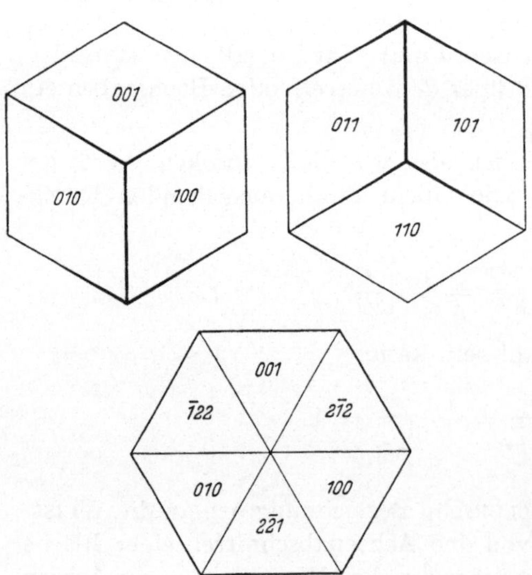

Abb. 30.

Miller verwendet in diesem System als Achsen nicht die Deckachsen, sondern die Kanten des Grundrhomboeders. So würde z. B. das hexagonale Prisma, dessen Flächen die c-Achse und (Abb. 30, Seite 42) der a-Achse parallel gehen, das Symbol (110) und die Fläche, die der a-Achse parallel geht, das Zeichen (010) erhalten.

Es stehen also in den Symbolen der Flächen einer Form nicht immer die gleichen Zahlen.

g) Goldschmidts polare Symbole[1].

Zum Zweck der Symbolisierung können die Flächen durch ihre Normalen aus dem Krystallmittelpunkt vertreten werden, wenn es nicht darauf ankommt, die Zentraldistanz der Flächen im Symbol auszudrücken. Eine solche Normale hat die Richtung der die Fläche verursachenden Kraft, die man, wie schon ausgeführt, ausdrücken kann durch die Anzahl pqr der primären Einzelkräfte $p_0 q_0 r_0$, die zur Bildung einer Resultante in der Richtung dieser Flächennormalen zusammentreten.

Bestimmt man also eine Fläche durch die drei Zahlen pqr, die angeben, wie viele von den Krafteinheiten p_0 der P-Richtung, q_0 der Q-Richtung, r_0 der R-Richtung zur Bildung einer Resultante in der Richtung der Flächennormalen zusammentreten, so erhalten wir zunächst ein dreizahliges polares Flächensymbol. Da es aber bei den Symbolzahlen nur auf relative Größen ankommt, so kann man stets $r = 1$, $r_0 = 1$ setzen und braucht diese 1 nicht anzuschreiben. Dadurch vereinfacht sich das dreizahlige polare Flächensymbol zu einem zweizahligen:

$$p\,q\,(1) = p\,q.$$

Von diesen zwei Zahlen schreibt man zu weiterer Vereinfachung in der Regel nur eine, wenn beide einander gleich sind, also p statt pp.

Bei zweiziffrigen Symbolen ist diese Abkürzung nicht angebracht, da sonst Verwechslungen möglich wären. Man schreibt 2 statt 22, $\frac{1}{2}$ statt $\frac{1}{2}\frac{1}{2}$, dagegen muß man ausschreiben $12 \cdot 12$. Zweiziffrige Symbolzahlen sind sehr selten.

Wie untenstehende Zone zeigt, haben diese zweiziffrigen Goldschmidtschen Symbole noch den großen Vorteil, daß sie, vor allem für die Parallelzonen zu den Achsen, im Gegensatz zu den Millerschen Symbolen eine Zone als solche klar hervortreten lassen, während bei den Millerschen Symbolen diese Charakteristik der Zone aus den Symbolen verlorengeht:

Beispiel: Parallelzone $\frac{1}{3}y$:

Goldschmidt:	$\frac{1}{3}\,0$	$\frac{1}{3}\,\frac{1}{6}$	$\frac{1}{3}\,\frac{1}{3}$	$\frac{1}{3}\,\frac{1}{2}$	$\frac{1}{3}\,1$	$\frac{1}{3}\,\frac{2}{3}$	$\frac{1}{3}\,3$
Miller:	103	216	113	236	133	143	193.

Die Symbole sind, wie wir schon an anderer Stelle gesehen haben, die Koordinaten der Flächenpunkte in polarer Projektion und gewähren somit das, was man als erstrebenswert bezeichnen muß, daß das Symbol der Zahlenausdruck des Projektionsbildes, die Projektion der unmittelbare graphische Ausdruck des Symbols sei. Da pq oft Brüche sind, so kann man durch Multiplikation mit dem gemeinsamen Nenner bewirken, daß das dreizahlige Symbol aus lauter

---

[1] Siehe Literaturverzeichnis [7].

ganzen Zahlen besteht. Die so gebildeten Symbole treffen dann mit den WHE-
WELL-GRASSMANN-MILLERschen Symbolen überein und weichen nur im hexagonalen System von ihnen ab.

Wie wir Seite 43 gesehen haben, bestimmt sich die Lage des Projektionspunktes einer Fläche im gnomonischen Projektionsbild dadurch, daß man von
dem Projektionsmittelpunkt ausgehend die Größen p und q in den ihnen
zugehörigen Maßeinheiten $p_0 q_0$ als Koordinaten aufträgt, also p-mal die Einheit p_0 und q-mal die Einheit q_0. Der dritte Index r_0 wird stets gleich Eins
gesetzt und weggelassen.

Das allgemeine Zeichen pq ist also gleich MILLERs hkl.

Ist $p = q$, so setzt man p nur einmal. Dadurch, daß man das r_0 gleich Eins
setzt, ist es möglich, auf dem Projektionsbild direkt die Werte von p und q
abzulesen.

Einige Schwierigkeit ergibt sich für die Prismen.

Die Prismenflächen stehen senkrecht auf der Projektionsebene, ihre Projektionspunkte liegen daher im gnomonischen Bild im Unendlichen. Für sie ist
demnach p und q unendlich groß, doch besteht ein Verhältnis zwischen p und q,
das anzeigt, welcher Radialzone das Prisma zugehört.

So möge $3 \infty : 1 \infty$ das Symbol des Prisma sein, für das $p : q = 3 : 1$ ist. Man
kann dafür auch 3∞ setzen. Auch sei $1 \infty : 2 \infty$ das Symbol, für das $p : q = 1 : 2$
ist, man könnte auch hier $\infty 2$ setzen.

Nun wurde durchgehends der auftretende Zahlenwert > 1 genommen und
der Einfachheit halber das zweite Zeichen ∞ weggelassen. So bedeutet:

$3 \infty = 3 \infty : \infty$ das Prima, für das $p : q = 3 : 1$ ist,
$\infty \frac{3}{2} = \infty \cdot \frac{3}{2} \infty$ das Prisma, für das $p : q = 1 : \frac{3}{2} = \frac{2}{3} : 1 = 2 : 3$.
3∞ ist also bei MILLER 310,
$\infty \frac{3}{2}$ ist also bei MILLER 230.

GOLDSCHMIDTs Symbole sind also im wesentlichen von den MILLERschen
nicht sehr verschieden. Er setzt den dritten Index stets gleich Eins. Dieses Eins
ist aber der Abstand des Krystallmittelpunktes von der gnomonischen Projektionsebene.

Wir gebrauchen hier wie in allen zweizahligen Symbolen die Abkürzung,
daß wir, wenn die zwei pq resp. ab einander gleich sind, die Zahl nur einmal
setzen, also

$$[p] = [pp]; \qquad \{2\} = \{22\}; \qquad \bar{1} = \bar{1}\bar{1}.$$

Durch Auftragen der Kantenpunkte aus ihren Symbolen als Koordinaten
erhält man das lineare Projektionsbild. Jede Gerade zwischen zwei Punkten
stellt eine Fläche dar. Ebenso kann man das Projektionsbild durch Eintragen
der Flächenlinien aus ihrem Symbole (ab) als Parameter aufbauen, indem man
die Einheit a, nach OA $a$mal und b_0 nach OB b-mal aufträgt, die gefundenen
Punkte auf OA und OB verbindet (Abb. 21). Der Schnittpunkt zweier Flächenlinien ist der Projektionspunkt ihrer gemeinsamen Kante, das ist zugleich der
Projektionspunkt der Achse der durch die beiden Flächen fixierten Zone.

Symbol der Gesamtform, der Teilformen und der Einzelflächen. Unter Gesamtform versteht man den Inbegriff aller Flächen, die bei einem Krystall durch
die Äquivalenz gleichzeitig bedingt werden, wenn eine derselben vorhanden ist.

So werden z. B. mit einer Fläche pq im holoedrisch-regulären System 47 andere gleichzeitig verlangt. Diese Gesamtformen zerfallen durch die Meroedrien in Gruppen, die geschlossen auftreten. Ferner haben Fläche und Gegenfläche eine gewisse Zugehörigkeit und ebenso ist die Einzelfläche so weit selbständig, daß sie ebenfalls einer besonderen Bezeichnung bedarf. Die Symbole sollen so eingerichtet sein, daß es durch sie möglich ist, als Ganzes, jede Teilform, das parallele Flächenpaar und die einzelne Fläche eines Krystalles auszudrücken.

Wenn man die polaren Flächensymbole der gnomonischen Projektion entnehmen kann, so kann man auch aus der (geradlinigen) Linearprojektion ebenfalls Symbol für die Flächen und ebenso für die Kanten (Zonenachsen) gewinnen.

Die Linearprojektion der Fläche ist eine gerade Linie. Sie kann definiert werden durch die Gleichung zweier, auf ihr liegender Zonenpunkte $[ab]\,[a_1 b_1]$ und lautet dann:

$$\frac{x-a}{y-b} = \frac{a-a_1}{b-b_1},$$

oder sie kann definiert werden durch ihre Abschnitte auf den zwei Koordinatenachsen AB. Letztere Definition kann man zu einer Symbolisierung der Flächen verwenden.

Eine Fläche schneide auf den 3 Achsen die Längen $a\,a_{0}\,b\,b_{0}\,c\,c_{0}$ ab, so lautet die Fundamentalgleichung:

$$a\,a_{0} : b\,b_{0} : c\,c_0 = \frac{\sin\alpha}{p\,p_0} : \frac{\sin\beta}{q\,q_0} : \frac{\sin\gamma}{r\,r_0}.$$

Dabei sind $a_0\,b_0\,(c_0)\,\alpha\beta\gamma$ die linearen Elemente, wovon man $c_0 = 1$ setzt.

$a_0\,b_0\,c_0$ sind die Abschnitte der Form $1 = (111)$ auf den 3 Linearachsen (die parallel den Kanten des Pinapoidalkörpers verlaufen), welch letztere sich unter dem Winkel $\alpha\beta\gamma$ schneiden. Mit a, b, c bezeichnet man die Koeffizienten von $a_0\,b_0\,c_0$. Sie sind bekanntlich rationale Zahlen, und es entspricht $a\,a_0 : b\,b_0 : c\,c_0$ dem, was man das Parameterverhältnis der Flächen nennt und das die Grundlage der WEISSschen und NAUMANNschen Symbolisierung bildet.

Man setzt $c = 1$; $a_0\,b_0\,(c_0)\,\alpha\beta\gamma$ sind konstant für denselben Krystall und es genügt daher zur Bestimmung der Einzelform des durch seine Elemente definierten Krystalls die Angabe a und b.

Aus der Fundamentalgleichung geht hervor, da

$$c\,c_0 = 1; \quad r\,r_0 = 1; \quad a_0; \quad b_1; \quad \frac{\sin\alpha}{p_0}; \quad \frac{\sin\beta}{q_0}; \quad \frac{\sin\gamma}{r_0}$$

für denselben Krystall konstante Größen sind, daß, abgesehen von den Einheiten, in denen auf jeder einzelnen Achse gemessen werden muß, ab die reziproken Werte von pq sind (Abb. 25 und 26).

Beispiel: Wenn $pq = 23$, so ist $ab = (\tfrac{1}{2}\tfrac{1}{3})$.

Zur Unterscheidung von den polaren Flächen- und den linearen Zonensymbolen, die GOLDSCHMIDT [ ] einschließt, setzt er die linearen Flächensymbole in runde Klammern ( ).

Um auch die Zonenlinien aus ihren Parametern in polarer Projektion zu symbolisieren, setzt er die analog gebildeten zweiachsigen Symbole in geschweifte Klammern { }.

Er unterscheidet daher im ganzen 4 Arten von Symbolen, die sich folgendermaßen unterscheiden:

1. $p\,q$ = polare Flächensymbole,
2. $\{p\,q\}$ = polare Zonensymbole.
3. $(a\,b)$ = lineare Flächensymbole,
4. $[a\,b]$ = lineare Zonensymbole.

Die Zahlen von 1 und 4 bedeuten Parameter, die von 2 und 3 Koordinaten.

Bei den Prismenflächen entsteht in der linearen Symbolisierung eine Schwierigkeit. Für sie sind a und $b = 0$ und nur ihr Verhältnis bezeichnet die Richtung der durch den Koordinatenanfang gehenden Projektionslinie.

GOLDSCHMIDT nimmt zur Bezeichnung das Symbol, wie es sich aus dem polaren Symbol direkt ableitet.

Also aus

z. B.

$$\frac{p}{q}\infty = p\infty q\infty \quad \text{ergibt sich} \quad a\,b = \left(\begin{matrix}0 & 0\\ p & q\end{matrix}\right),$$

$$\frac{p}{q} = \frac{3}{2}\infty = 3\infty : 2\infty \quad \text{,,} \quad \text{,,} \quad a\,b = \left(\begin{matrix}0 & 0\\ 3 & 2\end{matrix}\right),$$

$$p\,q = 2\infty = 2\infty : \infty \quad \text{,,} \quad \text{,,} \quad a\,b = \left(\begin{matrix}0 & 0\\ 2 & 1\end{matrix}\right) : \left(\begin{matrix}0\\ 2\end{matrix}\,0\right).$$

Die Projektion findet sich für $\left(\begin{smallmatrix}0&0\\2&3\end{smallmatrix}\right)$, indem man mit der Trace $(1/p\ 1/q)$ eine Parallele durch den Koordinatenanfang zieht.

Beispiel: $x = \infty\,\frac{3}{2}$ (polar) $= \left(\begin{smallmatrix}0&0\\2&3\end{smallmatrix}\right)$ (linear) (Abb. 31).

Benennung der Zonen (Abb. 32). In der Projektionsebene der gnomonischen Projektion liegen 2 Achsen PQ (nur im hexagonalen System 3 gleichwertige

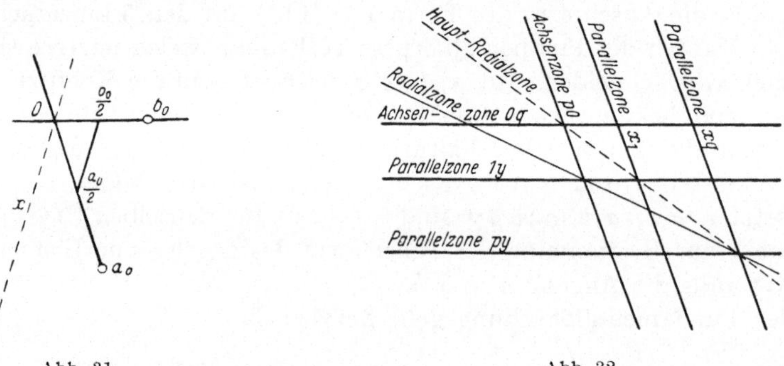

Abb. 31.   Abb. 32.

Achsen). Auf jeder der Achsen treten Flächenpunkte aus, die einer Zone angehören; solche Zonen nennt man *Achsenzonen.* Die Flächen der einen Achsenzone haben das Zeichen $0q$, die der anderen $p0$.

Zonen, deren Projektionslinien parallel Achsen laufen, heißen *Parallelzonen.* Man schreibt sie:

$Z\,2q$ für eine Parallelzone mit konstantem $p = 2$,

$Z\,p3$,, ,, ,, ,, ,, $q = 3$.

Eine hervorragende Wichtigkeit hat die erste Parallelzone, d. h. die, für welche p resp. $q = 1$ ist.

Radialzonen heißen solche Zonen, deren Linien durch den Koordinatenanfang 0 gehen.

Für jede derselben ist $p : q$ konstant.

Danach bezeichnet man als:

Radialzone p/q die Zone, für welche p/q einen bestimmten konstanten Wert hat.

Zum Beispiel: $R \cdot Z2 = $ Radialzone bei der $r/q = 2$,
$$R \cdot Z\tfrac{2}{3} = \quad \text{„} \quad \text{„} \quad \text{„} \quad p/q = \tfrac{2}{3}.$$

Unter diesen Radialzonen sind besonders jene wichtig, bei denen $p : q = 1$ ist. Sie heißen *Haupt-Radial-Zonen*, abgekürzt *HRZ*; für sie ist $p = q$. Die *HRZ* sind in dem Formenverzeichnis daran erkenntlich, daß die Symbole ihrer Formen aus nur einer Zahl bestehen. Nur da, wo die Zahlen des Symbols zweiziffrig sind, werden beide Zahlen geschrieben, z. B. $12 \cdot 12$, da $12 = $ Zwölf von $1\,2 = $ Eins, Zwei nicht zu unterscheiden wäre. Ebenso müssen die 2 Zahlen angeschrieben werden, wenn, wie z. B. im triklinen System, bei gleichen Zahlen die Vorzeichen verschieden sind.

Prismenzone ist die Zone jener Flächen, die senkrecht auf der Projektionsebene stehen, deren Projektionspunkte daher in gnomonischer Projektion im Unendlichen liegen.

Für diese Flächen ist demnach p und q unendlich groß, doch besteht das Verhältnis $p : q$, das anzeigt, welcher Radialzone das Prisma angehört. So sei $3 \infty \cdot \infty$ das Symbol des Prisma, für das $p : q = 3 : 1$ ist; man kann dafür auch $\infty : \tfrac{1}{3} \infty$ setzen. Nun wurde durchgehend der auftretende Zahlenwert > 1 genommen und der kürzeren Schreibweise wegen das zweite Zeichen ∞ weggelassen, so daß:

$3 \infty = 3 \infty \cdot \infty$ das Prisma der RZ_3 für das also $p : q = 3 : 1$ (310) (MILLER)
$\infty \tfrac{3}{2} = \infty \tfrac{3}{2} \infty$ „ „ „ $RZ_{2/3}$ „ „ „ $p : q = \tfrac{2}{3} : 1$ (230) „
$\tfrac{3}{2} \infty = \tfrac{3}{2} \infty \cdot \infty$ „ „ „ $RZ_{3/2}$ „ „ „ $p : q = \tfrac{3}{2} : 1$ (320) „

Symbolisierung der Kanten (Zonenachsen, Zonen). Der Punkt ist in der Linearprojektion das Bild einer Kante (Zonenachse). Seine Lage ist bestimmt durch die Koordinaten vom Nullpunkt (Austrittspunkt der Kante $\infty\,0 : 0\,\infty$). Die Einheiten sind die Parametereinheiten der Krystallographie (Lineareinheiten) $a_0 b_0 (c_0 = 1)$. So ergibt sich das Symbol der Kanten analog dem der Flächen aus 2 Zahlen bestehend a und b, die angeben, daß der Projektionspunkt der Kante gefunden wird, indem man vom 0-Punkt ausgehend die Einheit a in der $0A$-Richtung a-mal, daran die Einheit b in der $0B$-Richtung b-mal aufträgt. Das allgemeine Zeichen ist:

$$[a\,b],$$

das zum Unterschied vom Flächensymbol in [ ] gesetzt wird.

Ableitung des linearen und polaren Kantensymbols (Zonensymbol). Eine Zone (Kante) kann gegeben sein direkt, und zwar:

1. polar durch die Parameter der Zonenlinie. Polares Zonensymbol $\{p\,q\}$,
2. linear durch die Koordinaten des Zonenpunktes. Lineares Zonensymbol $[a\,b]$

oder indirekt, und zwar:

3. polar durch die Gleichung der Zonenlinie,
4. polar durch die Symbole zweier Flächenpunkte der Zone $p_1 q_1$ und $p_2 q_2$,
5. linear durch die Parameter zweier Zonenlinien der Zone $(a_1 b_1)$ und $(a_2 b_2)$.

Ad. 3. Hat die Gleichung der zu betrachtenden Zone die allgemeine Form der Gleichung ersten Grades $lx + my + n = 0$, so findet man die Parameter pq, das sind die Zahlen des polaren Zonensymbols $\{pq\}$, als Werte für x und y, indem man y resp. $x = 0$ setzt. Dann ist:

$$\left.\begin{aligned} p &= -\frac{n}{l} \\ q &= -\frac{n}{m} \end{aligned}\right\} \text{ und das der Gleichung entsprechende polare Zonensymbol } \left\{\frac{\bar{n}}{l}\ \frac{\bar{n}}{m}\right\}.$$

Die reziproken Werte $1/p = a$, $1/q = b$ sind die Zahlen des linearen Zonensymbols $[ab]$, also:

$$\left.\begin{aligned} a &= -\frac{1}{n} \\ b &= -\frac{m}{n} \end{aligned}\right\} \text{ und das der Gleichung entsprechende lineare Zonensymbol } = \left[\frac{l}{n}\ \frac{\bar{m}}{n}\right].$$

Beispiel: Es sei die Zonengleichung:

$$x + y - 1 = 0.$$

Also:

$$l = 1, \quad m = 1, \quad n = -1,$$

so ist:

$$\text{das polare Zonensymbol: } \left\{\frac{-\bar{1}}{1}\ \frac{-\bar{1}}{1}\right\} = \{11\} = \{1\},$$

$$\text{das lineare Zonensymbol: } \left[\frac{-1}{\bar{1}}\ \frac{-1}{1}\right] = [11] = [1].$$

Ad 4. Ist die Zone gegeben durch 2 Flächen pq und pq derselben, so kann man zuerst die Zonengleichung aufstellen:

$$\frac{x - p_1}{y - q_1} = \frac{p_1 - p_2}{q_1 - q_2}$$

und dann, nachdem man der Gleichung obige Gestalt $lx + my + n = 0$ gegeben, in derselben Weise verfahren wie bei 3, und das ist wohl für das Gedächtnis das beste.

Auch direkt läßt sich das Symbol $[ab]$ aus den Symbolen p_1q_1 und p_2q_2 erhalten nach den Gleichungen, die sich aus der Zonengleichung leicht ableiten lassen:

$$a = \frac{q_1 - q_2}{q_1 p_2 - q_2 p_1}, \qquad b = \frac{p_1 - p_2}{p_1 q_2 - p_2 q_1} = -\frac{p_1 - p_2}{q_1 p_2 - q_2 p_1}.$$

Ad 5. Die Ableitung der Koordinaten des linearen Zonenpunktes aus den Parametern zweier Flächen der Zone ergibt sich im Projektionsbild unmittelbar, da der Zonenpunkt der Schnittpunkt der beiden Flächenlinien ist. Die Ableitung auf dem Wege der Rechnung kann auf 4 zurückgeführt werden, indem man statt der linearen Symbole der 2 Flächen $(a_1 b_1)(a_2 b_2)$ die polaren $p_1 q_1 = 1/a_1\ 1/b_1$ und $p_2 q_2 = 1/a_2\ 1/b_2$ einführt. Direkt ergeben sich die Koordinaten ab des Zonenpunktes nach den folgenden Formeln, die sich leicht ableiten lassen:

$$a = \frac{a_1 a_2 (b_2 - b_1)}{a_1 b_2 - a_2 b_1} = \frac{b_2 - b_1}{\dfrac{b_2}{a_2} - \dfrac{b_1}{a_1}}, \qquad b = \frac{b_1 b_2 (a_1 - a_2)}{a_1 b_2 - a_2 b_1} = \frac{a_2 - a_1}{\dfrac{a_2}{b_2} - \dfrac{a_1}{b_1}}.$$

Tabelle 6.

Name der Zone	Spezialwerte für die Werte $l\,m\,n$ der allgemeinen Zonengleichung	Zonengleichung	Allgemeine Form eines Flächensymbols a. d. Zone	Polares Zonensymbol $\{p\,q\}$ (Parameter)	Lineares Zonensymbol (Kantensymbol) $[ab]$ (Koordinaten)
p Achsen-Zone $= p\,AZ$	$\left.\begin{array}{l} m = 0 \\ n = 0 \end{array}\right\}$	$x = 0$	p_0	$\{0\,\infty\}$	$[\infty\,0]$
q Achsen-Zone $= q\,AZ$	$\left.\begin{array}{l} l = 0 \\ n = 0 \end{array}\right\}$	$y = 0$	$0\,q$	$\{\infty\,0\}$	$[0\,\infty]$
p Parallel-Zone $= p\,\|\,Z\,p$	$m = 0 \quad -\dfrac{n}{l} = q$	$x = p$	$p\,y$	$\{p\,\infty\}$	$\left[\dfrac{1}{p}\ \ 0\right]$
q Parallel-Zone $= q\,\|\,Z\,q$	$l = 0 \quad -\dfrac{n}{m} = q$	$y = q$	$y\,q$	$\{\infty\,q\}$	$\left[0\ \ \dfrac{1}{q}\right]$
Radial-Zone $m = R\,Z\,m$	$n = 0$	$l\,x + m\,y = 0$	$\alpha\,q \cdot q$	$\left\{\dfrac{0}{l}\ \dfrac{0}{m}\right\}$	$[l\,\infty \cdot m\,\infty] = \left[\dfrac{1}{m}\,\infty\right]$
Haupt-Radial-Zone $= HRZ$	$\left.\begin{array}{l} n = 0 \\ l = \pm\, m \end{array}\right\}$	$x + y = 0$	$p\ \bar{p}$	$\left\{\dfrac{0}{1}\ \dfrac{0}{\bar{1}}\right\} = \{0\,\bar{0}\}$	$[\infty\,\bar{\infty}]$
Diagonal-Zone $= DZ$.		$x - y = 0$	p	$\left\{\dfrac{0}{1}\ \dfrac{0}{1}\right\} = \{0\,0\} = \{0\}$	$[\infty\,\infty] = [\infty]$
Prismen-Zone $= Pr\,Z$.	$n = \pm\,\infty$	$l\,x + m\,y = \pm\,\infty$	$\alpha\,\infty \cdot \infty = \alpha\,\infty$	$\{\infty\,\infty\} = \{\infty\}$	$[0\,0] = [0]$
Mittel-Parallel-Zone $= M\,\|\,Z$	$\left.\begin{array}{l} l = 1 \\ m = 1 \end{array}\right\}$	$x + y + n = 0$	$p \cdot \overline{p + n}$	$\{\bar{n}\,\bar{n}\} = \{\bar{n}\}$	$\left[\dfrac{\bar{1}}{n}\ \dfrac{\bar{1}}{n}\right] = \left[\dfrac{\bar{1}}{n}\right]$
Allgemeine Zone $= Z$.	—	$l\,x + m\,y + n = 0$	$p\,q$	$\left\{\dfrac{\bar{n}}{l}\ \dfrac{\bar{n}}{m}\right\}$	$\left[\dfrac{\bar{l}}{n}\ \dfrac{\bar{m}}{n}\right]$

h) Symbole im hexagonalen System.

α) WEISSsche Bezeichnung.

Bei diesem Krystallsystem ist es nicht angängig, wie bei den anderen Systemen, 3 Hauptrichtungen zu wählen, denn jede Fläche wiederholt sich 6mal oder 2mal 6mal resp. $\frac{1}{2}$mal 6mal. Dies muß durch drei horizontale Richtungen angezeigt werden.

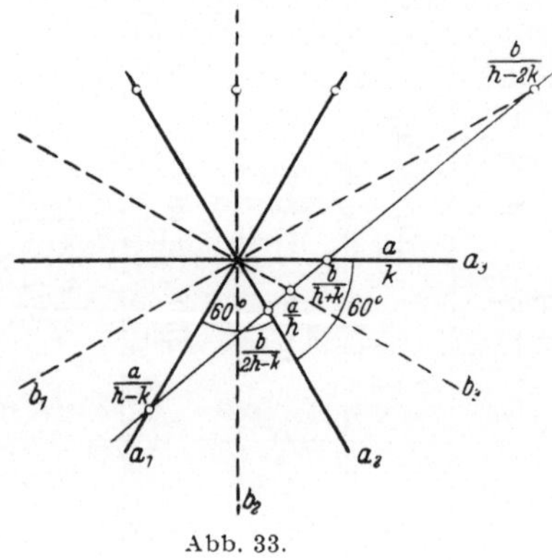

Abb. 33.

Bei WEISS [33] sind die 4 Achsen auf die Krystallflächen bezogen und werden folgendermaßen gewählt: 3 Achsen liegen in einer Ebene und schließen Winkel von 60° ein (Abb. 33).

Infolge der Gleichheit der drei horizontalen Nebenachsen existieren noch drei Zwischenachsen, die die Winkel zwischen den Nebenachsen halbieren und rationale Achsenabschnitte geben, wenn man den Zwischenachsen den Einheitswert $b = \sqrt{3}$ beimißt.

Darauf steht senkrecht die vierte Achse. Die Elemente sind durch die drei gleichen horizontalen Nebenachsen und die Hauptachse c gegeben.

Für die Berechnung der hexagonalen Formen genügt es, die Flächen auf die Hauptachse und zwei Nebenachsen zu beziehen. Dabei ist allerdings der Übelstand unvermeidlich, daß in den Symbolen gleichwertiger Flächen verschiedene Zahlen als Indices auftreten. Deshalb hat zuerst WEISS noch den Achsenabschnitt auf der dritten Nebenachse in das Symbol einer Fläche aufgenommen. Bezeichnet man die Achseneinheit der Hauptachse mit c, die der drei gleichen Nebenachsen mit a, so erzeugt eine Fläche, deren Abschnitte auf aac die Werte

$$\frac{a}{h} : \frac{a}{k} : \frac{c}{l}$$

haben, worin $h > k$ ist, auf a, den Abschnitt

$$\frac{a}{x} = \frac{a}{h - k},$$

wie aus Abb. 33 zu entnehmen ist. Für $h = k$ ist $x = 0$, d. h. die Fläche geht der Nebenachse a parallel. Für $h = 2k$ ist $x = k$ und die Fläche steht senkrecht auf der durch c und a_2 gehenden Ebene.

Demnach bestehen die Ungleichheiten:

$$2k > h > k, \quad x < k.$$

In dem WEISSschen Symbol der Fläche

$$\left\{ \frac{a}{x} : \frac{a}{h} : \frac{a}{k} : \frac{c}{l} \right\}$$

folgen also aufeinander der größte, kleinste und mittlere Abschnitt auf den Nebenachsen.

Vereinigt man die Indices dieser Fläche in ein Symbol, so erhält man das von GROTH vorgeschlagene Zeichen $\{xhkl\}$.

Das BRAVAISsche Zeichen einer Fläche enthält dieselben Indices wie das GROTHsche nur in anderer Reihenfolge und mit andern Vorzeichen. GROTH nimmt für die Form die einfache Bezeichnung $(xhkl)$. Bei BRAVAIS [3] bilden die 3 Achsen $A_1 A_2 A_3$ in positiver Richtung Winkel von 120° (Abb. 34).

Das Symbol $(xhkl)$ bei GROTH entspricht also dem Symbol $(kxhl)$ von BRAVAIS.

Wieder eine andere Anordnung der 3 Achsen verwendet VIOLA.

Die komplizierteste Symbolisierung ist wohl diese. Die Anordnung der Achsen ist die wie bei MILLER (Abb. 34) nur um 30° nach rechts gedreht. $0_1 = 1000$, $0_2 = 0100$, $0_3 = 0010$. Es ist (0010) die Resultante von (0100) und 1000, hat also somit die Bedeutung von (1100).

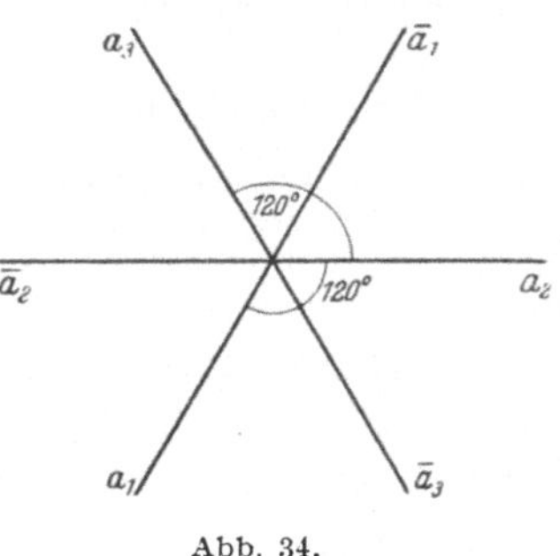

Abb. 34.

Wir wollen es unterlassen, weiter darauf einzugehen, alles Nähere ist aus seinem Buch zu ersehen[1].

Bei den trigonalen Krystallen geht VIOLA von den Formen des kubischen Rhombendodekaeder aus, indem er die Oktaederfläche als Basis nimmt.

Seine Bezeichnungen hier sind genau so kompliziert wie im hexagonalen System, weshalb dieselben hier nicht berücksichtigt wurden.

β) MILLERs trigonale Symbole.

MILLER [23] wählte zu koordinaten Achsen nicht wie WEISS und später BRAVAIS die Deckachsen (die ins Innere transferierten Kanten des pinakoidalen Körpers), sondern die Kanten des Grundrhomboeders (Abb. 35). Zwischen den BRAVAISschen Indices $(hikl)$ und den MILLERschen (pqr) bestehen die Beziehungen:

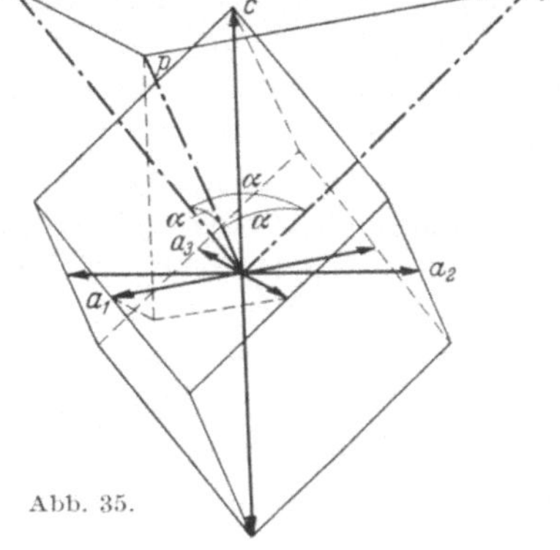

Abb. 35.

$$p = h - k + l, \qquad h = \frac{p-q}{3},$$

$$q = i - h + l, \qquad i = \frac{q-r}{3},$$

$$r = k - i + l, \qquad k = \frac{r-p}{3},$$

$$l = \frac{p+q+r}{3}.$$

Hiernach ist:

MILLER		BRAVAIS
(111)	die Basis	(0001)
(211)	das hexagonale Prisma T-Art	(1010)
(100)	das Grundrhomboeder	(1121)
(110)	die nach Abstumpfung des Grundrhomboeders	(1122)
(201)	das Skalenoeder	(4151)
(111)	das Rhomboeder	(2241)

[1] VIOLA: Grundzüge der Krystallographie, S. 123ff. Leipzig 1904.

Man kann das MILLERsche Achsenkreuz der rhomboidalen Klasse als ein triklines betrachten, bei welchem $\alpha = \beta = \gamma$ und $a = b = c$ ist.

Das rhomboidale Achsenkreuz unterscheidet sich nur dadurch von dem kubischen, daß bei jenem $\alpha = \beta = \gamma \sim 90°$, während bei dem kubischen $\alpha = \beta = \gamma = 90°$ sind.

An Stelle des Würfels tritt das Grundrhomboeder (100), an Stelle des Rhombendodekaeders die Kante von $(2\bar{2}41)$, an Stelle der Oktaedernormalen (trigonale Achsen) $(1\bar{1}22)$, an Stelle des Ikositetraedernormalen (211) die Kante des Rhomboeders $(44\bar{8}1)$.

Der Hauptgrund gegen die Einführung der MILLERschen Symbolen im hexagonalen System ist wohl der, daß die Symbole der Flächen einer einfachen Form, z. B. der dihexagonalen Bipyramide, von zweierlei Formen sind.

Die Form (2131) für die im dritten Sextanten gelegenen Flächen hat bei MILLER die Bezeichnung (041) für die linke Fläche, das ist bei GOLDSCHMIDT 321, für die rechte Fläche dieser Form die Bezeichnung (232), bei GOLDSCHMIDT 213.

Dieser Nachteil der MILLERschen Symbole im hexagonalen System beruht hauptsächlich darauf, daß diese beiden verschiedenen Symbolen für dieselbe Form unbedingt nicht dem Symmetriegesetz entsprechen und dadurch die einfache Form kein einfaches und übersichtliches Zeichen erhält, wie es bei den übrigen Systemen der Fall ist. Die Bedingung, daß ein Symbol krystallographisch richtig sei, wird durch die Wahl der krystallographischen Achsen genügt, die so beschaffen sein müssen, daß sie der Symmetrie entsprechen, am besten wählt man deshalb als krystallographische Achsen jene, die auch Symmetrieachsen sind.

Bei der hexagonalen Holoedrie erhält man aus den Polkanten einer hexagonalen Pyramide und der darauf senkrechten Hauptachse ein Achsensystem, das durch die Symmetrie der Hauptachse allein entstanden gedacht werden kann. Die Verbindung einer dreizähligen Hauptachse mit dem Symmetriezentrum ist die rhomboedrische Gruppe.

Das einfachste Achsensystem für diese Gruppe, das als Achsen die Polkanten dieser Rhomboeder wählt, ist das MILLERsche.

Da zu jener Zeit das Rhomboeder noch eine große Bedeutung hatte, wurde dieses Achsensystem auch auf die anderen hexagonalen Gruppen übertragen, allerdings aber unter Verlust ihrer krystallographischen Zweckmäßigkeit.

HAUYs Betrachtungen gingen davon aus, ebenso die von WEISS. MOHS beginnt zwar nicht mit dem Rhomboeder selbst, sondern mit dessen horizontaler Projektion.

MILLERs Achsen (Abb. 35) bilden untereinander gleiche Winkel und ihre Parameter sind gleich groß. Eine Linie, die gegen diese 3 Achsen gleich geneigt ist, heißt die Hauptachse. Er gibt als Element nur den Winkel (100 : 101) an, d. h. den Winkel der Basis zu dem Grundrhomboeder, und bezeichnet dieses (100), während er die Basis, die ja alle 3 Achsen in gleicher Entfernung schneidet, (111) bezeichnet. Die dihexagonale Bipyramide (Abb. 30) nennt MILLER eine Kombination von zwei inversen Rhomboedern. Wenn die Oberfläche der Projektionsebene in 24 Dreiecke zerlegt wird, die durch die Pole (111), (211), (101) gehen, so sind die Pole von je zwei dieser rhomboedrischen Kombination symmetrisch. Die Form hkl gilt für alle Flächen, die für ihr Symbol hkl zusammen mit $-h\ -k\ -l$ haben. Wenn hkl alle verschieden sind, ist die Anzahl der Anordnungen 12:

$h\,k\,l$	$l\,k\,h$	$\bar{h}\,\bar{k}\,\bar{l}$	$\bar{l}\,\bar{k}\,\bar{h}$
$k\,l\,h$	$k\,h\,l$	$\bar{k}\,\bar{l}\,\bar{h}$	$\bar{k}\,\bar{h}\,\bar{l}$
$l\,h\,k$	$h\,l\,k$	$\bar{l}\,\bar{h}\,\bar{k}$	$\bar{h}\,\bar{l}\,\bar{k}$

Sind jedoch die Indices 0, -1, 1, ebenso wenn 2 Indices gleich sind; ist die Anzahl nur 6, sind alle 3 Indices gleich, so reduziert sich die Anzahl der Flächen auf 2.

Die Form, die durch den Inbegriff aller jener Flächen gebildet wird, die durch die verschiedenen Anordnungen hkl und $-h\ -k\ -l$ entsteht, heißt hemiedrisch mit geneigten symmetrischen Flächen (Skalenoeder).

Das Spaltungsrhomboeder des Kalkspat ist in Abb. 35 dargestellt. Seine beiden Polecken sind mit A', die 6 Mittelkanten mit A bezeichnet. Dieses Rhomboeder heißt auch das Grundrhomboeder. Die durch den Mittelpunkt gelegten Kanten von der gleichen Länge sind die MILLERschen Achsen, auf die die Indices in der Reihenfolge $A_1 A_2 A_3$ bezogen werden. Diese 3 gleichwertigen Achsenebenen selbst $(100)(010)(001)$ entsprechen den Flächen des Grundrhomboeders. Unter den nächst einfacheren Symbolen mit der (Quadratsumme 2) sind $(110)(101)(011)$ Flächen, welchen die oberen Polkanten des

Abb. 36.

Grundrhomboeders gerade abstumpfen. Diese bilden mit ihren parallelen Polkanten ein flaches Rhomboeder entgegengesetzter Stellung. Diese bilden mit ihren parallelen Gegenflächen, den Abstumpfungen der unteren Polkanten ein flaches Rhomboeder entgegengesetzter Stellung. Die Achse BB_1 dieser Rhomboeder ist gleich der Hälfte AA_1 des Grundrhomboeders. 6 Flächen von anderer Stellung entsprechen die Indices $(101)(011)(110)(\bar{1}01)(0\bar{1}0)(10\bar{1})$. Diese Flächen sind parallel den geraden Abstumpfungen AA_1 des Grundrhomboeders und bilden hier aus der Abb. 36 ersichtlich das Prisma zweiter Art.

Von den Einheitsflächen (Quadratsumme 3) sind 2 $(111)(\bar{1}\bar{1}\bar{1})$ senkrecht zur Achse des Grundrhomboeders, bilden also eine gerade Abstumpfung an Polecken derselben, während die übrigen $(11\bar{1})(1\bar{1}1)(\bar{1}11)(\bar{1}\bar{1}1)(\bar{1}1\bar{1})(1\bar{1}\bar{1})$ den Flächen eines Rhomboeders von entgegengesetzter Stellung und der doppelten Achsenlänge entsprechen.

Die nächst höhere Quadratsumme 5 kommt dem Indices der Symbole (201) (210) usw. zu, entsprechend schiefen Abstumpfungen des Grundrhomboeders, bzw. $(210)(2\bar{1}0)$ usw., entsprechend den schiefen Abstumpfungen der Mittelkanten, des Grundrhomboeder, und zwar sind dies Symbole.

γ) Bravais - Symbole.

Dem Übelstand bei MILLER, daß die Symbole der Flächen einer einfachen Form, z. B. der hexagonalen Bipyramide, von zweierlei Art geformt sind, hat BRAVAIS [3] abgeholfen, indem er statt zweier horizontalen Achsen drei genommen hat, *hkil*, die alle drei gleich sind. Da eine Fläche aber schon durch drei Richtungen im Raume vollkommen bestimmt ist, so muß sich der Schnitt auf der einen horizontalen Achse sowohl geometrisch wie auch arithmetisch bestimmen lassen.

Es ist z. B. die dihexagonale Bipyramide

$$a : n\,a : n'\,a : c = m\,Pn = \{h\,i\,k\,l\},$$

worin

$$n' = \frac{-n}{n+1}, \qquad h + i + k = 0$$

ist.

Die drei Achsen werden in der in der Abb. 34 angegebenen Folge aufgestellt. Die dritte Achse wird nur des symmetrischen Aussehens halber zugefügt, die einzelnen Flächen jeder Form außerdem bekommen nur dann einander entsprechende Indices, wenn man den Abschnitt auf der dritten Achse mit in das Symbol hineinbezieht, ist aber, wie oben erwähnt, sonst belanglos.

Natürlich ist aber der Abschnitt auf der dritten Achse von den beiden andern Horizontalachsen abhängig.

$$i = h + k.$$

Die Abschnitte einer beliebigen Fläche KH auf den 3 Horizontalachsen $a\,a\,a$ seien der Reihe nach OH, OK, OI, dann ist:

$$OH : OK : OI = \frac{1}{h}\,a : \frac{1}{k}\,a : \frac{1}{l}\,a.$$

Es verhält sich:

$$OH : PH = OK : PI, \qquad OH : OH - OJ = OK : OJ,$$

das ist

$$\frac{1}{h}\,a : \frac{1}{h}\,a - \frac{1}{i}\,a = \frac{1}{k}\,a : \frac{1}{i}\,a \quad \text{oder} \quad i = k + k;$$

da a''' immer negativ, so ist

$$h + k + i = 0.$$

δ) GOLDSCHMIDTs Aufstellung und Bezeichnung[1].

Wie wir schon sahen, hat man im hexagonalen System die Wahl zwischen zwei scheinbar gleichwertigen von je drei Nebenachsen, die unter 30° gegeneinander gedreht sind. Welche von diesen als die primären anzusehen sind, läßt sich a priori nicht entscheiden, doch gibt die Betrachtung der Symbole und die Diskussion der Zahlen einen Anhalt dafür.

Man nimmt zunächst beliebig eins von beiden und erhält nun die Richtung der primären Achsen (Krafteinrichtung) als Normale auf diese Flächen.

Je drei Nebenachsen sind unter sich gleichwertig und haben deshalb die gleiche Einheit $p_0 = q_0$, deren Größe soll so beschaffen sein, daß man in Analogie mit den anderen Systemen zu einem Symbol gelangen kann.

---

[1] Siehe Literaturverzeichnis [7].

Genetisch kann man annehmen, daß stets nur von drei Kräften in den Richtungen PQR oder OSR oder PSR (Abb. 37) Anteile zusammentreten zur Bildung einer Fläche, deren Projektionspunkt dann innerhalb des durch P und Q resp. Q und S oder P und S eingeschlossenen Sextanten liegt.

Demgemäß braucht man in dem Symbol, das die Anteile der komponierenden Kräfte angibt, nur die Angabe von drei Werten, von denen der eine gleich Eins ist und nicht geschrieben werden muß, wodurch man wie bei den anderen Systemen ein zweizahliges Symbol pq erhält. Es fragt sich nun, welche der Achsen als

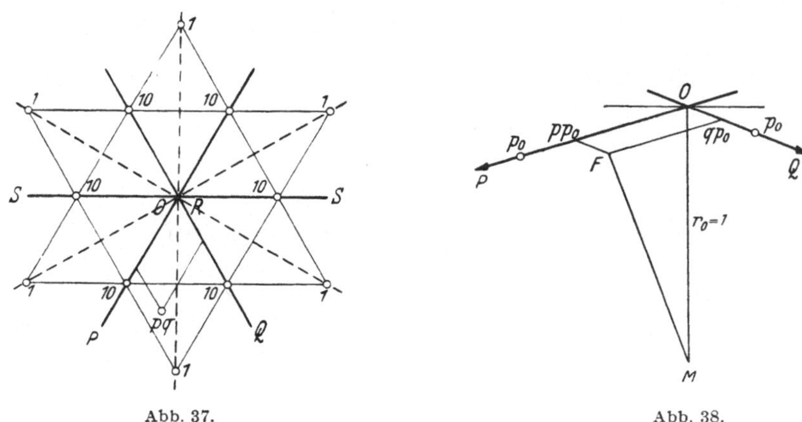

<table>
<tr><td>Abb. 37.</td><td>Abb. 38.</td></tr>
</table>

Koordinaten zu nehmen sind. Hierfür gibt es zwei Wege. Entweder nimmt man zwei von den drei Achsen PQS, z. B. PQ mit ihren Gegenrichtungen fest für alle Punkte als Koordinatenachsen an (dies ist erforderlich für manche Aufgaben, z. B. für Untersuchungen in Zonenlinien, die durch mehrere Sextanten hindurchgehen) oder betrachtet jeden Sextanten für sich selbständig. In letzterem Fall ist nur eine nähere Angabe nötig, in welchem Sextanten resp. Dodekanten der betreffende Flächenpunkt liegt.

Für das allgemeine Symbol ist eine solche Angabe überflüssig. Nur für die Meroedrien und Einzelflächen muß eine solche Angabe gemacht werden.

Allgemeines Symbol. Als zusammenwirkend muß man außer r_0 zwei benachbarte Horizontalkräfte annehmen, d. h. solche, die einen Winkel von 60° (nicht 120°) einschließen. So setzt sich die Resultante, die Flächennormale MF im perspektivischen Bild (Abb. 38), zusammen, $r_0 = 1$ in der vertikalen und die Anteile pp_0 und qp_0 in der horizontalen Richtung. Durch Auftragen von $r_0 = 1$ gelangt man nach O in die Oberfläche, in die Projektionsebene, die hier mit der Basis zusammenfällt, und geht nun von O aus auf dieser oberen Fläche in der Richtung der Koordinaten P und Q. Es sind die Längen der in diesen Richtungen aufzutragenden Koordinaten pp und qp. In dem Projektionsbild (Abb. 39) wird man demnach zu dem Punkt F geführt, in dem man von O ausgehend in der Richtung OP p-mal, daran in der Richtung parallel OQ q-mal die Einheit p_0 aufträgt. So erhält man genetisch ebenso wie formell das dreizahlige Symbol $pqr = pql$ oder das zweizahlige pq in Analogie mit den anderen Systemen.

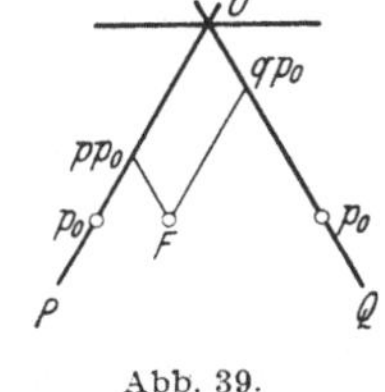

Abb. 39.

Meroedrien. Durch die Meroedrien teilt sich die obere Projektionsebene in 6 Felder (rhomboedrische Hemiedrie) (Abb. 40) oder in 12 (pyramidal, trapezoedrische Hemiedrie, Tetratoedrie) (Abb. 41). Die 6 Felder (Sextanten) numeriert man von 1 bis 6. In der rhomboedrischen Hemiedrie, der wichtigsten von allen, tritt eine Fläche stets in allen Geraden (2.4.6.) oder allen ungeraden (1.3.5.) Sextanten zugleich auf. Man nimmt die ersteren positiv, die letzteren negativ.

Zerfällt das Feld in 12 Teile (Duodikanten), so trennt man diese zunächst nach Sextanten im Anschluß an das Obige und unterscheidet in diesen eine

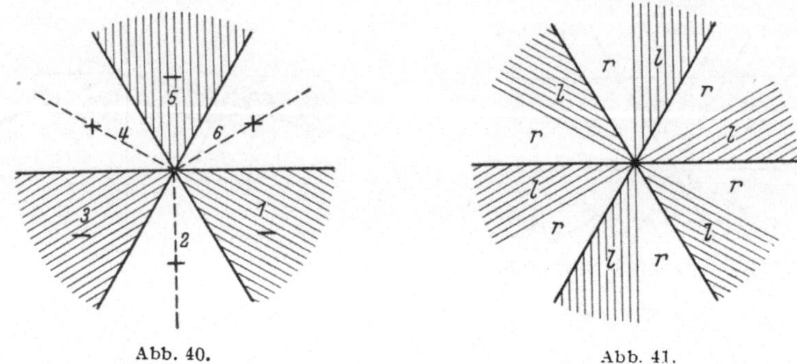

Abb. 40.   Abb. 41.

linke (l) und eine rechte (r) Hälfte, mit dem Blick nach dem Projektionsmittelpunkt gerichtet (Abb. 41).

Einzelflächen. Aus Obigem kann man zwei Arten der Bezeichnung der Einzelflächen ableiten.

Man zählt die Sextanten und hängt deren Nummern oben an das Symbol an, rechts für die Fläche rechts, links für die Fläche links.

Also: 21^3 ist die Fläche 21 im dritten Sextanten rechts, ^{321} ist die Fläche 21 im dritten Sextanten links. Dies ist die anschaulichste Art (Abb. 42).

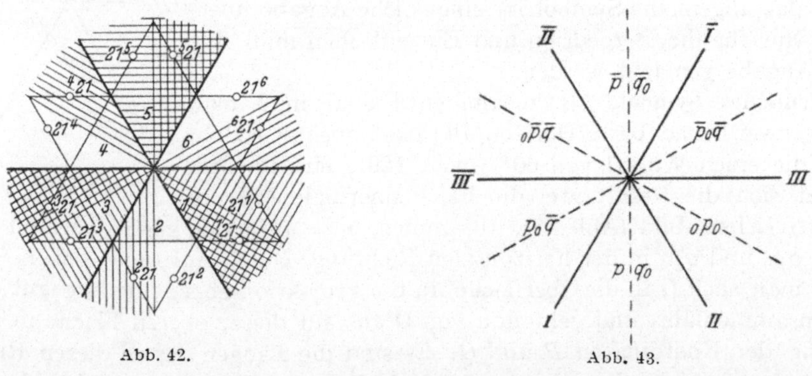

Abb. 42.   Abb. 43.

Genauer anlehnend an die genetischen Verhältnisse, doch weniger übersichtlich ist folgende Schreibweise: Man numeriert die Achsen im Projektionsbild $= I\ II\ III$ mit den Gegenrichtungen $\bar{I}\ \bar{II}\ \bar{III}$ (Abb. 43). Von diesen drei Achsen sind stets nur zwei Anteile am Symbol wirklich beteiligt. Man bildet nun dreizeilige Symbole aus pqo, wobei o die Stelle der unbeteiligten Achse vertritt. Die erste Ziffer bezieht sich auf die I-, die zweite auf die II-, die dritte auf die III-Achse (Abb. 43). In jedem einzelnen Sextanten treten durch die Vertauschung von p und q für das allgemeine Symbol pq zwei Werte auf, also z. B. pqo und qpo. Sonach hat man Symbole für 12 obere Einzelflächen, für die Gegenflächen mag das Minuszeichen unter das Symbol treten.

Im hexagonalen System ist es vorteilhaft, der Rechnung eine Handskizze der Projektion zugrunde zu legen, um Irrtümer, die vielleicht durch die dreifache Mannigfaltigkeit (die durch die Symmetrie bedingt ist) zu vermeiden. Die Handskizze hat noch den Vorteil, die Übersicht der Zusammengehörigkeit der Einzelflächen nach Gruppen der Meroedrien zu ermöglichen, z. B.:

Rhomboedrische Hemiedrie.

Alle —-Formen haben ungerade Indices: $^121^1$ $^321^3$ $^521^5$.
Alle +-Formen haben gerade Indices: $^221^2$ $^421^4$ $^621^6$.

Pyramidale Hemiedrie.

Alle Formen rechts haben den Index rechts: $21^1 \ldots 21^6$.
Alle Formen links haben den Index links: $^121 \ldots {}^621$.

Rhomboedrische Tetratoedrie.

Alle —-Formen rechts haben ungerade Indices rechts: $21^1\ 21^3\ 21^5$.
Alle —-Formen links haben ungerade Indices links: $^121\ {}^321\ {}^521$.

Trapezoedrische Tetratoedrie.

Alle —-Formen rechts haben ungerade Indices rechts: $21^1\ 21^3\ 21^5$
und zugleich ungerade Indices links: $^121\ {}^321\ {}^521$.

In der unteren Projektionsebene erhalten die Sextanten gleiche Nummern mit denjenigen der oberen, die deren Gegenflächen enthalten.

Symbole G_1 und G_2. Statt des einen Prisma kann man als Primärform auch dasjenige betrachten, das gegen dieses um 30° (90°) verdreht ist. GOLDSCHMIDT bezeichnet die Symbole der ersten Aufstellung mit G_1, solche der zweiten mit G_2.

In Abb. 44 sollen sich die Achsen PQS auf G_1, $\Pi X \Sigma$ auf G_2 beziehen, und es sei:

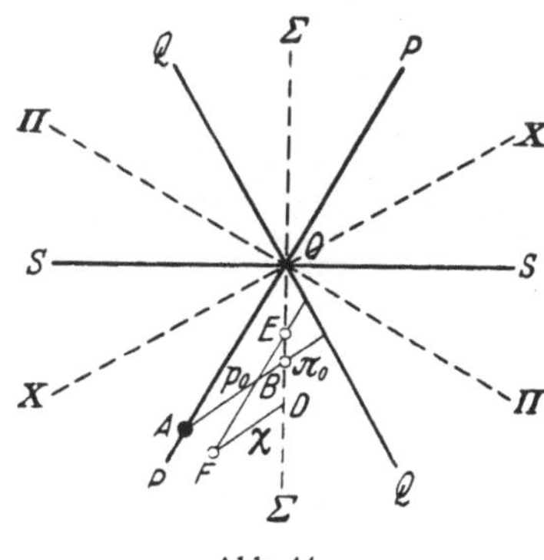

Abb. 44.

$$\left. \begin{array}{l} OA = p_0 \text{ die Einheit der } PQS \\ OB = \pi_0 \text{ die Einheit der } \Pi X \Sigma \end{array} \right\} \text{ wobei } p_0 = \pi_0 \sqrt{3},$$

so erhält der Punkt A in G_1 das Zeichen 10, in G_2 das Zeichen 1,
     der Punkt B in G_2 das Zeichen 10.

Es sei für einen Punkt F das Symbol $pq(G_1) = \pi\chi(G_2)$, nun zieht man nach den beiden Arten von Achsen die Koordinaten:

$$FC,\ CO \text{ resp. } FD,\ DO,$$

dann ist:

$$FC = p\,p_0\,, \qquad CO = q\,p_0 = CE,$$
$$OD = \pi\,\pi_0\,, \qquad DF = \chi\,\pi_0 = DE.$$

Nun ist im Dreieck OCE:

$$OE = OC\sqrt{3}, \quad \text{d. h.} \quad \pi\,\pi_0 - \chi\,\pi_0 = q\,p_0\sqrt{3},$$

$$ED = \frac{EF}{\sqrt{3}}, \qquad \chi\,\pi_0 = \frac{p\,p_0 - q\,p_0}{\sqrt{3}} = \frac{p_0}{\sqrt{3}}(p - q),$$

demnach ist:

$$\pi\,\pi_0 = q\,p_0\sqrt{3} + \frac{p\,p_0 - q\,p_0}{\sqrt{3}} = \frac{p_0}{\sqrt{3}}(p + 2q),$$

da nun aber

$$\frac{p_0}{\sqrt{3}} = \pi_0,$$

so ist

$$\boxed{\begin{aligned} \chi &= p - q \\ \pi &= p + 2q \end{aligned}}$$

Diese beiden Gleichungen geben das Umwandlungssymbol, das man schreibt:

$$p\,q\,(G_1) = (p + 2q)\,(p - q)\,(G_2).$$

Man findet aus einem Symbol pq der ersten Stellung das der zweiten, indem man für das neue p den Wert $p2q$, für das neue q den Wert $p - q$ bildet, z. B.:

$$21\,(G_1) = 41\,(G_2),$$
$$10\,(G_1) = 11 = 1\,(G_2).$$

Die umgekehrte Umwandlung G_2 in G_1 ergibt sich leicht, indem man aus den Gleichungen $\chi = p - q$; $\pi = p2q$, p und q berechnet.

Als Umwandlungssymbol geschrieben:

$$p\,q\,(G_2) = \frac{p + 2q}{3}\;\frac{p - q}{3}\,(G_1).$$

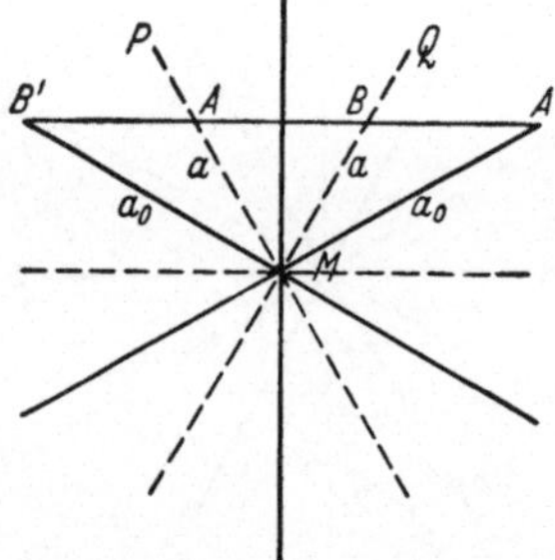

Berechnung von p_0, a_0 und a_0' aus dem Achsenverhältnis $a:c$. Die linearen Achsen stehen im allgemeinen senkrecht auf den polaren. Geht man also für das Symbol pq von Polarachsen aus, die $60°$ einschließen, so schließen die entsprechenden Linearachsen $120°$ ein, d. h., ist

$$\nu = 60°, \quad \text{so ist} \quad \gamma = 120°.$$

Abb. 45.

Daß für $\nu = 60°$ $\gamma = 120°$ und nicht $60°$ sein muß, geht daraus hervor, daß für die polaren und linearen Achsen gleiche Symmetrieverhältnisse bestehen müssen, daß also die Zwischenachse (Abb. 45), welche den Winkel zwischen den Polarachsen P und Q halbiert, also zwischen P und Q Symmetrielinie ist, auch den Winkel zwischen den zugeordneten Linearachsen halbieren muß. Soll nun außerdem die eine der letzteren auf P senkrecht stehen, so können die P und Q zugeordneten Linearachsen nur diejenigen sein, welche den Winkel von $120°$ einschließen und in Abb. 45 mit A' und B' bezeichnet sind.

Für die Elemente eines jeden Krystalls aus irgendeinem Krystallsystem gilt die Gleichung:

$$p_0 : q_0 : r_0 = \frac{\sin\alpha}{a_0}\ \frac{\sin\beta}{b_0}\ \frac{\sin\gamma}{c_0}\,.$$

Nun ist speziell im hexagonalen System:

$$p_0 = q_0; \quad r_0 = 1; \quad a_0 = b_0,$$
$$\alpha = \beta = 90°; \qquad \gamma = 120°,$$

und es geht bei Einsetzung dieser Werte obige Gleichung über in:

$$p_0 : q_0 ; 1 = \frac{1}{a_0} : \frac{1}{a_0} : \frac{\sin 120°}{c_0},$$

da aber $\sin 120° = \frac{1}{2}\sqrt{3}$, so ist:

$$p_0 = \frac{c_0}{a_0 \frac{1}{2}\sqrt{3}} = \frac{2}{\sqrt{3}}\ \frac{c_0}{a_0}\,.$$

Die Angabe des Achsenverhältnisses $1 : c$ in der üblichen Schreibweise sagt aus, daß eine Fläche der Pyramide $P(100)$ resp. des Rhomboeders (100) auf der Vertikalachse das Stück c abschneidet, wenn der Abschnitt auf den Horizontalachsen gleich Eins ist. Die dabei in Betracht kommenden Horizontalachsen bilden aber den Winkel $60°$ (nicht wie die linearen $120°$). Nun kann das P resp. R, von dem die Angabe des Achsenverhältnisses $1 : c$ ist, identisch sein mit 1 oder auch mit 10 unserer neuen Symbole. Welche von diesen beiden Annahmen gemacht ist und zugleich welcher von beiden Aufstellungen G_1 oder G_2 das Symbol 1 resp. 10 angehört, soll dadurch angezeigt werden, daß man unter $a : c\,(1)$ resp. (10) setzt und dahinter die Angabe der Verhältniszahlen (G_1) resp. (G_2), z. B.:

$$a : c = 1{,}095\,(G_2)$$

bedeutet, $a : c$ sei das Achsenverhältnis für diejenige Pyramide (Rhomboeder), welche in der Aufstellung G_2 des Index das Zeichen 1 führt,

$$a : c = 1{,}095\,(G_1)$$

bedeutet, $a : c$ sei das Achsenverhältnis für diejenige Pyramide (Rhomboeder), die in der Aufstellung G des Index das Zeichen 10 führt.

Man bezeichnet für den ersten Fall das c mit c_1, für den zweiten Fall mit c_{10}.

Abb. 45 stellt einen Horizontalschnitt durch den Mittelpunkt des Krystalles dar, MP und MQ die Polarachsen, deren Einheiten mit r_0 zur Bildung von 1 zusammentreten, es sei $B'AbA'$ die Trace dieser Pyramidenfläche in dieser Ebene. Sie schneide P und Q, die einen Winkel von $60°$ bilden, in A und B. Nach der üblichen Schreibweise ist nun $MA = MB = a$, während der Abschnitt auf der Vertikalachse gleich ist. Nun ist aber für die Linearachsen γ gleich $120°$, also die Abschnitte $A'M$ resp. $B'M = a_0 = a\sqrt{3}$, während $c_0 = c_1$ der gewöhnlichen Angabe bleibt. Demnach ist für den oben angeführten, hier zutreffenden Fall, also für $p = q = 1$:

$$p_0 = \frac{2}{\sqrt{3}}\ \frac{c_0}{a_0} = \frac{2}{\sqrt{3}}\ \frac{c_1}{a\sqrt{3}} = \frac{2}{3}\ \frac{c_1}{a}\,.$$

Wenn nun $a = 1$ gesetzt wird, so ist für $a : c$

$$p_0 = \tfrac{2}{3} c.$$

Für den zweiten Fall ist bei der gleichen Aufstellung $c_1 = \sqrt{3}\,c_{10}$, dies eingesetzt in $p_0 = \tfrac{2}{3} c_1$ gibt:

$$p_0 = \tfrac{2}{3} c_{10} \sqrt{3} = c_{10} \sqrt{\tfrac{3}{4}}.$$

Im Index finden sich die Werte $c\,a_0\,p_0$ mit ihren Logarithmen, und zwar für diejenige Aufstellung, deren Achsenverhältnis $a : c$ zuoberst angeschrieben ist. Außerdem findet man darin noch einen Wert a_0' mit seinem Logarithmus. a_0' ist die Länge der Abschnitte der primären Pyramide (Rhomboeder) auf den sich unter $60°$ schneidenden Achsen der Grundform für $c_0 = 1$.

Es berechnet sich:

$$a_0' = \frac{1}{c_1} = \frac{a_0}{\sqrt{3}}.$$

Die Angabe dieser Werte ist für manche Rechnungen erwünscht.
Der Wert a_0 leitet sich folgendermaßen ab:
Es ist:

$$p_0 = \tfrac{2}{3} c_1.$$

Andererseits ist:

$$p_0 = \frac{2}{\sqrt{3}} \frac{c_0}{a_0} \quad \text{und für} \quad c_0 = 1; \qquad p_0 = \frac{2}{\sqrt{3}} \frac{1}{a_0},$$

daher:

$$\boxed{a_0 = \frac{\sqrt{3}}{c_1}},$$

und da $c_1 = \sqrt{3}\,c_{10}$, so ist auch

$$\boxed{a_0 = \frac{1}{c_{10}}}.$$

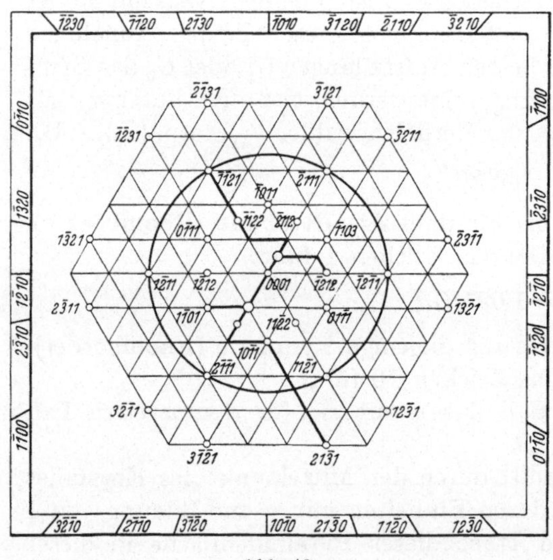

Abb. 46.

Bei rhomboedrischer Ausbildung ist in der Regel die Aufstellung G_2, bei holoedrischer Ausbildung G_1 zu wählen. Die Entscheidung läßt sich aus der Diskussion der Zahlen gewinnen, doch zeigt schon der Anblick der ganzen Reihe, daß z. B. für Calcit G_2, für Quarz G_1 den Vorzug verdient. Im übrigen ist die Grenze nicht scharf.

ε) Parsons' Bestimmung der Bravais-Indices.

Parsons [28] zeigte einen Weg, wie z. B. die Indices der Fläche $21\bar{3}1$ in der gnomonischen Projektion zu finden seien (Abb. 46.) Bei dieser Art der Bezeichnung wurden 2 Einheiten in der positiven Richtung der a_1-Achse, eine Einheit nach rechts parallel der a_2-Achse und 3 Einheiten in der negativen Richtung parallel der a_3-Achse in der gnomonischen Projektionsachse genommen. Alsdann hatte er einen Punkt festgelegt, der in GOLDSCHMIDTs Symbolen $p p_0$, $q p_0$ mit $41\bar{5}1$ bezeichnet wird.

Weitere Beobachtungen zeigten, daß in jedem Falle eine nahe Beziehung zwischen GOLDSCHMIDTs Koordinaten $p p_v$ und $q p_0$ mit den Indices von BRAVAIS besteht, die völlig verschieden ist von der, wie er selbst und all seine Schüler sie sich dachten, denn wenn diese Indices gegeben sind und wenn $h > k > i$, so ist:

$$p\,p_0 = \frac{h - i}{l}\,p_0 ,$$

wobei h und i verschiedene Vorzeichen haben und

$$p\,q_0 = \frac{k - i}{l}\,p_0$$

und

$$p = \tfrac{2}{3}\,c.$$

Die folgende Tabelle zeigt die BRAVAIS-Symbole für jede dieser Formen mit der Anordnung der Indices, um die Koordinaten der 3 Achsen zu geben.

Insofern wie positive und negative Indices und positive und negative Achsen berücksichtigt werden müssen, soll eine vollständige Berechnung eines hexagonalen Krystalles die Zeichen und die Richtung aller Koordinatenachsen für jede Fläche bestimmen. Um dies zu erreichen, muß, nachdem für die Pyramide *I*- oder *II*-Stellung festgelegt ist, durch die Bestimmung im Projektionsbild unsere Aufmerksamkeit nicht nur auf die Werte ψ und ϱ, sondern auch auf den Sextanten, in welchem die Fläche liegt, und auf den positiven oder negativen Charakter von dem $\sin 60°$, der als Divisor in Begleitung von $p p_0$ und $q p_0$ erscheint, gelenkt werden. Um die wirklichen Zeichen und Lagen der Koordinaten zu erhalten, muß der Winkel im Uhrzeigersinn und $60° - \varphi$ im Gegenuhrzeigersinn genommen werden, in welchem Falle φ größer als $30°$, aber nicht größer als $60°$ ist.

Bravais	Indices	Koordinaten
$\bar{1}\bar{1}21$	$\dfrac{k}{l}\ \dfrac{\bar{i}}{l}\ \dfrac{h}{l}$	$= \bar{1}\,p_0 \quad \bar{1}\,p_0 \quad 2\,p_0$
$\bar{1}2\bar{1}2$	$\dfrac{\bar{k}}{l}\ \dfrac{h}{l}\ \dfrac{i}{l}$	$= \dfrac{\bar{1}}{2}\,p_0 \quad \dfrac{2}{2}\,p_0 \quad \dfrac{\bar{1}}{2}\,p_0$
$1\bar{1}01$	$\dfrac{h}{l}\ \dfrac{\bar{k}}{l}\ \dfrac{i}{l}$	$= 1\,p_0 \quad \bar{1}\,p_0 \quad 0\,p_0$
$21\bar{3}1$	$\dfrac{k}{l}\ \dfrac{i}{l}\ \dfrac{h}{l}$	$= 2\,p \quad 1\,p_0 \quad \bar{3}\,p_0$

Bei der Berechnung unter diesen Bedingungen sind $\sin \varphi$, $\sin 60° - \varphi$ und $\operatorname{tg} \varrho$ immer positiv, aber der Divisor in der Fundamentalgleichung $\sin 60°$ ist positiv, wenn die Hypotenuse parallel mit dem positiven Ende von einer a-Achse ist, und negativ, wenn die Hypotenuse parallel mit dem negativen Ende einer a-Achse ist.

Mit der Einführung von positiven und negativen Zeichen für die Indices findet man:

$$\overset{+}{q}\,p_0 = \frac{k - i}{l}\,p_0 \quad \text{und} \quad \overset{-}{q}\,p_0 = \frac{\bar{k} - \bar{i}}{l}\,p_0 \quad \text{und} \quad \overset{+}{p}\,p_0 = \frac{h - \bar{i}}{l}\,p_0 \quad \text{und} \quad \overset{-}{p}\,p_0 = \frac{\bar{h} - i}{l}\,p_0 .$$

Die Hauptformel für Pyramiden lautet:

$$\frac{\sin\varphi\,\mathrm{tg}\varrho}{\pm\sin 60°} = \pm\,q\,p_0 = \frac{(\pm k)-(\pm i)}{l}\,p_0$$

und Prismen:

$$\frac{\dfrac{\sin(60°-\varphi)}{\pm\sin 60°}}{\dfrac{\sin\varphi}{\mp\sin 60°}} = \frac{\pm p}{\mp q} = \frac{(\pm h)-(\mp i)}{(\mp k)-(\mp i)}.$$

Die mathematische Berechnung einer einzelnen Fläche von jeder der folgenden Formen des Beryll $(10\bar{1}1)$, $(11\bar{2}2)$, $(11\bar{2}1)$, $(21\bar{3}1)$, $(10\bar{1}0)$ und $(21\bar{3}0)$ sind in der untenstehenden Tabelle aufgeführt, die φ und ϱ-Werte der Positionen dieser Formen sind nach den Achsenelementen von KOKSCHAROW angegeben.

In der Kolonne der Winkel φ ist auch ein Winkel V' gegeben.

V' ist der Winkel von der Nullstellung zu der Projektion, während φ der Winkel, der durch Subtraktion von einem ganzen Vielfach von 60° von V' ist. Mit dieser Änderung in der Größe der Winkel φ und wenn $p\,p_0$ immer größer als $q\,p$, wie es in dieser Tabelle gegeben ist, sind die Positionen von $p\,p_0$ und $q\,p_0$ vertauschbar.

Tabelle 7.

Bravais Symbol	v' φ	ϱ	lg sin 60° $-\varphi$ lg tg ϱ lg sin φ	lg $p\,p_0$ lg $q\,p_0$	$p\,p_0=\dfrac{h-i}{l}\,p_0$ $q\,p_0=\dfrac{k-i}{l}\,p_0$	p_0 p_0	$c=\dfrac{3}{2}\,p_0$
$1\bar{1}01$	150° 00′ 30° 00′	29° 57′	969 897 976 056 969 897	952 200 952 200	$+33\,264$ $-33\,264$	33 264 33 264	4989 4989
$\bar{1}2\bar{1}2$	0° 00 0° 00	26° 31′	943 753 969 805 $\overline{\infty}$	969 805 $\overline{\infty}$	$+49\,895$ 0 000	33 263	4989
$\bar{1}\bar{1}21$	240° 00 0° 00	44° 56′	993 753 999 899 $\overline{\infty}$	999 899 $\overline{\infty}$	$+99\,761$	33 254	4988
$21\bar{3}1$	70° 53.4′ 10° 53.4′	56° 44′	987 848 018 307 927 639	012 402 052 193	$-1.3\,305$ $+3\,326$	33 263 33 26	4989 4989
$21\bar{3}0$	70° 53.4′ 10° 53.4′	90° 00′	987 848 — 927 639	lg $\dfrac{p}{q}$ 060 209	$\dfrac{-p}{+q}=\dfrac{h-i}{k-i}$ 4.0003		
$1\bar{1}01$	150° 00′ 30° 00′	90° 00′	969 847 — 969 897	lg $\dfrac{p}{q}$ 00 000	$\dfrac{+p}{-q}=\dfrac{h-i}{k-i}$ -1.0000		

Die Berechnung gibt keine neue Bestimmung von $c:a$, aber bei Verwendung der Winkel von anderen Autoren bestätigt sie den Wert, den KOKSCHAROW bestimmt hat.

Ein Vergleich der Werte ist hier gegeben:

$$
\begin{array}{ll}
\text{KOKSCHAROW} & c = 0{,}498\,855 \\
\text{PARSONS (berech.)} & = 0{,}498\,882 \\
\text{GOLDSCHMIDT} & = 0{,}8643 = 0{,}4989\,\sqrt{30}.
\end{array}
$$

Dies hat bei der Bestimmung von hexagonalen Krystallen mit der zweikreisigen Messung viel Verwirrung gebracht, da entweder bei G_1 oder bei G_2 die Multiplikation oder die Division mit $\sqrt{3}$ oder einem Vielfachen davon ausgelassen wurden.

Dies ist sehr klar, im Falle GOLDSCHMIDTs sind dieselben Symbole wie die von anderen Autoren, da hier der Wert von c mit $\sqrt{3}$ multipliziert wurde, um GOLDSCHMIDTs c zu erhalten.

Wo GOLDSCHMIDTs c dasselbe wie das von anderen Autoren ist, ist dies nicht so einleuchtend, aber es wird klar, wenn man seine Transformationsformel mit $\sqrt{3}$ multipliziert.

$$
p\,q\,(G_2) = \frac{p+2q}{3}\ \frac{p-q}{3}\,G_1,
$$

daraus durch Multiplikation mit $\sqrt{3}$:

$$
p\,\sqrt{3}\,q\,\sqrt{3}\,(G_2) = \frac{p+2q}{\sqrt{3}}\ \frac{p-q}{\sqrt{3}}\,G_1.
$$

Während die mathematische Berechnung der krystallographischen Konstanten im hexagonalen System sehr einfach ist, ist die Theorie ziemlich kompliziert.

ζ) PEACOCK verwendet nur GOLDSCHMIDTs G_1.

PEACOCK [29] zeigte, daß die Schwierigkeiten, die durch die Einführung von GOLDSCHMIDTs G_2 entstanden, sich leicht beheben lassen, wenn nur G_1 verwendet würde und gewisse Änderungen in der Orientierung der Polarachsen und des Nullmeridian gemacht würden.

Es ist wichtig, hier eine Umformung von G_2-BRAVAIS-Symbol zu G_1-BRAVAIS-Symbol zu geben.

$$
\overset{h}{\tfrac{1}{3}\tfrac{2}{3}}\,0\,0\ \big|\ \overset{k}{\tfrac{1}{3}\tfrac{\bar{1}}{3}}\,0\,0\ \big|\ \overset{l}{\bar{\imath}}\ \big|\ 0\,0\,0\,1,
$$

wobei

$$
i = (h+k).
$$

Die hexagonalen Elemente sind die Linearelemente $a:c\,(a=1)$ und die Polarelemente $p_0:r_0\,(r_0:1)$.

$$
p_0 = \mathrm{tg}\,\varrho\,(10\bar{1}1),
$$

$$
c = \frac{p_0}{2}\,\sqrt{3} = \mathrm{tg}\,\varrho\,(11\bar{2}2).
$$

Die Elemente p_0 oder c können von φ- und ϱ-Werten der Flächen, die drei oder mehr Achsen schneiden, gewonnen werden, einer von ihnen muß der Wert der c-Achse sein.

Folgendes sind die Formeln dazu:

$$p_0 = \frac{l \, \mathrm{tg}\varrho}{h} \; ; \qquad c = \frac{l\sqrt{3}\,\mathrm{tg}\varrho}{2\,h} \, .$$

Von $(h\,h\,2\bar{h}\,l)$ oder Entsprechendes:

$$p_0 = \frac{l\,\mathrm{tg}\varrho}{h\sqrt{3}} \, , \qquad c = \frac{l\,\mathrm{tg}\varrho}{2\,h} \, ,$$

von $(h\,k\,i\,l)$ oder Entsprechendes:

$$p_0 = \frac{l\,\mathrm{tg}\varrho}{\sqrt{h^2 + k^2 + h\,k}} \, , \qquad c = \frac{l\sqrt{3}\,\mathrm{tg}\varrho}{2\sqrt{h^2 + k^2 + h\,k}} \, .$$

IV. Zwillinge.

Definition. Die Definition eines Zwillings kann von verschiedenen Gesichtspunkten aus geschehen:

1. Genetisch, nach Art der Verknüpfung der Partikel.

2. Physikalisch, nach der Anordnung der physikalisch gleichwertigen Richtungen in den zwei Individuen der Gruppe.

3. Formbeschreibend (krystallometrisch) nach der Anordnung der gleichwertigen Flächen der zwei Individuen der Gruppe.

Diese drei Arten der Definition unterscheiden sich durch die Untersuchungsmethoden, deren Anwendung je nach der Ausbildung des Objekts wechselt.

GOLDSCHMIDTs Definition lautet: *Zwilling ist ein symmetrisches Krystallpaar.*

Genetisch definiert GOLDSCHMIDT: Ein Zwilling bildet sich durch symmetrische Verknüpfung zweier Partikel (zur Embryonalgruppe) und durch paralleles Anheften der übrigen Partikel an je eines der beiden.

Die übliche Definition für einen Zwilling ist:

1. Symmetrische Verwachsung zweier Individuen.

2. Durch Drehung um 180° kann Individuum I in die Stellung von Individuum *II* gebracht werden.

Definition II ist genetisch ohne Bedeutung. Man kann nicht annehmen, die 2 Individuen seien zuerst parallel gerichtet und dann II gegen I um 180° gedreht.

Keine dieser Definitionen ist jedoch befriedigend und umfaßt das ganze Gebiet.

Definition I deckt sich mit Definition II bei allen parallelflächigen Krystallarten. Auch bei den nichtparallelflächigen Krystallarten sind die meisten Gruppen symmetrisch.

Symmetrie der zwei nichtparallelflächigen Individuen wird in folgenden Fällen erreicht:

α) Wenn Individuum II sich so drehen läßt, daß es alle Gegenflächen zu I liefert. Nach Ausführung einer solchen Drehung ergibt jede weitere Drehung von 2mal 180° um irgendwelche Achse ein symmetrisches Gebilde.

Hierher gehören ganze Hemiedrie- und Hemimorphieklassen.

Reguläres   System: Tetraedrische Hemiedrie.
Hexagonales   ,,   Hemimorphie.
Tetragonales   ,,   ⎱
Rhombisches   ,,   ⎰ Sphenoidische Hemiedrie, Hemimorphie.
Monoklines   ,,   Hemiedrie.

β) Wenn durch Drehung von Individuum II um eine bestimmte Achse die Anordnung der Flächen von I und II um jeden der zwei Pole der Drehungsachse nach derselben Fläche symmetrisch werden.

Beispiel: Rhombisches System. Hemimorphie nach Vertikalachse; Drehung 180° um eine Achse, die in Zonenebene $[0 : 0 \infty]$ oder $[0 : \infty\, 0]$.

Als strittiges Gebiet nennt GOLDSCHMIDT die Meroedrien mit enantiomorphen Formen, als:

Reguläres   System: Plagiedrische Hemiedrie. Tetratoedrie.
Hexagonales   ,, } Trapezoedrische Hemiedrie. Trapezoedrische Tetratoedrie.
Tetragonales   ,, }
Monoklines   ,,   Hemimorphie.
Triklines   ,,   Hemiedrie.

Von diesen entstehen symmetrische Gebilde nur aus einer Rechtsform und einer Linksform.

Derartige Gruppen sind aber nicht streng als Zwillinge zu bezeichnen, denn die beiden Individuen sind weder der Form nach (Rechtsform und Linksform) noch physikalisch gleich.

Als wichtigstes Beispiel nehmen wir den Quarz.

Zwillinge des Quarzes. Es finden sich 2 Arten von regelmäßigen Verwachsungen des Quarz mit parallelen c-Achsen, die man als Zwillinge zu bezeichnen pflegt:

1. Zwei Rechts- oder Linksquarze (Dauphinéer Gesetz) unsymmetrisch.
2. Ein Rechtsquarz und ein Linksquarz. (Brasilianer Gesetz.)

Gruppe I. Kein strenger Zwilling, weil Rechts- und Linksquarz nicht gleiche Individuen sind. GOLDSCHMIDT stellt sie unter die hetero-axialen Verwachsungen, d. h. Parallelrichtung mit parallelem Ausgleiche der etwas verschiedenen Hauptkräfte senkrecht $br\varrho$.

Jedoch gibt es immer noch Gebilde, die man Zwilling nennt und die sich nicht unter obiger Definition einordnen lassen.

Ein Teil dieser Gebilde wurde unter dem Namen Kompositzwillinge vereinigt.

Es handelt sich dabei um zusammengesetzte Krystalle, die ein geschlossenes Individuum bilden und ähnlich wie Einzelkrystalle zu Zwillingen und Viellingen zusammentreten können.

Quarzkomposite. Jeder Quarz zeigt sich bei Ätzung und Lösung aus vielen Teilen, die gegeneinander in Zwillingsstellung sind, zusammengesetzt; gegeneinander um die Hauptachse um 60° gedreht.

Trotzdem erscheint ein solcher Quarzkomposit als einheitlicher Krystall. Solche Quarzkompositen treten zu Zwillingen mit geneigten Achsen zusammen, genau wie einfache Krystalle. GOLDSCHMIDT glaubt sagen zu können:

„Komposit ist ein Individuum nach außen, ein Vielling in sich."

Weitere Beispiele: Feldspatkomposite. Es gibt keinen Albitkrystall, der einzeln wäre. Jeder zeigt einen Aufbau, vereinigt nach dem Albitgesetz. Dabei bilden diese Albitkompositen Zwillinge nach dem Periklingesetz, dem Karlsbader und Bavenoer Gesetz. Ähnlich ist es beim Mikroklin.

V. Über Komplikation.

a) Zur Beurteilung der Wahrscheinlichkeit einer Fläche aus den Zonen.

Zur Beurteilung der Lage einer Fläche innerhalb eines Krystallkomplexes sind die verschiedenen Formen des Grundgesetzes der geometrischen Krystallographie vollkommen gleichwertig, nicht aber in bezug auf die Beurteilung der Häufigkeit und Wahrscheinlichkeit des tatsächlichen Auftretens derselben. So erlaubt das Gesetz der rationalen Achsenabschnitte bzw. Indices noch eine unendliche Mannigfaltigkeit der Form, wenn nicht durch die Erfahrung im allgemeinen eine Beschränkung auf einfache Indices erwiesen wäre. Allein einmal ist der Begriff der einfachen Zahlen ein relativer, nicht streng zu definierender, andererseits können Formen mit komplizierteren Indices, solche mit einfacheren Indices an Häufigkeit resp. an Wahrscheinlichkeit übertreffen und mit solchen mit einfachen Indices in relativ einfachem Zonenverband liegen, je nachdem man das Gesetz der rationalen Indices oder das der einfacheren Zonen bevorzugt.

Das Bestimmende für das Auftreten vieler Flächen ist aber in ihren Beziehungen zu gewissen Zonen zu suchen, wodurch die Ausbildung bestimmter Kanten, gewissermaßen die dieselben abstumpfenden, also in den betreffenden Zonen liegenden Flächen indiziert werden.

Es scheint daher am zweckmäßigsten, beim Studium der an einem Krystall vorkommenden Form zunächst von den Hauptzonen desselben, die sich durch ihre regelmäßig vorhandene und besonders reiche Entwicklung als solche zu erkennen geben, auszugehen und die in denselben auftretenden Flächen möglichst vollständig zu erfassen. Auf diese Weise ist es möglich, Beziehungen zwischen den Symbolen dieser Flächen zu erkennen und so die Einschränkungen aufzufinden, die die in der Natur stattfindende Auswahl unter den überhaupt denkbaren Fällen erleidet.

b) Einführung der Komplikation durch Junghann.

Schon im Jahre 1854 zeigte Junghann [21] in einer damals nicht beachteten Abhandlung, daß man die innerhalb einer Zone auftretenden Flächen im allgemeinen nach einem einfachen Gesetz in folgender Weise ableiten kann:

Man geht von zwei Flächen aus, die Junghann als Kernflächen bezeichnet, und erhält durch Addition der Indices der benachbarten Fläche eine dritte, die die Kanten der beiden ersteren abstumpft, nun durch Addition der neuen benachbarten das Symbol einer 4., 5. usw. Junghann wurde durch die eigenartige Bestimmung der Elemente eines Krystalls aus den Winkeln und nicht aus Achsenlängen wie üblich auf diese Gedanken geführt.

Goldschmidt kam im Jahre 1897 in einer Arbeit „Über die Entwicklung der Krystallform" unabhängig von Junghann auf dasselbe Gesetz, das er, wie wir später sehen werden, auf Grund seiner Hypothesen: „Jede Fläche ist krystallonomisch möglich, die senkrecht steht auf einer Partikel-Attraktionsrichtung", ableitete.

Wir wollen zunächst etwas näher auf die sehr interessante Betrachtung von Junghann eingehen, die zum Verständnis dieses Gesetzes so hervorragend wichtig ist.

Wir haben oben gesehen, daß das Symbol jeder abstumpfenden Fläche aus den Symbolen der beiden abgestumpften Flächen durch Addition der gleichstelligen Indices gefunden wird.

Jede Krystallzone läßt sich auf zwei Flächen, die er Kernflächen der Zonen nennt, durch wiederholte krystallonomische Abstumpfung ableiten. Nehmen wir z. B. die beiden Flächen (001) und (101) als Kernflächen einer Zone, so erhalten wir durch die erste Abstumpfung, die wir als erste Komplikation bezeichnen,

$$001 \qquad 102 \qquad 101$$

Durch die Einführung der zweiten Abstumpfung ergibt sich die Zone

$$001 \qquad 103 \qquad 102 \qquad 203 \qquad 101$$
$$001 \quad 104 \quad 103 \quad 205 \quad 102 \quad 305 \quad 203 \quad 304 \quad 101$$

Die hier entwickelte Zone ist eine ideale.

Als Beispiel für die Entwicklung einer Zone an einem Mineral gibt Junghann eine Zone am Anorthit, die er aus den Kernflächen: $M(010)$ und $t(201)$ entwickelt.

M	v	n			g	w	M
010	241	221	211	412	201	412	211	221	241	010
I	V	III	II	III	I	III	II	I	V	I

Dieser Entwicklung lag die nach G. vom Rath beibehaltene Flächenbestimmung zugrunde. Nach einer anderen Flächenbestimmung erhalten diese Kernflächen die Symbole:

M	v	u		y		g	w	M
110	131	021	132	111	312	201	311	110
I	III	II	III	I	III	II	III	I

Nach der ersten Entwicklung sind außer den Kernflächen (I) zwei zweite (III) und zwei vierte (V) Abstumpfungen als wirkliche Flächen vorhanden.

Nach der zweiten Entwicklung dagegen außer den Kernflächen (I) zwei erste (II) und zwei zweite (III) Abstumpfungen ausgebildet.

Die Zonen des Anorthit gehen im allgemeinen nicht über die zweite Abstumpfung (III) der Kernflächen hinaus. Die dritte und vierte Abstumpfung (IV) und (V) kommen nur vereinzelt, besonders da vor, wo die Zonen von anderen Zonen geschnitten werden.

Man sieht also, daß dieselben Flächen einer und derselben Zonen eines Krystalls verschiedene Bedeutung haben, je nach der Wahl der Achsen.

Um zu erkennen, welche Flächen einer gegebenen Zone als Kernflächen zu wählen sind, um aus ihnen auf kürzestem Wege die Zonen durch krystallonomische Abstumpfung zu entwickeln, wird jetzt eine Zone betrachtet, die aus zwei in algebraischen Zeichen ausgedrückten Symbolen von Kernflächen entwickelt ist.

Solche Zone ist in umstehender Tabelle entwickelt.

In dieser Tabelle stellt die erste Kolonne I die Zone zweier Kernflächen (pqr) und $(p'q'r')$ dar, die zweite II mit der ersten die durch die ersten Abstumpfungen II vervollständigte Zonen usw.

Daraus folgt:

$$\text{II} = \text{I} + \text{I}; \qquad \text{III} = \text{I} + \text{II}; \qquad \text{IV} = \text{III} + \text{II usw.,}$$

aber nicht allein die abgeleiteten Flächen für die Kernflächen sind krystallonomische Abstumpfungen, sondern auch die Kernflächen für je zwei abgeleitete Flächen gleicher Ordnung, die zu beiden Seiten der Kernflächen in gleichen Abständen von ihr stehen und die er als zwei der Kernfläche zugeordnete Flächen bezeichnet, wie:

$$\text{I} = \text{II} + \text{II} = \text{III} + \text{III} = \text{VI} + \text{VI} \text{ usw.,}$$
$$\text{II} = \text{III} + \text{III} = \text{IV} + \text{IV} = \text{V} + \text{V} \text{ usw.,}$$
$$\text{III} = \text{IV} + \text{IV} = \text{V} + \text{V} \text{ usw.,}$$

worin die II, III... als relative Kernflächen für die höheren Abstumpfungen erscheinen.

Man sieht aus der Tabelle auch, daß das Symbol einer (absoluten oder relativen) Kernfläche als Abstumpfung je zweier benachbarten abgeleiteten Flächen stets mit einem gemeinsamen Faktor der Indices behaftet ist, den er den Abstumpfungsfaktor der beiden abstumpfenden Flächen nennt und durch welchen die Indices zu dividieren sind, um das Symbol in seiner einfachsten Gestalt zu erhalten.

Man ersieht daraus, daß, wenn

$$\text{Fl. } \text{I} = (p^1 p^1 z^1),$$
$$\text{Fl. } \text{II} = (p^2 q^2 z^2),$$
$$\text{Fl. III} = (p^3 q^3 r^3)$$

3 Flächen einer Zone sind, so ist Fl. II eine krystallonomische Abstumpfung für Fl. I und III, wenn:

Tabelle 8.

I	pqr		
V	$4p + p'$	$4q + q'$	$4r + r'$
IV	$3p + p'$	$3q + q'$	$3r + r'$
V	$5p + 2p'$	$5q + 2q'$	$5r + 2r'$
III	$2p + p'$	$2q + q'$	$2r + r'$
V	$5p + 3p'$	$5q + 3q'$	$5r + 3r'$
IV	$3p + 2p'$	$3q + 2q'$	$3r + 2r'$
V	$4p + 3p'$	$4q + 3q'$	$4r + 3r'$
II	$p + p'$	$q + q'$	$r + r'$
V	$3p + 4p'$	$3q + 4q'$	$3r + 4r'$
IV	$2p + 3p'$	$2q + 3q'$	$2r + 3r'$
V	$3p + 5p'$	$3q + 5q'$	$3r + 5r'$
III	$p + 2p'$	$q + 2q'$	$r + 2r'$
V	$2p + 5p'$	$2q + 5q'$	$2r + 5r'$
IV	$p + 3p'$	$q + 3q'$	$r + 3r'$
V	$p + 4p'$	$q + 4q'$	$r + 4r'$
I	$p'q'r'$		

$$\overset{\text{I}}{p} + \overset{\text{III}}{p} = \overset{\text{II}}{mp}, \qquad \overset{\text{I}}{q} + \overset{\text{III}}{q} = \overset{\text{II}}{mq}, \qquad \overset{\text{I}}{r} + \overset{\text{III}}{r} = \overset{\text{II}}{mr} \ (m \text{ eine ganze Zahl})$$

ist, und zwar ist Fl. II eine aus Fl. I und III abgeleitete Fläche, wenn $m = 1$, dagegen für Fl. I und III eine Kernfläche, wenn $m > 1$ ist.

Wenn wir im kubischen System der Zone zweien von 4 Hexaederflächen (100) (010) ($\bar{1}$00) (0$\bar{1}$0) die Flächen einreihen, durch die Kanten dieser Zone gerade abgestumpft werden, also die in der Zone liegenden Dodekaederflächen, so erhalten wir die Zone:

$$(100)\ (110)\ (010)\ (\bar{1}10)\ (\bar{1}10)\ (\bar{1}\bar{1}0)\ (0\bar{1}0).$$

Die geraden Abstumpfungen der Kanten bzw. der Winkel dieser vervollständigten Zone sind krystallonomisch nicht möglich, denn die gerade Abstumpfung von (100) : (110) würde das Symbol $(\sqrt{\bar{2}} + 1 \cdot 1 \cdot 0)$, die gerade Abstumpfung von (110) : (010) das Symbol $(1 \cdot \sqrt{2} + 1 \cdot 0)$ usw. haben, was dem Grundgesetz der Krystallographie widerspricht, daß die Parameter jeder Fläche zu den Grundparametern der Krystalle in rationalem Verhältnis stehen.

Junghann nennt deshalb diese Abstumpfungen im Gegensatz zu den geraden Abstumpfungen krystallonomische Abstumpfungen.

Die geraden Abstumpfungen nächsten krystallonomisch möglichen Abstumpfungen sind die Tetrakishexaeder 210, 120, $\bar{1}$20, $\bar{2}$10 usw., durch deren Einschalten in obige Zone sich die folgende Zone ergibt:

$$\begin{array}{ccccccccc} \text{I} & \text{III} & \text{II} & \text{III} & \text{I} & \text{III} & \text{II} & \text{III} & \text{I} \\ 100 & 210 & 110 & 120 & 010 & 120 & 110 & 210 & 100. \end{array}$$

c) Fedorows Entwicklung der Komplikation.

Auch der große russische Mineraloge v. Fedorow [5] hat sich mit diesem Problem beschäftigt, und wir wollen hier einen Auszug aus seinen diesbezüglichen Arbeiten geben.

v. Fedorow leitete die im Zonenverbande stehenden Flächen in folgender Weise ab. Er geht von der gnomonischen Projektion der Grundflächen (100), (010), (001) und (111) aus, deren Projektionspunkte in Abb. 47 mit A, B, C, D bezeichnet sind. Das Dreieck ABC stellt also den vorderen oberen rechten Oktanten dar. Durch Ziehen der Linien AD, BD, CD und Verlängern derselben erhält man dann die Punkte G für (011), E für (101) und F für (110). Hier-

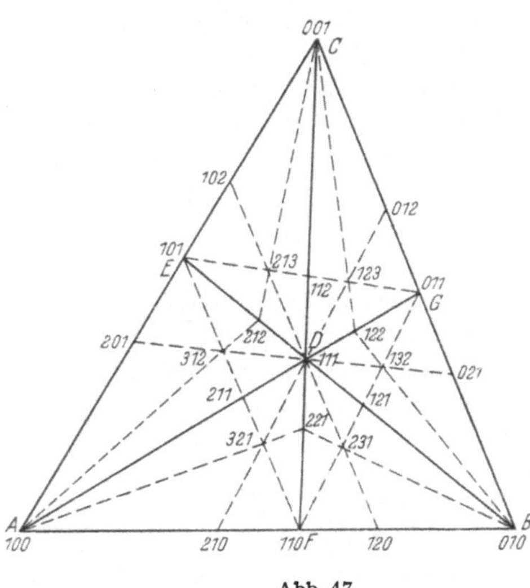

Abb. 47.

durch wird zugleich das Dreieck ABC in sechs kleinere Teile zerlegt. Auf diese Dreiecke kann man die analoge Operation anwenden, infolge-

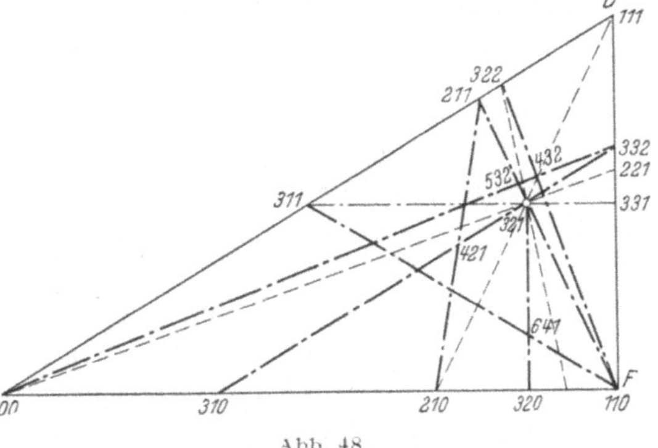

Abb. 48.

dessen jedes derselben in sechs noch kleinere Dreiecke zerfällt. Zu dem Zwecke zieht man EF, FG und GE, wodurch man die Punkte für (211), (121) und (112) erhält. Mit diesen Punkten verbindet man AB und C und zieht endlich von G aus Linien durch die so entstandenen Schnittpunkte (321), (231), (132), (123), (213) und (312). Die Teilung der so erhaltenen kleinen Dreiecke in noch kleinere, wie sie für ADF in Abb. 48 ausgeführt ist, führt wiederum zu neuen Formen, deren Symbole natürlich immer höhere Indices aufweisen.

Man kann sich diese Operation beliebig oft wiederholt denken, und jedesmal sind die dadurch bestimmten zahlreichen neuen Flächen mit den früheren zonal verbunden.

Zur ersten Periode dieser Formenentwicklung gehören nach obiger Konstruktion z. B. im Dreieck ADF (Abb. 46) (100), (110), (111), zur zweiten (210), (211), (221), (321), zur dritten schon 18 Flächen, darunter (310), (311), (331), (421), (532), (641).

v. Fedorow [5] prüfte auch an einer Zusammenstellung der an 101 regulär krystallisierenden Mineralien im ganzen auftretenden Formen die Häufigkeit der Formen der einzelnen Perioden. An diesen Mineralien wurden {100} 87mal, {110} 67mal und {111} 89mal gefunden.

Läßt man diejenigen 33 Mineralien, an deren Krystallen überhaupt nicht mehr als zwei Formen festgestellt wurden, aus, so findet man, daß in der zweiten Periode {210} unter 68 an 33, {211} an 41, {221} an 25 und {321} an 17 Mineralien erscheint.

Von den Formen der dritten Periode wurde beobachtet {310} 5mal, {311} 6mal, {331} 6mal, {421} 3mal, {532} 1mal, {641} überhaupt nicht.

Die Häufigkeit der Formen nimmt also mit steigender Periode ab. Nach v. Fedorow kann man sagen, daß, wenn die Zahl der an einem regulären Mineral beobachteten Form nicht unter 25 beträgt, nicht nur die Formen erster Periode, sondern auch die der zweiten Periode fast sicher zum Vorschein kommen und gern noch die Formen der dritten hinzutreten. Bei den Formen zweiter und dritter Periode prägt sich jedoch scharf die Tendenz des bevorzugten Erscheinens einiger Formen vor den anderen aus.

Verfolgt man nun in obigen Figuren die auf einer Seite des ursprünglichen Dreiecks ABC stehenden Symbole der ersten oder mehrerer aufeinanderfolgenden Perioden, so findet man, daß dieselben den Goldschmidtschen Normalreihen entsprechen, z. B. Seite AB:

Normalreihe I   (100)   (110)   (010)

Normalreihe II   (100)   (200)   (110)   (120)   (010)

Normalreihe III   (100)   (310)   (210)   (320)   (110)   (230)   (120)   (130)   (010)

Aber auch irgendeine Dreiecksseite höherer Periode für sich bildet eine Normalreihe, wie sich bei der Umformung der Symbole ergibt. So geht z. B. die Reihe (100) (310) (210) Abb. 48 nach der Formel $h'k'0 = (h - 2k \cdot k \cdot 0)$ über in (100)(110)(010), sowie (100)(421)(321) nach der Formel $h'k'l = (h-k-l \cdot k-l \cdot k-2l)$ in dieselbe Normalreihe I. Was Goldschmidt als freies Zonenstück bezeichnet, wird also hier durch eine Seite eines Dreiecks irgendwelcher Periode dargestellt. v. Fedorow bedient sich besonderer zonaler, in Buchstaben geschriebener Symbole, welche für eine Form nicht die Indices, sondern die Herleitung auf obigem Weg und damit den Grad der Periode angeben, welcher die betreffende Form angehört. Sind p, q und r die nach abnehmender Größe geordneten Indices einer Form von unbekannter Periode der zonalen Entwicklung, so sind $p - q$, $q - r$, r die Indices einer Form der nächst niederen Periode, {10 · 5 · 2} z. B. gibt {10 — 5 · 5 — 2 · 2} = {522}.

Man kann also auf diese Weise, indem man zu einem Symbol bekannter Ordnung gelangt, auch den Grad des ersten Symbols bestimmen, eventuell wiederholt man die Ableitung, bis das erhaltene Symbol ein solches bekannter Ordnung ist. Indem v. FEDOROW von dem von ihm aufgestellten Gesetze, betreffend Pseudosymmetrie der Krystalle, ausgeht und die zonale Entwicklung der Formen auf alle Krystallsysteme anwendet, gelangt er hinsichtlich der Aufstellung bzw. Achsenwahl der Krystalle zu folgendem Grundsatz: „Die einfachere Aufstellung eines Krystallkomplexes (unter mehreren) ist diejenige, durch welche die sichergestellten Formen als solche niederer Periode erscheinen, unter Erhaltung derselben höchsten Periode ist als einfachere diejenige Aufstellung anzuerkennen, welche alle beobachteten Formen auf eine möglichst geringe Anzahl zonaler Symbole höherer Ordnung reduziert."

Doch ist hierbei zu beachten, daß hierbei Flächen verschiedener Art, wenn auch von analoger Ableitung, gleichsam zu einer höheren Einheit zusammengefaßt werden.

d) GOLDSCHMIDTS ausführliche Betrachtungen.

Als Ursache der Komplikation sind äußere Anregungen, Auslösungen anzusehen. Durch sie wird eine wesentliche Kraft nicht zugefügt. Die Summe ist die gleiche geblieben. In dem Maß, wie die Mannigfaltigkeit sich vermehrt, schwächen sich die Einzelwirkungen. Die Gebilde werden komplizierter und zarter. Solche Verfeinerungen findet man bei den Krystallen.

Bei den Krystallen geht die Komplikation über die Normalreihen N_3 nicht hinaus, in seltenen Fällen vielleicht bis N_4. Auch in anderen Fällen (Farben, Tönen usw.) scheint die Grenze N_3 selten überschritten zu werden.

Wie schon S. 66 erwähnt, geht GOLDSCHMIDT [11] bei seinen Untersuchungen über dieses Gesetz, das er mit dem Namen Komplikationsgesetz bezeichnet, von der Hypothese aus: „Jede Fläche ist krystallonomisch möglich, die senkrecht steht auf einer Partikel-Attraktionsrichtung." Wie aus seinen gnomonischen Projektionsbildern zu ersehen ist, sind die Punkte in einer Zone nicht gleichmäßig verteilt, sondern man bemerkt, daß sie sich in manchen Teilen der Linie zusammendrängen, in anderen hingegen spärlich sind, und daß die Art der Punktverteilung von gewissen Punkten zu gewissen anderen sich ändert. Man erkennt solche markante Punkte, die GOLDSCHMIDT als Knotenpunkte bezeichnet, besonders daran, daß wichtige Zonenlinien sich in ihnen schneiden oder von ihnen ausstrahlen, sowie daran, daß sie von einem punktfreien Hof umgeben sind. Dies gilt namentlich von den sogenannten Hauptknoten, das sind Projektionspunkte besonders wichtiger Flächen. Durch die Knotenpunkte wird die ganze Zone in Zonenstücke zerlegt, in welchen die Verteilung der einzelnen Punkte eben diesem Komplikationsgesetz folgen. Diese Zerlegung einer Zone in Zonenstücke bildet das wesentlichste neue Moment in der GOLDSCHMIDTschen Betrachtung. Spannt sich zwischen zwei Knoten eine Zone und die Verteilung der Punkte ist nicht gestört, so nennt er eine solche eine freie Zone. Der Fall der freien Zone ist der einfachste und wichtigste.

Strahlen mehrere Zonen von demselben Knoten aus, so nennt GOLDSCHMIDT die Gruppe ein Zonenbündel.

Die Verteilung der Punkte in der Zone drückt sich in Längen aus, für die nach Wahl der Einheiten Zahlen eintreten. Bei normaler Projektion und den

Elementen $p_0\, q_0$ als Maßeinheiten sind die Zahlen ganz oder rational; es sind unmittelbar die Zahlen der Projektionssymbole.

Wird ein Zonenstück von zwei Knoten gespannt, so erscheint dieses Zahlengesetz am einfachsten und klarsten, wenn wir Anfang und Ende der Zählung in diese beiden Knoten verlegen. Diese Verlegung entspricht einer einfachen Umformung der Symbolzahlen, die wir weiter unten kennenlernen werden.

Die Endknoten eines stark entwickelten Zonenstückes werden als wichtiger als die eines schwach entwickelten Stückes betrachtet. Die Ausgangspunkte der Entwicklung nennt man Primärknoten.

Als genau gleiche Knoten sind solche von gleicher Wirkung und von gleicher Umgebung anzusehen. Ihre Verteilung bestimmt die Symmetrieverhältnisse eines Krystalls. Durch die Verteilung der Knoten und der aus ihnen abgeleiteten Reihen läßt sich das Gesamtbild der Formen einer Art charakterisieren. Die Primärknoten, nach Lage und Wirkungsintensität gegeben, liefern, nach den für alle Krystalle gültigen Gesetze wirkend, die Gesamtheit der Formen, das Formensystem eines Krystalls. Man betrachtet sie als deren nach außen wirkende Primärkräfte. Auf diesem Wege gewinnt man aus der Gesamtheit der Formen einer Krystallart die Primärkräfte der Partikel nach Richtung und Intensität.

Die Zahlen der Projektionssymbole geben direkt die Verteilung der Punkte in der Zone an. Die Zahlen in einem Zonenstück sind mit denen in einem anderen nicht unmittelbar vergleichbar. Sie werden es, wenn man für sie zu vergleichende Stücke die Anfangs- und Endknoten gleich bezeichnet. Dies kann man aus den Symbolzahlen durch eine einfache Transformation erreichen. Zum Vergleich muß man die Endknoten so umformen, daß für den einen Endknoten p das Symbol $= 0$, für den anderen $= \infty$ wird. Wir wollen diese Form der Zahlenreihe die einfache nennen. Die Verteilung der Punkte in der freien Zone, wo diese Verteilung nur durch die Endknoten bewirkt wird, soll die Normale heißen.

Größere, ganz normale und dabei reich entwickelte Zonenstücke sind selten. Meist treten Beeinflussungen einzelner Punkte ein, besonders Verstärkung durch Einschneiden anderer Zonen, wodurch die Reihe abnormal wird.

Zum Vergleich wurde aus den Tabellen des Index eine Anzahl solcher wenig gestörter Reihen ausgewählt, die bereits die einfache Form haben, d. h. wo die Endknoten 0 und ∞ sind. Da die Normalreihen für alle Systeme gleich sind, so wurden hier Mineralien aus allen Systemen gewählt (Tab. 9).

Es muß nun zunächst gezeigt werden, daß man berechtigt ist, alle an einer Krystallart beobachteten Formen in einem Gesamtbild zu vereinigen und aus diesem Schlüsse zu ziehen, nicht vielmehr nur aus jeder auftretenden Kombination für sich. Man kann das insofern, als man jeden Krystall derselben Art als das Produkt der Wirkung der gleichen Partikelkräfte ansehen kann. Es hängt von äußeren Umständen bei der Bildung ab, ob die oder eine andere Fläche sich bildet. Der Inbegriff aller beobachteten Flächen zeigt, was die Partikelkräfte an Flächen überhaupt hervorzubringen imstande sind.

Alle beobachteten Formen sind aber nicht zugleich alle möglichen. Möglich sind bei einem Krystall alle Flächenlagen, doch sind nicht alle gleich wahrscheinlich. Von dem Grad der Wahrscheinlichkeit hängt es ab, wie oft die be-

Tabelle 9.

		0	1/14	1/8	1/6	1/5	1/4	2/7	1/3	2/5	5/12	1/2	3/5	2/3	5/7	3/4	4/5	9/11	5/6	19/20	1	20/19	10/9	8/7	6/5	5/4	4/3	3/2	5/3	2	7/3	5/2	8/3	3	7/2	15/4	4	5	7	15/2	8	12	39/2	∞
Granat	p0	0	·	·	·	·	·	·	1/3	2/5	·	1/2	3/5	2/3	·	·	4/5	·	·	19/20	1	20/19	·	·	·	5/4	·	3/2	5/3	2	·	5/2	·	3	·	·	·	·	·	·	·	·	·	∞
Flußspat	p1	0	·	·	·	·	1/4	·	1/3	·	·	1/2	·	2/3	·	3/4	·	·	·	·	1	·	·	·	·	·	·	·	·	2	·	·	8/3	3	7/2	·	·	·	·	·	·	12	·	∞
Steinsalz	p0	0	·	·	·	·	·	·	·	·	·	1/2	3/5	·	·	3/4	4/5	·	·	·	1	·	·	·	·	5/4	4/3	·	5/3	2	·	·	·	·	·	·	·	·	·	·	·	·	·	∞
Kupferkies	±p0	0	·	·	·	·	1/4	·	1/3	·	·	1/2	·	·	·	·	·	·	·	·	1	·	·	·	·	·	·	3/2	·	2	·	·	·	·	·	·	4	·	·	·	·	·	·	∞
Zinnerz	p	0	·	·	·	·	1/4	·	·	·	·	·	3/5	2/3	·	·	·	·	·	·	1	·	·	·	6/5	·	·	·	·	2	·	5/2	·	·	·	·	·	5	7	·	·	·	·	∞
Idokras	p0	0	·	·	·	·	·	·	·	·	·	1/2	·	2/3	·	·	·	·	·	·	1	·	·	·	·	·	·	3/2	·	2	·	·	·	3	·	·	·	·	·	·	·	·	·	∞
Topas	0q	0	·	·	·	1/5	·	·	1/3	2/5	·	1/2	3/5	2/3	·	·	4/5	·	5/6	·	1	·	·	8/7	·	·	·	3/2	·	2	·	·	·	·	·	15/4	4	·	·	·	·	·	·	∞
Olivin	p0	0	·	·	1/6	1/5	1/4	·	1/3	·	·	1/2	·	2/3	·	·	·	·	·	·	1	·	10/9	·	·	5/4	·	·	·	2	·	·	·	·	·	·	·	·	·	·	·	·	·	∞
Enstatit	0q	0	·	·	·	·	1/4	·	·	2/5	·	1/2	3/5	2/3	·	·	·	·	·	·	1	·	·	·	·	·	·	3/2	·	2	·	5/2	·	3	·	·	·	·	·	·	·	·	·	∞
Kieselzinkerz	p0	0	·	·	1/6	·	·	·	1/3	·	·	1/2	·	·	·	·	·	·	·	·	1	·	·	·	·	·	4/3	3/2	·	2	·	·	·	3	·	·	·	·	·	·	·	·	·	∞
Gips	0q	0	·	·	·	·	·	·	1/3	·	·	1/2	·	2/3	·	·	·	·	·	·	1	·	·	·	·	·	·	3/2	·	2	·	5/2	·	3	·	·	4	·	·	·	·	·	·	∞
Kupferlasur	±p0	0	·	1/8	·	1/5	1/4	2/7	1/3	·	·	1/2	·	·	5/7	·	·	·	·	·	1	·	·	·	·	5/4	·	3/2	·	2	·	·	·	3	·	·	·	·	·	·	·	·	·	∞
Datolith	±p1	0	·	·	·	·	1/4	·	·	·	·	1/2	·	·	·	3/4	·	·	·	·	1	·	·	·	·	·	·	3/2	·	2	·	5/2	·	3	·	·	·	·	·	·	·	·	·	∞
Pyroxen(Diopsid)	0q	0	·	·	·	1/5	·	·	1/3	·	·	1/2	·	·	·	·	·	·	·	·	1	·	·	·	·	·	·	·	·	2	·	·	·	3	·	·	·	5	·	·	·	·	·	∞
Axinit[1]	p0	0	·	·	·	·	·	·	1/3	·	·	1/2	3/5	2/3	·	3/4	·	9/11	·	·	1	·	·	·	·	·	·	·	·	2	·	·	·	·	·	·	·	·	·	·	·	·	·	∞
Kupfervitriol	0q	0	·	·	·	·	·	·	1/3	·	·	1/2	·	·	·	·	·	·	·	·	1	·	·	·	·	·	·	·	·	2	·	·	·	3	·	·	·	·	·	·	·	·	·	∞
Rhodonit	0q	0	·	·	·	·	·	·	·	·	·	1/2	·	2/3	·	·	·	·	·	·	1	·	·	·	·	·	·	·	·	2	·	·	·	3	·	·	·	·	·	·	·	·	·	∞
Apatit	p	0	·	·	1/6	·	·	·	1/3	2/5	·	1/2	3/5	·	·	3/4	·	·	·	·	1	·	·	·	·	·	·	3/2	·	2	7/3	·	·	3	·	·	4	·	·	·	·	·	·	∞
Beryll	p	0	1/14	·	·	·	·	·	·	·	·	1/2	·	·	·	·	·	·	·	·	1	·	·	·	·	·	·	3/2	·	2	·	·	·	3	·	·	4	5	·	15/2	·	12	39/2	∞
Calcit[2] [−2 : −2]	reduz.	0	·	·	·	·	1/4	·	1/3	·	·	1/2	·	2/3	·	3/4	·	·	·	·	1	·	·	·	·	5/4	·	3/2	·	2	·	5/2	·	3	·	·	·	·	·	·	·	·	·	∞
[−2 : ∞0]	—	0	·	·	·	·	·	·	·	·	·	1/2	·	2/3	·	·	·	·	·	·	1	·	·	·	·	·	·	·	·	2	·	·	·	3	·	·	·	·	·	·	·	·	·	∞
Häufigkeit		21	1	1	2	4	8	1	13	4	1	20	7	12	1	6	3	1	1	1	21	1	1	1	1	5	2	11	2	20	1	6	1	15	1	1	6	3	1	1	1	2	1	21

[1] Die Axinitreihe hat eine Störung bei 1. Wegen der Seltenheit größerer freier Stücke im triklinen System wurde sie doch genommen.

[2] Beim Calcit zeigt die Entwicklung besondere Regelmäßigkeit. Es wurde die Zone [−2 : −2 : ∞ 0] aufgenommen.

treffende Form unter allen Bildungsfällen in die Erscheinung tritt und daraus, ob und wie oft sie beobachtet wird. Man sieht nun, daß die Entwicklung der Formen von gewissen Primärformen ihren Ausgang nimmt, so daß diese die größte Bildungskraft und daraus die größte Wahrscheinlichkeit haben. Aus ihnen leiten sich andere mit geringer Bildungskraft ab und daher geringerer Wahrscheinlichkeit usf., bis für eine Form die Wahrscheinlichkeit so gering ist, daß man sie nicht mehr beobachtet. Zugleich ist dann die Bildungskraft so gering, daß sie von schwachen äußeren Einflüssen abgelenkt wird. Formen dieses Grenzgebietes rechnet man zu den Vicinalen.

Wechsel der Kombination.

Damit die verschiedenen abgeleiteten Formen neben den primären zustande kommen, nimmt man wechselnde äußere Einflüsse an, sonst entstände stets dieselbe Form.

Diese Einflüsse kann man im Verhältnis zu den Partikelkräften als schwach ansehen. Man nennt sie auslösende Kräfte. Über die Natur dieser auslösenden Kräfte weiß man nur, daß es äußere Kräfte, d. h. von deren der Krystallpartikel unabhängige sind. Daß es kleine Kräfte sind, dafür spricht der Umstand, daß minimale Veränderungen in der Zusammensetzung der Mutterlauge die entstehende Kombination ändern können.

Die auslösenden Kräfte wirken und fördern die freie Entwicklung (Differenzierung) der Formen.

In den Tabellen des Index ist die Vereinigung der Formen in dem Sinn geschehen, daß man berechtigt ist, aus der Gesamtheit der Formen einer und somit jeder Krystallart Schlüsse zu ziehen auf die Entwicklung der Formen sowie auf die Natur der Primärkräfte. Man kann also diese Tabellen unmittelbar der Diskussion unterlegen.

Man findet in der

Tabelle 10.

0	∞	1	$\frac{1}{2}$	2	$\frac{1}{3}$	3	$\frac{2}{3}$	$\frac{3}{2}$	$\frac{1}{4}$	4	$\frac{2}{5}$	$\frac{5}{2}$	$\frac{3}{5}$	$\frac{5}{3}$	$\frac{3}{4}$	$\frac{4}{3}$	$\frac{1}{5}$	5	$\frac{4}{5}$	$\frac{5}{4}$	
21	21	21	20	20	13	15	12	11	8	6	4	6	7	2	6	2	4	3	3	5	mal

$\frac{1}{14}$	$\frac{1}{8}$	$\frac{1}{6}$	$\frac{2}{7}$	$\frac{5}{12}$	$\frac{5}{7}$	$\frac{9}{11}$	$\frac{5}{6}$	$\frac{19}{20}$	$\frac{10}{9}$	$\frac{8}{7}$	$\frac{6}{5}$	$\frac{7}{3}$	$\frac{8}{3}$	$\frac{7}{2}$	$\frac{15}{4}$	7	$\frac{15}{2}$	8	12	$\frac{39}{2}$	
1	1	2	1	1	1	1	1	1	1	1	1	1	1	1	1	1	1	1	2	1	mal

Man sieht in dieser Tabelle, daß die Reziproken gleichwertig sind, da man ja die Endknoten 0 und ∞ beliebig vertauschen kann. Man kann der Häufigkeit nach eine Rangordnung der Zahlen aufstellen.

Schneidet man hinter den einzelnen Gruppen ab, so erhält man folgende Normalreihen:

Tabelle 11.

Normalreihe 0: $0 \quad \infty$

„   I: $\quad 0 \quad 1 \quad \infty$

„   II: $\quad 0 \quad \frac{1}{2} \quad 1 \quad 2 \quad \infty$

„   III: $\quad 0 \quad \frac{1}{3} \quad \frac{1}{2} \quad \frac{2}{3} \quad 1 \quad \frac{3}{2} \quad 2 \quad 3 \quad \infty$

„   IV: $\quad 0 \quad \frac{1}{4} \quad \frac{1}{3} \quad \frac{2}{5} \quad \frac{1}{2} \quad \frac{3}{5} \quad \frac{2}{3} \quad \frac{3}{4} \quad 1 \quad \frac{4}{3} \quad \frac{3}{2} \quad \frac{5}{3} \quad 2 \quad \frac{5}{2} \quad 3 \quad 4 \quad \infty$

$0\,\infty$ kann man noch nicht als eine Reihe bezeichnen. Es sind nur zwei Flächen ohne Differenzierung. Die Reihe 1 ist die weit häufigste. Mit dem Grade der Komplikation nimmt die Häufigkeit ab, so daß eine ganz ungestörte Reihe IV schon nicht mehr gefunden wird. Fast rein begegnet man ihr bei Calcit. $[-2:-2]$, nämlich (reduziert):

$$0\ \tfrac{1}{4}\ \tfrac{1}{3}\ \tfrac{1}{2}\ \tfrac{2}{3}\ \tfrac{3}{4}\ 1\ (\tfrac{5}{4})\ \tfrac{3}{2}\ 2\ \tfrac{5}{2}\ 3\ 4\ \infty\,.$$

Die Reihen sind symmetrisch insofern, als die rechte Seite von der 1 die Reziproken der linken enthält. Jede folgende Reihe schließt die vorhergehende in sich, nur schiebt sich zwischen je zwei Zahlen eine neue ein.

Jede folgende der so empirisch gefundenen Reihen leitet sich aus der vorhergehenden ab, indem man aus jeder Zahl p der Reihe bildet:

$$p+1\quad\text{oder}\quad\frac{p+1}{p}\,.$$

So erhält man die eine Hälfte der Reihe, die andere Hälfte enthält die Reziproken.

Es bleiben außer den Zahlen der Normalreihe in der empirischen Reihe noch folgende Zahlen:

$$\frac{1}{6}\quad \frac{5}{6}\quad \frac{6}{5}\quad 7\quad \frac{1}{8}\quad \frac{10}{9}\quad \frac{19}{20}\quad \frac{20}{19}\quad \frac{5}{12}\quad \frac{15}{4}\quad \frac{15}{2}\quad 1\quad 2$$
$$\ \ 2\qquad 1\qquad 1\qquad 1\qquad 1\qquad 1\qquad 1\qquad 1\qquad 1\qquad 1\qquad 1\qquad\ \ 2\ \text{mal}$$

Von diesen sind manche als unsicher anzusehen, manche als vicinale.

Man gewinnt ein sicheres Urteil über die Zahlen, wenn man die einzelnen Reihen kritisch prüft. Das geschieht durch Spalten der Reihen (dies Verfahren wird man später kennenlernen), durch Ausziehen des Projektionsbildes und durch Revision der Beobachtungen.

GOLDSCHMIDT ging von der Hypothese aus, es stehe jede Fläche senkrecht auf einer Partikel-Attraktionskraft, so oder anders ausgedrückt: Jede Fläche wird erzeugt durch eine Kraft in der Richtung ihrer Normalen.

Wir betrachten zunächst eine Zone. Sie sei im Schnitt in Abb. 49 dargestellt. M sei der Krystallmittelpunkt, $A\,B$ die Trace mit der Projektionsebene, $M\,R = i_0$ und $M\,P = i\,\infty$ seien die die Zone spannenden Primärkräfte. $0\,\tfrac{1}{2}\,1\,2\,\infty$ sind Projektionspunkte (Flächenpunkte), $0\,\infty$ die Endknoten der Zone.

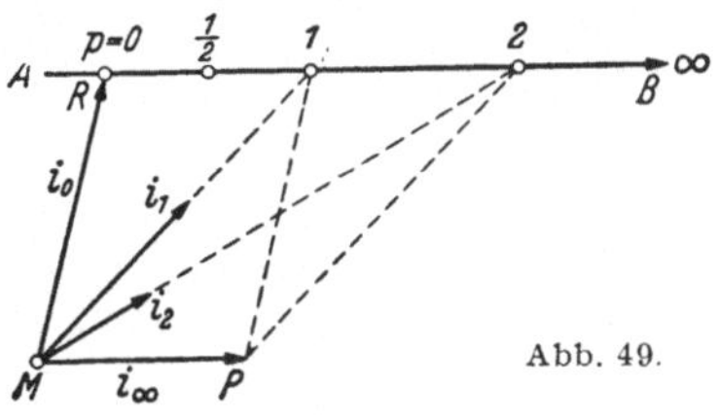

Abb. 49.

Wirken nur die Primärkräfte flächenbildend, so entstehen die Flächen $0\,\infty$, die Normalreihe 0.

Wirken $i\,0$ und $i\,\infty$ (die Primärkräfte) zusammen, so bilden sie die Resultante i_1, d. h. die Fläche 1. Es müssen jedoch für Bildung von 1 nicht die ganzen Kräfte verwendet werden, sondern nur Anteile, z. B. $\tfrac{1}{2}$, $\tfrac{1}{3}$... von jeder.

Die Reste können nach anderer Seite in Vereinigung treten oder selbständig flächenbildend wirken. Wird nur ein Teil der Kräfte in Richtung 0 und ∞ verwendet zur Bildung von 1 und bleibt der Rest für 0 und ∞, so erhalten wir die Kombination 01∞, d. h. die Normalreihe I.

Diese Teilung und Vereinigung von Teilen der Primärkräfte zu abgeleiteten Zwischenkräften ist es, was GOLDSCHMIDT Komplikation nennt.

Differenzierung bedeutet allgemein die Entwicklung vom Einfachen zum Mannigfaltigeren. Es ist der weitere Begriff.

Die Intensität von I hängt davon ab, welche Teile von 0 und ∞ zur Bildung von I mitwirken. Nach dem Erfahrungsgesetz von der Rationalität der Kräfteteilung sind die für I, $\frac{1}{2}$, 2 usw. mitwirkenden Anteile rationale Teile von i_0 und $i\infty$.

Es seien die primären Kräfte der Zone i_0 und $i\infty$ ungleich und unter beliebigen Winkeln gegeneinander geneigt. Wirkt jede für sich, so entsteht, wie wir sahen, die Normalreihe $0\infty = N_0$.

Nun gehe die Komplikation weiter; dann bildet sich:

$$i_1 = \tfrac{1}{2}\,i_0 + \tfrac{1}{2}\,i_\infty$$

räumlich addiert nach dem Parallelogramm der Kräfte (Abb. 50).

Der Projektionspunkt von i_1 ist 1, die Symbolzahl $= 1$, da die Länge $01 = i_\infty$ ist. Man hat jetzt die Kombination $01\infty = $ Normalreihe $1 = N_1$. Punkt 1

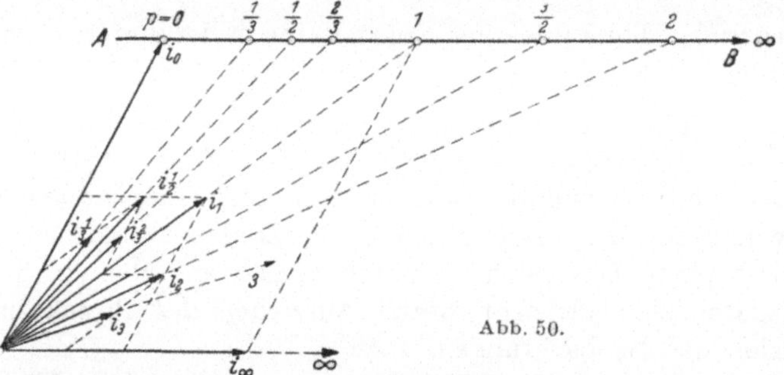

ist jetzt ein selbständiger Knoten geworden, schwächer als die ursprünglichen 0 und ∞ und im Verhältnis i_1 zu i_0 resp. $i_1 i_\infty$.

Nun wiederhole sich derselbe Prozeß der normalen Komplikation zwischen dem Rest von i_0, das ist $\frac{1}{2} i_0$ und $\frac{1}{2} i_1$. Die Hälften beider geben eine Resultante $i_{\frac{1}{2}}$. In der gleichen Weise werden dann die weiteren Normalreihen gebildet.

Die Rangordnung der Zahlen im freien Zonenstück wird im wesentlichen bestimmt durch den Grad der Komplikation, der die Zahl einführt.

Wir kommen nun zur Umformung der Zahlenreihe zum Zwecke der Diskussion. GOLDSCHMIDT nennt es die einfachen Reihen.

Ohne die gegenseitige Lage der Punkte in der Zone zu ändern, kann man folgende Umformungen vornehmen:

1. Addition einer konstanten Zahl $\pm a$ zu jedem Glied der Reihe.

Sie bedeutet die Verlegung des Anfangs 0 der Zählung in einen anderen Punkt.

2. Die Multiplikation mit einer konstanten Zahl $\pm c$. Sie bedeutet eine Änderung in der Wahl der Krafteinheiten, d. h. eine Änderung von p_0 oder q_0 oder r_0.

3. Inversion, d. h. Ersetzung jeder Zahl durch ihre Reziproke. Dadurch erhält die Reihe $0\ldots\infty$ die Form $\infty\ldots0$.

Eine Kombination dieser Operationen liefert:

4. Umformungen einer Reihe $p_1\ldots p\ldots p_2$ in die Form $0\ldots\infty$, indem man von jedem Glied p bildet.

$$\frac{p - p_1}{p_2 - p}.$$

Beweis: Wie ersichtlich, wird dabei p_1 zu 0, p_2 zu ∞. Wir werden nun noch zeigen, daß die Reihe nur formell nicht im Wesen geändert wird.

Gegebene Reihe . . . . $\quad p_1 \cdots p \cdots p_2$

Addition von $-p_2$ . . . . $p_1 - p_2 \cdots p - p_2 \cdots 0$

Inversion . . . . $\dfrac{1}{p_1 - p_2} \quad \dfrac{1}{p - p_2} \cdots \infty$

Multiplikation mit der Konstanten $p_1 - p_2 \quad 1 \cdots \dfrac{p_1 - p_2}{p - p_2} \cdots \infty$

Addition von -1 . . . . $0 \cdots \dfrac{p - p_1}{p_2 - p} \cdots \infty$

Beispiel: Zahlenreihe:

$$p = 1 \ \tfrac{4}{3} \ \tfrac{3}{2} \ \tfrac{5}{3} \ 2 \, (p_1 = 1; \ p_2 = 2)$$

geht über in

$$\frac{p-1}{2-p} = 0 \ \tfrac{1}{2} \ 1 \ 2 \ \infty \,.$$

Dies ist wohl die wichtigste Umformung einer Reihe, weshalb dieselbe so ausführlich dargelegt wurde.

Die wichtigsten Spezialfälle sind noch folgende:

Umwandlung von $1 \ldots \infty$ in $0 \ldots \infty$. Dafür zu bilden $p - 1$.

,,   ,, $0 \ldots 1$ in $0 \ldots \infty$.   ,,   ,,   ,, $\dfrac{p}{1 - p} \cdot$

,,   ,, $0 \ldots \infty$ in $0 \ldots 1$.   ,,   ,,   ,, $\dfrac{p}{1 + p} \cdot$

,,   ,, $0 \ldots \infty$ in $1 \ldots \infty$.   ,,   ,,   ,, $p + 1.$

Ableitung der niederen Normalreihe aus der höheren besteht darin, daß man die höhere Reihe $0 \ldots 1 \ldots \infty$ in der Mitte bei 1 spaltet und die Hälfte in die Form $0 \ldots \infty$ bringt. Dies geschieht durch Bildung von $p - 1$ aus der zweiten Hälfte oder von $\dfrac{p}{1 - p}$ aus der ersten Hälfte.

Symmetrische Form der Reihe $\bar{1} \ldots 0 \ldots 1$.

Diese Form der Reihe erhält man aus der Normalreihe $0\,1\,\infty$, durch Umrechnung jeder Zahl p in

$$\frac{1 - p}{1 + p} \cdot$$

Umgekehrt erhält man $0 \ldots 1 \ldots \infty$ aus der Form $1\,0\,\bar{1}$ durch die gleiche Umrechnung

$$\frac{1 - p}{1 + p} \cdot$$

In der symmetrischen Form sind die Endknoten $1\,\bar{1}$, die Dominante 0.

Die Beziehung zwischen der kristallographischen und den musiklischen Zahlen bestimmt die Wahl des Namens Dominante für den mittleren Punkt der Reihe.

Dieses Gesetz wurde so eingehend im Sinne von Goldschmidt besprochen, weil fortan alle krystallographischen Arbeiten von Goldschmidt und seinen Schülern durch dieses Gesetz in hervorragendem Maße beeinflußt wurden[1].

---

[1] Die Beziehung zwischen der krystallographischen und den musikalischen Zahlen bestimmte Goldschmidt, den Namen Dominante für den mittleren Punkt 1 der Reihe zu wählen.

e) Untersuchung am Idokras als Beispiel.

Wir wollen nun die Komplikation an einem Beispiel durchführen und wählen dazu Idokras, um zu zeigen, wie sich das bisher Betrachtete zu einer einheitlichen Diskussion vereinigen läßt.

Beim Idokras hat man die Wahl zwischen 2 Aufstellungen:

1. der von ZEPHAROVICH $p_0 = c = 0{,}5376$.
2. „   „   LEVY $p_0 = c = 0{,}7603$.

Transformation:

$$p\,q(1) = \frac{p+q}{2}\ \frac{p-q}{2}\quad (\text{II})$$

Untersuchung der wichtigsten Zonen durch Spaltung.

Es ist dabei gleichgültig, ob man die Aufstellung 1 oder 2 wählt.

1. Zone cpm. Diese zerfällt in ein inneres Stück pcp und ein äußeres pmp. Das innere Stück besteht aus zwei symmetrischen Hälften pc und $c\overline{p}$.

	c	α	β	χ	γ	δ	ε	ζ	η	ϑ	J	ι	x	λ	L	p	
	0	$\frac{1}{20}$	$\frac{1}{10}$	$\frac{1}{9}$	$\frac{1}{8}$	$\frac{1}{7}$	$\frac{1}{6}$	$\frac{1}{5}$	$\frac{1}{4}$	$\frac{1}{3}$	$\frac{5}{13}$	$\frac{1}{2}$	$\frac{3}{5}$	$\frac{4}{5}$	$\frac{7}{8}$	1	
Spaltung:	0	$\frac{1}{19}$	$\frac{1}{9}$	$\frac{1}{8}$	$\frac{1}{7}$	$\frac{1}{6}$	$\frac{1}{5}$	$\frac{1}{4}$	$\frac{1}{3}$	$\frac{1}{2}$	$\frac{5}{8}$	1	$\frac{3}{2}$	4	7	∞	$\frac{1}{p-1}$
	0	$\frac{2}{19}$	$\frac{2}{9}$	$\frac{1}{4}$	$\frac{2}{7}$	$\frac{1}{3}$	$\frac{2}{5}$	$\frac{1}{2}$	$\frac{2}{3}$	1	$\frac{5}{4}$	2	3	8	14	∞	$2V$

Die Reihe 2 ist durch Spaltung von $0\ldots1$ in $0\ldots\infty$ durch die Formel $\dfrac{1}{p-1}$ umgewandelt worden. In der letzten Reihe geben die Zahlen ein Bild von der Wichtigkeit und zugleich Sicherheit der einzelnen Formen. Die wichtigsten sind:

$$0\cdot\cdot\ \tfrac{1}{4}\cdot\tfrac{1}{3}\cdot\tfrac{1}{2}\ \tfrac{2}{3}\ 1\cdot 2\ 3\cdot\cdot\cdot\infty.$$

Sie bilden eine ziemlich normale Reihe N_3. Man sieht darin, warum ϑ häufiger ist als ι, während man in der ursprünglichen Reihe $0\ldots1\ \iota = \frac{1}{2}$ für wichtiger als $\vartheta = \frac{1}{3}$ ansehen möchte.

Als Formen geringer Wahrscheinlichkeit erkennt man $\alpha\beta\gamma\lambda L$, dann εJ. Statt $\alpha = \frac{1}{20}$ wäre eher $\frac{1}{19}$ zu setzen. Es führt auf $\frac{1}{9}$ statt $\frac{2}{19}$. Auch stimmt der gemessene Winkel für $\frac{1}{19}$ etwas besser:

$$\tfrac{1}{20} : 0 = 2°10'; \qquad \tfrac{1}{19} : 0 = 2°18'; \qquad \text{beob.:}\ J = 2°15{,}5'.$$

Warum aber $2V$ gebildet werden muß, also die Dominante von ι nach ϑ gelegt werden muß, um die Reihe normal zu machen, hat seinen Grund darin, daß nicht cp selbständig, sondern die Hälfte von pp ist, d. h. daß sich die Zone nicht zwischen cp, sondern zwischen pp als Endknoten spannt. Man hat die Formen:

	p	x	ι	ϑ	η	ζ	δ	χ	ι	χ	δ	ζ	η	ϑ	ι	x	p	
	1	$\frac{3}{5}$	$\frac{1}{2}\ \cdot$	$\frac{1}{3}$	$\frac{1}{4}$	$\frac{1}{5}$	$\frac{1}{7}$	$\frac{1}{9}$	0	$\frac{1}{9}$	$\frac{1}{7}$	$\frac{1}{5}$	$\frac{1}{4}$	$\frac{1}{3}\ \cdot$	$\frac{1}{2}$	$\frac{3}{5}$	1	(A)
$\frac{1-p}{1+p} =$	0	$\frac{1}{4}$	$\frac{1}{3}\ \cdot$	$\frac{1}{2}$	$\frac{3}{5}$	$\frac{2}{3}$	$\frac{3}{4}$	$\frac{4}{5}$	1	$\frac{5}{4}$	$\frac{4}{3}$	$\frac{3}{2}$	$\frac{5}{3}$	$2\ \cdot$	3	4	∞	(B)
Normalreihe: $4 =$	0	$\frac{1}{4}$	$\frac{1}{3}$	$\frac{2}{5}$	$\frac{1}{2}$	$\frac{3}{5}$	$\frac{2}{3}$	$\frac{1}{4}\ \cdot$	$\cdot\ 1$	$\frac{4}{3}$	$\frac{3}{2}$	$\frac{5}{3}$	2	$\frac{5}{2}$	3	4	∞	

Die Zahlenreihe (A) hat den Charakter der symmetrischen Reihe, angezeigt durch Herrschen von $\frac{1}{3}, \frac{1}{3}, \frac{1}{3}, \frac{1}{9}\ldots$; (B) hat den Charakter der einfachen Reihe.

Statt $J = \frac{5}{13}$ wäre $\frac{3}{7}(A)$ entsprechend $\frac{2}{5}(B)$ zu erwarten.

Äußeres Stück:

	p	μ	b	t	m
	1	$\frac{8}{5}$	2	3	∞
$v-1=$	0	$\frac{3}{5}$	1	2	∞.

Die Reihe wäre normal, wenn statt $\frac{8}{5}$, $\frac{3}{2}$ stehen würde. Die approximative Messung von ZEPHAROVICH stimmt besser mit $\frac{8}{5}$. Ber. $\frac{8}{5} : 1 = 13° 21$; $\frac{3}{2} : 1 = 11° 05$. Beob. $13° 05$.

Für $\frac{3}{2}$ spricht das Projektionsbild. $\frac{3}{2}$ gehört einem wichtigen Zonenverband an, $\frac{8}{5}$ dagegen ist außer allem Verbande. Könnte man $\mu = \frac{3}{2}$ setzen, so hätte man:

$$v - 1 = 0 \ \tfrac{1}{2} \ 1 \ 2 \ \infty = N_2.$$

m erscheint neben p als selbständiger Knoten. Denn, betrachtet man $p_1 m_1 p_3$ als symmetrisches Stück, d. h. m als Dominante zwischen pp, so hat man:

	p	μ	b	t	m	t	b	μ	p
	1	$\frac{8}{5}$	2	3	∞	$\bar{3}$	$\bar{2}$	$\frac{\bar{8}}{5}$	$\bar{1}$
Reciprok:	1	$\frac{5}{8}$	$\frac{1}{2}$	$\frac{1}{3}$	0	$\frac{\bar{1}}{3}$	$\frac{\bar{1}}{2}$	$\frac{\bar{5}}{8}$	$\bar{1}$
$(1-v):(1+v)=$	0	$\frac{3}{13}$	$\frac{1}{3}$	$\frac{1}{2}$	1	2	3	$\frac{13}{8}$	∞
für $\mu = \frac{3}{2}$:	0	$\frac{1}{5}$	$\frac{1}{3}$	$\frac{1}{2}$	1	2	3	5	∞.

Die Reihe ist nicht normal. Sie wird es erst durch Spaltung bei 1. Der Schluß ist unsicher, da mit Entfallen des unsicheren μ die Reihe (A) normal wird. Er wurde gegeben, um die Art des Schließens zu zeigen. Eine Bestätigung wäre es, wenn gleich $\mu = \frac{3}{2}$ statt $\frac{8}{5}$ gesichert, eventuell eine Form zwischen p und μ gefunden würde, entsprechend in (A).

2. Zone coa.

	c	v	A	o	B	u	π	a	
p:	0	$\frac{1}{4}$	$\frac{1}{3}$	$\frac{1}{2}$	$\frac{3}{4}$	1	$\frac{3}{2}$	∞	
$2p$:	0	$\frac{1}{2}$	$\frac{2}{3}$	1	$\frac{3}{2}$	2	3	∞	normal $= N_3$.

Den Vorzug als Dominante verdankt o dem Einschneiden der Zone $p^1 p^2$. Dieser Umstand bewirkt, daß die Reihe nach der Multiplikation mit 2 normal wird.

3. Prismenzone. Zunächst fragt es sich, ob a oder m der wichtigere Knoten ist. Für a als Endknoten hat man die Zahlen:

	a	h	f	ψ	φ	m	φ	ψ	f	h	a	
Aufst. II: $p:q =$	$\cdot 1$	$\frac{1}{2}$	$\frac{1}{3}$	$\frac{3}{11}$	$\frac{1}{4}$	0	$\frac{\bar{1}}{4}$	$\frac{\bar{3}}{11}$	$\frac{\bar{1}}{3}$	$\frac{\bar{1}}{2}$	$\bar{1}$	
$(1-v):(1+v)=$	0	$\frac{1}{3}$	$\frac{1}{2}$	$\frac{4}{7}$	$\frac{3}{5}$	1	$\frac{5}{3}$	$\frac{7}{4}$	2	3	∞	(A).

Mit $\underbrace{\frac{4}{7} \ \frac{3}{5}}_{\frac{2}{3}}$ und $\underbrace{\frac{5}{3} \ \frac{7}{4}}_{\frac{3}{2}}$.

Die Reihe wäre normal $= N_3$, wenn die unsicheren Formen $\psi \varphi$ die Stelle von $\frac{2}{3}$, $\frac{3}{2}$ in (A) einnehmen würden. Für m als Endknoten hat man:

	m	φ	ψ	f	h	a	h	f	ψ	φ	m	
Aufst. II: $p:q =$	0	$\frac{1}{4}$	$\frac{3}{11}$	$\frac{1}{3}$	$\frac{1}{2}$	1	2	3	$\frac{11}{3}$	4	∞	(B).

Die Reihe (A) verdient den Vorzug vor (B) einmal, weil die unsicheren Formen $\varphi\psi$ die Lücke ausfüllen, in der $\frac{2}{3}$ zu erwarten ist, dann, weil f, das weit häufiger und wichtiger als h, in (A) die einfachere Zahl $\frac{1}{2}$ in (B) $\frac{1}{3}$ erhält. Indem man (A) den Vorzug gibt, schließt man, daß die a Endknoten der Zone sind, m Dominante zwischen aa.

4. Zone p_1p_2a. Sie zerfällt in ein inneres Stück $p_1o_1p_2$ und ein äußeres $p_1a_2p_2$.

Inneres Stück $p_1o_1p_2$:

	p	P	n	ω	x	o	x	ω	n	P	p
Aufst. I: $q=$	1	$\frac{4}{7}$	$\frac{1}{2}$	$\frac{3}{7}$	$\frac{1}{3}$	0	$\frac{1}{3}$	$\frac{\bar3}{7}$	$\frac{\bar1}{2}$	$\frac{\bar1}{7}$	$\bar1$
$(1-q):(1+q)=$	0	$\frac{3}{11}$	$\frac{1}{3}$	$\frac{2}{5}$	$\frac{1}{2}$	1	2	$\frac{5}{2}$	3	$\frac{11}{3}$	∞

Für P ist mit großer Wahrscheinlichkeit $1\frac{3}{5}$ zu setzen. Es erfordert nämlich

$$1\tfrac{4}{7}:1 = 10°\,11'; \qquad 1\tfrac{3}{5}:1 = 9°\,29'; \qquad \text{beob.}: Pp = 10°\,ca.$$

Für eine Schimmermessung ist die Übereinstimmung mit beiden Symbolen ziemlich gleichwertig. Setzt man aber für $P = 1\frac{3}{5}$, so hat man die Reihe:

	p	P	n	ω	x	o	x	ω	n	P	p
$(1-q):(1+q)=$	0	$\frac{1}{4}$	$\frac{1}{3}$	$\frac{2}{5}$	$\frac{1}{2}$	1	2	$\frac{5}{2}$	3	4	∞
Spaltung:	0	$\frac{1}{3}$	$\frac{1}{2}$	$\frac{2}{3}$	$\underline{1}$	$\infty,0$	$\underline{1}$	$\frac{3}{2}$	2	3	∞
Spaltung:	0	$\frac{1}{2}$	1	2	∞		0	$\frac{1}{2}$	1	2	∞

normal $= N_2$.

Man bemerkt eine Störung bei x. Diese erklärt sich durch Einschneiden der wichtigen Zone $cxsh$. Die Endknoten sind pp. Die Formen $P\omega$ gehören einer lokalen Entwicklung N_2 zwischen p und dem durch das Einschneiden der Zone $cxsh$ verstärkten x an.

Äußeres Stück.

	p	z	q	s	y	v	ü	a	ü	v	y	s	q	z	p
Aufst. I: $p=$	1	2	$\frac{8}{3}$	3	4	5	7	∞	$\bar7$	$\bar5$	$\bar4$	$\bar3$	$\frac{\bar8}{3}$	$\bar2$	$\bar1$
Reciprok $=$	1	$\frac{1}{2}$	$\frac{3}{8}$	$\frac{1}{3}$	$\frac{1}{4}$	$\frac{1}{5}$	$\frac{1}{7}$	0	$\frac{\bar1}{7}$	$\frac{\bar1}{5}$	$\frac{\bar1}{4}$	$\frac{\bar1}{3}$	$\frac{\bar3}{8}$	$\frac{\bar1}{2}$	$\bar1$
$(1-v):(1+v)=$	0	$\frac{1}{3}$	$\frac{5}{11}$	$\frac{1}{2}$	$\frac{3}{5}$	$\frac{2}{3}$	$\frac{3}{4}$	1	$\frac{4}{3}$	$\frac{3}{2}$	$\frac{5}{3}$	2	$\frac{11}{5}$	3	∞

Wir vergleichen: $0\ \ \frac{1}{4}\ \ \frac{1}{3}\ \ \frac{2}{5}\ \ \frac{1}{2}\ \ \frac{3}{5}\ \ \frac{2}{3}\ \ \frac{3}{4}\ \ 1\ \ \frac{4}{3}\ \ \frac{3}{2}\ \ \frac{5}{3}\ \ 2\ \ \frac{5}{2}\ \ 3\ \ 4\ \ \infty = N_4$.

Die Reihe wäre vollkommen normal $= N_4$, wenn $\frac{3}{5}\,1$ zwischen p und z bekannt wäre und wenn man $q = 1\frac{7}{3}$ zwischen z und s setzen dürfte. Die Messung, die freilich ZEPHAROVICH ungenau nennt, stimmt gut zu $1\frac{3}{5}$. Ber. $1\frac{3}{5}:1 = 26°\,17'$; $1\frac{7}{3}:1 = 22°\,31'$; beob. $q:p = 26°\,16'$.

Man kann daher $q = 1\frac{7}{3}$ nicht ohne Bestätigung setzen, jedenfalls ist $q = 1\frac{3}{5}$ als unsicher anzusehen.

5. Zone $p':m_2$. Sie zerfällt durch Störung bei u und s in 3 Stücke.

Inneres Stück.

	u	i	l	p	l	i	u
Aufst. II: $q=$	1	$\frac{1}{2}$	$\frac{1}{3}$	0	$\frac{\bar1}{3}$	$\frac{\bar1}{2}$	$\bar1$
$(1-q):(1+q)=$	0	$\frac{1}{3}$	$\frac{1}{2}$	1	2	3	∞

P macht keine bemerkbare Störung, wohl deshalb, weil seine Intensität in den anderen Zonen großenteils aufgebraucht ist.

Äußeres Stück.

$$\begin{array}{cccccc} & s & d & e & r & m \\ \text{Aufst. II:} \quad p = 2 & 3 & 4 & 5 & \infty \\ p - 2 = 0 & 1 & 2 & 3 & \infty \\ \tfrac{1}{2}v = 0 & \tfrac{1}{2} & 1 & \tfrac{3}{2} & \infty. \end{array}$$

Könnte man $r = 2$ statt $\tfrac{3}{2}$ setzen, d. h. 61 statt 51 (Aufst. II), so wäre die Reihe normal $= N_2$. r beruht auf einer approximativen Messung $rm = 17°36'$. Ber. $51 : m = 18°17'$; $61 : m = 15°24'$. Die Beobachtung steht zwischen beiden, allerdings näher an 51.

Zwischenstück.

$$\begin{array}{cccc} & u & X & s \\ \text{Aufst. II:} \quad p = 1 & \tfrac{3}{2} & 2 \\ p - 1 = 0 & \tfrac{1}{2} & 1 \\ \text{Spaltung:} \quad 0 & 1 & \infty = N_1. \end{array}$$

Untergeordnete Zonen.

6. Parallelzone $\tfrac{3}{2}q$ (Aufst. II).

$$\begin{array}{cccccc} (?\mu) & z & X & \pi & y & m \\ q = 0 & \tfrac{1}{2} & 1 & \tfrac{3}{2} & \tfrac{5}{2} & \infty \\ q - \tfrac{1}{2} = \overline{\tfrac{1}{2}} & 0 & \tfrac{1}{2} & 1 & 2 & \infty = N_2. \end{array}$$

Wir finden normale Entwicklung $= N_2$ zwischen zm; μ, das wahrscheinlich zur Zone (s. oben), bildet ein Zwischenstück zwischen zz. Die Unsicherheit und Schwäche von μ ist dadurch motiviert, daß die Wirkung von z nach außen in Anspruch genommen ist.

7. Radialzone $\tfrac{1}{2}$ (Aufst. II).

$$\begin{array}{cccccccc} c & \varrho & \sigma & \tau & x & i & s & h \\ q = 0 & \tfrac{1}{9} & \tfrac{1}{5} & \tfrac{2}{9} & \tfrac{1}{3} & \tfrac{1}{2} & 1 & \infty. \end{array}$$

Die Hauptformen der Zone bilden eine symmetrische Reihe zwischen ss.

$$\begin{array}{ccccccccc} s & i & x & \sigma & c & \sigma & x & i & s \\ q = 1 & \tfrac{1}{2} & \tfrac{1}{3} & \tfrac{1}{15} & 0 & \overline{\tfrac{1}{5}} & \overline{\tfrac{1}{3}} & \overline{\tfrac{1}{2}} & \overline{1} \\ (1 - q) : (1 + q) = 0 & \tfrac{1}{3} & \tfrac{1}{2} & \tfrac{2}{3} & 1 & \tfrac{3}{2} & 2 & 3 & \infty = N_3. \end{array}$$

Die Formen $\varrho\tau$ gehören einer lokalen Entwicklung zwischen cx an:

$$\begin{array}{ccccc} c & \varrho & \sigma & \tau & x \\ q = 0 & \tfrac{1}{9} & \tfrac{1}{5} & \tfrac{2}{9} & \tfrac{1}{3} \\ 3\,q = 0 & \tfrac{1}{3} & \tfrac{3}{5} & \tfrac{2}{3} & 1 \\ \text{Spaltung:} \quad 0 & \tfrac{1}{2} & \tfrac{3}{2} & 2 & \infty. \end{array}$$

Zu erwarten wäre $0\,\tfrac{1}{2}\,1\,2\,\infty = N_2$, also in Aufst. II: $\tfrac{1}{3}\,\tfrac{1}{6}$ statt $\tfrac{2}{5}\,\tfrac{1}{5}$. Es ist aber $\tfrac{2}{5}\,\tfrac{1}{5}$ durch die Hauptentwicklung zwischen ss motiviert, ebenso durch das Einschneiden wichtiger Zonen. Interessant ist diese kleine Zone durch den erkennbaren Widerstreit der Einflüsse. Beispiele für solchen Widerstreit finden wir bei allen Krystallarten, ja es sind schwache Zonen selten ohne Störung durch mannigfache Einflüsse. Merkwürdig ist, daß x die gleiche lokale Entwicklung, wie zwischen xc, auch zwischen xp bewirkt (vgl. S. 80). Möglicherweise ist x ein untergeordneter Primärknoten, der durch solche lokale Entwicklungen seine Selbständigkeit bestätigt.

f) Goldschmidts Auffassung der Komplikation als mathemathische Operation.

Goldschmidt [17] hat versucht, das Gesetz der Komplikation in mathematischer Form darzulegen und deren Ausbau zu einer Funktion.

Die Komplikation als mathematische Operation.

Die Mathematik kann ein Gesetz allein aufstellen und ins feinste ausarbeiten; in der Natur sind immer mehrere Gesetze in Konkurrenz und stören einander.

Symmetrie ist ein spezieller Fall der Harmonie. Sie entspricht der Entwicklung aus zwei gleichen Primärkräften. Es gibt aber auch harmonische Anordnung ohne Symmetrie.

Diese unsymmetrische Anordnung entspricht in der Krystallographie der freien Entwicklung zwischen zwei ungleichen Primärkräften.

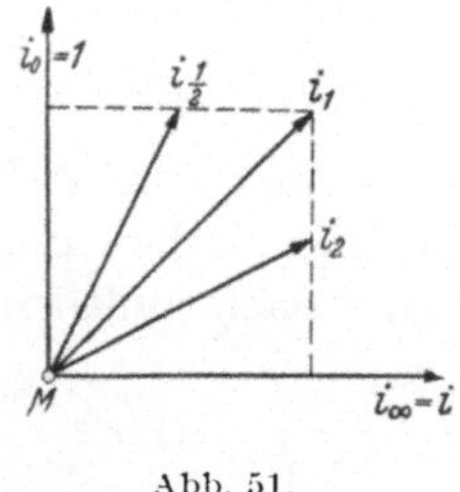

Abb. 51.

Wir wollen zunächst den einfachsten Fall betrachten: *Primärkräfte gleich und rechtwinklig.* Es sei die zu einer Zahl n der Reihe $0\,n\,\infty$ gehörige Kraft $= i_n$; ihre Richtung definiert durch den Winkel $i_n : i_0 = \delta_n$ (Abbildung 51). Bezeichnet man ferner nach Art der Rechnung mit komplexen Größen die Einheit in der Richtung i_0 mit 1, die in der Richtung i_∞ mit i, so kann man die Operation mit komplexen Größen auf unsere Ausrechnung übertragen. i_n bezeichnet die Kraft nach Intensität und Richtung, so ist Mod i_n das Maß für die Intensität. Danach hat man:

Normalreihe $0 = N_0$
$$\text{Mod}\, i_0 = 1, \quad \text{tg}\, \delta_\infty = 0, \quad \delta_0 = 0$$
$$\text{Mod}\, i_\infty = \text{Mod}\, i = 1, \quad \text{tg}\, \delta_0 = \infty, \quad \delta_\infty = 90°.$$

Für die abgeleiteten Kräfte i_n findet man die Intensität mod i_n und Richtung δ_n aus der normalen Komplikation.

Normalreihe $1 = N_1$
$$\text{Mod}\, i_1 = \tfrac{1}{2} \bmod (1 + i) = \tfrac{1}{2}\sqrt{2}$$
$$\text{tg}\, \delta_1 = 1, \quad \delta = 45°.$$

$i_1 = \tfrac{1}{2}(1 + i)$ ist das arithmetische Mittel aus den Kräften unter Berücksichtigung der Richtung. Goldschmidt nennt es das räumliche Mittel. Geometrisch ist die Komplikation nichts anderes als die Bildung des räumlichen Mittels.

Vereinigung der Kräfte im Raum (Parallelogramm der Kräfte) ist die Bildung der räumlichen Summe; Komplikation von Kräften ist die Bildung des räumlichen Mittels.

Die wiederholte (iterierte) Komplikation bringt jede beliebig hohe Reihe hervor, ebenso wie die wiederholte Addition jede beliebig hohe Summe hervorbringt.

Die Nummer der Normalreihe gibt die Höhe der Komplikation an, d. h. die Zahl der Wiederholungen, die zur Bildung der Reihe führen. Zum Beispiel N_3 erfordert dreifach wiederholte Komplikation.

Komplikationsreihen.

Komplexe Reihen. Man bilde zwischen den Endgliedern $0 + 1i$ und $1 + 0i$ (wobei $i = \sqrt{-1}$) neue Reihen (z) durch Einschiebung der Summen zwischen je zwei benachbarten Gliedern. So erhält man die Einschiebung (E) (s. Tab. 12 S. 84).

Das allgemeine Glied der Reihen E und I hat die Form $a + bi$. Man bezeichnet a und bi als die beiden Komponenten. a hat das Einheitsmaß 1, b das Einheitsmaß i. 1 und i bezeichnet man als Grundmaße (Elemente). Führt man statt 1 und i andere Elemente A und B ein, so bekommt jedes Glied die Gestalt

$$aA + bB.$$

Dabei können A und B irgendwelche komplexe Größen sein.

Die Koeffizienten in der Reihe bleiben die gleichen, welches auch die Elemente A und B sein mögen. A und B sind Konstante der Reihe, a und b Variable.

Handelt es sich um Gesetze, die unabhängig von den Elementen sind, so entstehen Reihen, in denen die Elemente ($A B$) fehlen. Auch das Additionszeichen kann entfallen. Man bekommt dann die folgenden, aus Zahlenpaaren ($a b$) bestehenden Koeffizientenreihen ($a b$) (s. Tab. 13 S. 84).

Soll dabei die Richtung berücksichtigt werden, so müssen die Winkel (λ, μ, ν) eingeführt werden, oder, was dasselbe ist, man faßt pqr als Vektoren auf, also als mit Richtung begabte Größen, d. h. raumkomplexe Größen von der Form:

$$p = a + \alpha i; \qquad q = b + \beta k; \qquad r = c + \gamma l.$$

Das ist die allgemeinste Form.

Solange es sich nicht um Kräfte handelt, sondern nur um Richtungen oder Kraftverhältnisse, so genügt statt der Werte pqr $p_0 q_0 r_0$ deren Verhältnisse $p : q : r$ resp. $p_0 : q_0 : r_0$.

Man kann dabei $r = 1$, $r_0 = 1$ setzen.

Während man in der makroskopischen Krystallographie nur das Verhältnis der MILLERschen Indices bestimmen kann, findet man im Gitter, daß a/h, b/k, c/l die Strecken angeben, die aufeinanderfolgende Netzebenen von den Achsen abschneiden.

Harmonische Zahlenreihen.

Sie ergeben sich unmittelbar aus den Komplikationsreihen I'. Sie finden sich in der Krystallographie in jedem ungestört entwickelten freien Zonenstück.

$$
\begin{array}{llllllllllllllllll}
N_0 = 0 & . & & . & & . & & . & & . & & . & & . & & . & & . & & . & & . & \infty \\
N_1 = 0 & . & & . & & . & & . & & . & & . & & 1 & & . & & . & & . & & . & & . & & . & \infty \\
N_2 = 0 & . & & . & & . & \tfrac{1}{2} & & . & & . & & . & 1 & & . & & . & & . & 2 & & . & & . & & . & \infty \\
N_3 = 0 & . & \tfrac{1}{3} & & . & \tfrac{1}{2} & & . & \tfrac{2}{3} & & . & 1 & & . & \tfrac{3}{2} & & . & 2 & & . & 3 & & . & \infty \\
N_4 = 0 & \tfrac{1}{4} & \tfrac{1}{3} & \tfrac{2}{5} & \tfrac{1}{2} & \tfrac{3}{5} & \tfrac{2}{3} & \tfrac{3}{4} & 1 & \tfrac{4}{3} & \tfrac{3}{2} & \tfrac{5}{3} & 2 & \tfrac{5}{2} & 3 & 4 & \infty .
\end{array}
$$

Tabelle 12. Komplikationsreihen.

$E_0 =$	$0+1i$																$1+0i$
$E_1 =$									$1+1i$								
$E_2 =$				$1+2i$								$2+1i$					
$E_3 =$		$1+3i$				$2+3i$				$3+2i$				$3+1i$			
$E_4 =$	$1+4i$	$2+5i$	$3+5i$	$3+4i$	$4+3i$	$5+3i$	$5+2i$	$4+1i$									usw.

Nach diesen Einschiebungen erhalten wir die Reihen:

$I_0 = 0+1i$																	$1+0i$
$I_1 = 0+1i$									$1+1i$								$1+0i$
$I_2 = 0+1i$				$1+2i$					$1+1i$				$2+1i$				$1+0i$
$I_3 = 0+1i$		$1+3i$		$1+2i$		$2+3i$			$1+1i$		$3+2i$		$2+1i$		$3+1i$		$1+0i$
$I_4 = 0+1i$	$1+4i$	$1+3i$	$2+5i$	$1+2i$	$3+5i$	$2+3i$	$3+4i$	$1+1i$	$4+3i$	$3+2i$	$5+3i$	$2+1i$	$5+2i$	$3+1i$	$4+1i$	$1+0i$	usw.

Die Reihen lassen sich ins Unendliche fortsetzen.

Tabelle 13. Koeffizientenreihen (ab).

$I'_0 = 01$																	10
$I'_1 = 01$									11								10
$I'_2 = 01$				12					11				21				10
$I'_3 = 01$		13		12		23			11		32		21		31		10
$I'_4 = 01$	14	13	25	12	35	23	34	11	43	32	53	21	52	31	41	10	

Solche Reihen sind in der Krystallographie üblich.

Den Zahlen nach ist unsere Reihe identisch mit der in der Mathematik bekannten Brocotschen Reihe.

Das Bildungsgesetz dieser Reihe lautet:

Endglieder: $\frac{0}{1}\ldots\frac{1}{0}$ Einschiebung neuer Glieder durch Addition von Zähler und Nenner der Nachbarn. Nach diesem Bildungsgesetz erhält die Reihe folgende Gestalt:

$$
\begin{array}{lccccccccc}
B\,r_0: & \frac{0}{1} & \cdot & \cdot & \cdot & \cdot & \cdot & \cdot & \cdot & \frac{1}{0} \\[6pt]
B\,r_1: & \frac{0}{1} & \cdot & \cdot & \cdot & \frac{1}{1} & \cdot & \cdot & \cdot & \frac{1}{0} \\[6pt]
B\,r_2: & \frac{0}{1} & \cdot & \frac{1}{2} & \cdot & \frac{1}{1} & \cdot & \frac{2}{1} & \cdot & \frac{1}{0} \\[6pt]
B\,r_3: & \frac{0}{1} & \frac{1}{3} & \frac{1}{2} & \frac{2}{3} & \frac{1}{1} & \frac{3}{2} & \frac{2}{1} & \frac{3}{1} & \frac{1}{0} .
\end{array}
$$

Die Form N (Normalreihe) ist von allen Formen die wichtigste. Besonders wichtig sind die Reihen N_1, N_2, N_3.

In der Reihe N_3 fehlen in der Natur oft die Zahlen $\frac{2}{3}$ und $\frac{3}{2}$. Dies hat seine naturwissenschaftlichen und mathematischen Gründe.

Entfallen $\frac{2}{3}$ und $\frac{3}{2}$ aus N_3, so haben wir die Reihe:

$$0 \quad \tfrac{1}{3} \quad \tfrac{1}{2} \quad 1 \quad 2 \quad 3 \quad \infty.$$

Die Reihe besteht nur aus den Zahlen 0123 und deren Reziproken.

Die Reihen N_1 und N_2 zeigen ein Fortschreiten nach Potenzen von 2. Nach diesem Gesetz hätte aber die Reihe N_3

$$0 \quad \tfrac{1}{4} \quad \tfrac{1}{2} \quad 1 \quad 2 \quad 4 \quad \infty$$

lauten müssen.

Dies Gesetz führt zu den von Mohs aufgestellten Entwicklungsreihen und zu seinen Flächensymbolen.

Bis N_2 läuft dies Gesetz mit dem Komplikationsgesetz zusammen, es versagt bei N_3 und wird vom Komplikationsgesetz abgelöst. Nimmt man die Reihe N_3

$$N_3 = 0 \quad \tfrac{1}{3} \quad \tfrac{1}{2} \quad \tfrac{2}{3} \quad 1 \quad \tfrac{3}{2} \quad 2 \quad 3 \quad \infty,$$

so sind in der Reihe keine anderen Zahlen als 0123 und deren Verhältnisse in allen möglichen Kombinationen.

Man hat die Verhältnisse:

$$
\text{Komb. }(0\,1\,2\,3) = N_3 =
\left\{
\begin{array}{cccccccc}
\frac{0}{0} & \frac{0}{1} & \frac{0}{2} & \frac{0}{3} & = 1 & 0 & 0 & 0 \\[6pt]
\frac{1}{0} & \frac{1}{1} & \frac{1}{2} & \frac{1}{3} & = \infty & 1 & \frac{1}{2} & \frac{1}{3} \\[6pt]
\frac{2}{0} & \frac{2}{1} & \frac{2}{2} & \frac{2}{3} & = \infty & 2 & 1 & \frac{2}{3} \\[6pt]
\frac{3}{0} & \frac{3}{1} & \frac{3}{2} & \frac{3}{3} & = \infty & 3 & \frac{3}{2} & 1
\end{array}
\right\}
=
\begin{array}{l}\text{Kombinationen der}\\ \text{Verhältnisse: }0\,1\,2\,3.\end{array}
$$

Man hat ebenso:

$$
\text{Komb. }(0\,1\,2) = N_2 =
\left\{
\begin{array}{cccccc}
\frac{0}{0} & \frac{0}{1} & \frac{0}{2} & = 1 & 0 & 0 \\[6pt]
\frac{1}{0} & \frac{1}{1} & \frac{1}{2} & = \infty & 1 & \frac{1}{2} \\[6pt]
\frac{2}{0} & \frac{2}{1} & \frac{2}{2} & = \infty & 2 & 1
\end{array}
\right\}
=
\begin{array}{l}\text{Kombinationen der Ver-}\\ \text{hältnisse: }0\,1\,2\text{ (das in-}\\ \text{nere Quadrat von }N_3).\end{array}
$$

$$
\text{Komb. }(0\,1) = N_1 =
\left\{
\begin{array}{cccc}
\frac{0}{0} & \frac{0}{1} & = 1 & 0 \\[6pt]
\frac{1}{0} & \frac{1}{1} & = \infty & 1
\end{array}
\right\}
=
\begin{array}{l}\text{Kombination der Verhältnisse: }0\,1\\ \text{(das innere Quadrat von }N_2).\end{array}
$$

Die Reihen $N_0 N_1 N_2 N_3 \ldots N_n$ sind ungleich nach Häufigkeit und Wichtigkeit. Je kleiner n, desto höher ist der Rang. Die wichtigste Reihe nach N_0 ist N_1. Weit zurück steht N_{n2}. Noch viel weiter zurück N_3. Die Reihe N_4 ist bereits so schwach, daß sie zu den größten Seltenheiten gehört. Reihen von N_5 existieren praktisch überhaupt nicht mehr.

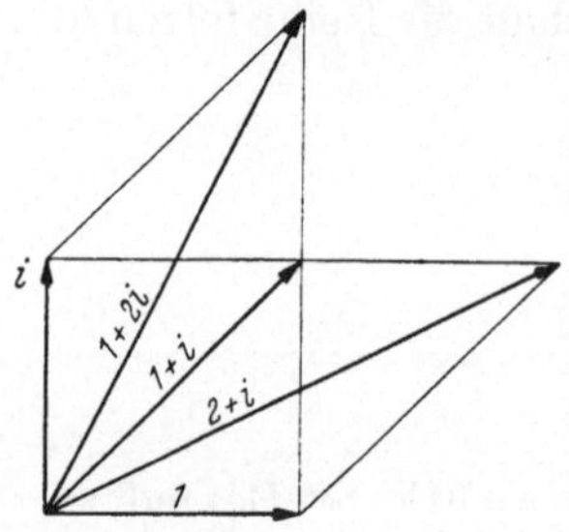

Der Rang der Zahl ist um so höher, je einfacher die Zahl ist, je näher dem Bildungsanfang.

Geometrische Deutung der Einschiebung. $1 + i$ (Abbildung 52) ist die räumliche Summe von 1 und i. Die Diagonale im Parallelogramm $1 + 2i$ ist die räumliche Summe von i und $1 + i$ usw.

Das eingeschobene Glied ist jedesmal die räumliche Summe, d. h. die Summe nach Länge und Richtung der beiden ursprünglichen Glieder.

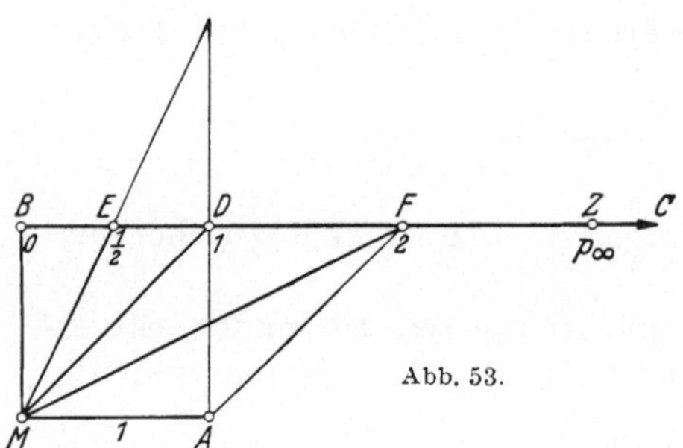

Abb. 52.

Mechanische Deutung. Sind 1 und i das Maß für gerichtete Kräfte (Vektoren), so hat man in der Reihe die Addition von Kräften durch Einschiebung.

Abgeleitete Glieder. Man nennt die eingeschobenen Glieder abgeleitet, und man sagt: Es bildet sich nach diesem Gesetz jedesmal ein abgeleitetes Glied durch Einschiebung. Die Einschiebung erfolgt durch Addition.

Harmonische Reihe = Komplikationsreihe. Man nennt die Reihen N harmonische Reihen oder Komplikationsreihen, weil sich in ihnen die Gesetze der Harmonie und der Komplikation ausdrücken.

Abbildung der Komplikationsreihen durch Projektion.

Abb. 53.

Zieht man mit MA eine Parallele durch B (Abb. 53), so erscheinen auf BC die harmonischen Zahlen (p) als Abstände von B.

Es ist allgemein (Abb. 53):

$$BZ = p.$$

Beispiel: Für das harmonische Vektorenbündel $N2$ hat man in Abb. 53 die Distanzen

$$p = 0 \ 1 \ 2 \ \infty.$$

Der Anfang der Zählung (0) liegt in B, die Maßeinheit ist $BD = MA = 1$.
Beweis: Es ist zu zeigen, daß für einen Vektor $a + bi$

$$BZ = p = \frac{a}{b}$$

ist.

Man hat (Abb. 54) $BZ = p, \quad MA = 1, \quad MB = i, \quad MZ = a + bi,$
$$MN = a, \quad NZ = bi, \quad \sphericalangle BZM = NMz = \alpha.$$

Danach: $BZ : BM = p : i = \mathrm{cotg}\,\alpha \ \Big\}$
$MN : Nz = a : bi = \mathrm{cotg}\,\alpha \ \Big\}$ $\dfrac{p}{i} = \dfrac{a}{bi}; \quad p = \dfrac{a}{b}.$

Die Punktreihe $BDEF\ldots C$ (Abb. 53) gibt in ihren Abständen von $B = 0$ eine geometrische Darstellung (Projektion) der harmonischen Normalreihe N_2. In ihr sind alle niederen Normalreihen: $N_0\, N_1$ enthalten, nämlich:

$$N_0 = p = 0 \quad . \quad . \quad . \quad \infty$$

$$N_1 = p = 0 \quad . \quad 1 \quad . \quad \infty$$

$$N_2 = p = 0 \quad \tfrac{1}{2} \quad 1 \quad 2 \quad \infty.$$

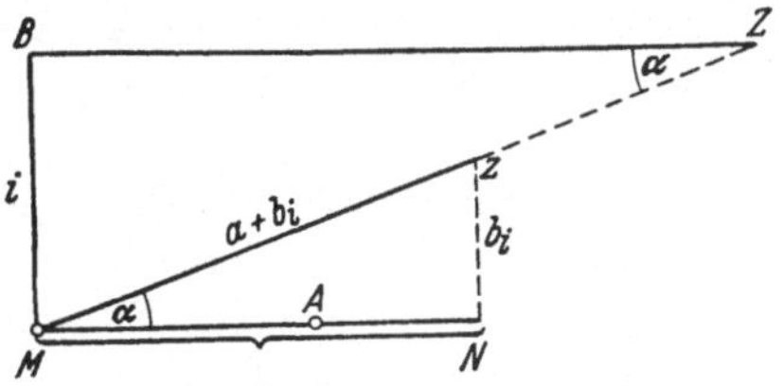

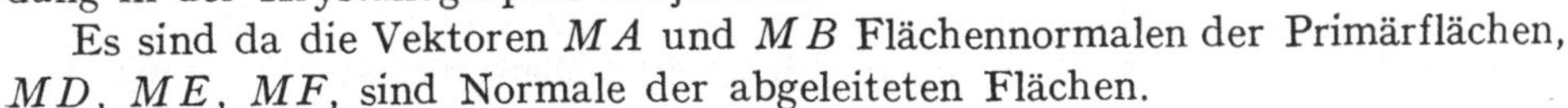

Abb. 54.

Man nennt eine solche Art der Abbildung in der Krystallographie Projektion.

Es sind da die Vektoren MA und MB Flächennormalen der Primärflächen, MD, ME, MF, sind Normale der abgeleiteten Flächen.

Die Ebene $AMBC$ ist die Zonenebene.

Mit den Reihen E läßt sich operieren wie sonst mit komplexen Größen. $p = \dfrac{a}{b}$ ist das Verhältnis vom reellen zum imaginären Teil. Geometrisch stehen die Richtungen MA und MB (1 und i) aufeinander senkrecht.

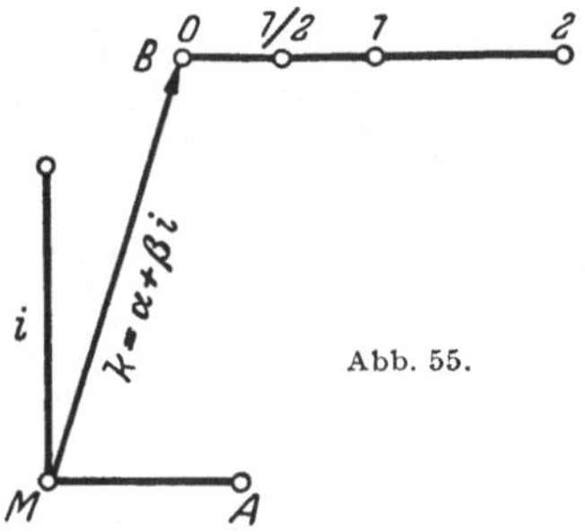

Für die räumliche Addition kann der Winkel BMA auch ein anderer sein als ein rechter.

Es seien die Anfangsrichtungen $MA = 1$, $MB = k = \alpha + bi$ (Abb. 55).

Abb. 55.

Dann hat man für die Einschiebung die Reihen:

$$I_0 = 0 + k \qquad\qquad . \qquad\qquad . \qquad\qquad . \qquad 1 + 0\,k$$

$$I_1 = 0 + k \qquad\qquad . \qquad 1 + k \qquad . \qquad 1 + 0\,k$$

$$I_2 = 0 + k \quad 1 + 2\,k \quad 1 + k \quad 2 + k \quad 1 + 0\,k.$$

Die Reihen I und N bleiben die gleichen, da in ihnen k ebenso wie i entfällt. Für die algebraische Behandlung muß statt i der komplexe Faktor $k = \alpha + \beta$ eingeführt werden.

Umkehrung. Ableitung der Reihe I aus N geschieht in folgender Weise: Ist $p = \dfrac{a}{b}$ ein Glied der Reihe N, so ist das entsprechende Glied der I-Reihe $P = a + bi$.

Beispiele:

$$p = \tfrac{2}{3}, \qquad P = 2 + 3i, \qquad p = 3 = \tfrac{3}{1}, \qquad P = 3 + i.$$

Rein geometrisch ist die Einschiebung als Addition denkbar. Mechanisch nicht.

Erste Einschiebung. Dominante.

Sie ist von allen die wichtigste. Die erste eingeschobene Kraft nennt GOLDSCHMIDT Dominante. Sie hat die Eigentümlichkeit, daß sie einzeln auftritt. Alle späteren Einschiebungen und Primärkräfte erscheinen paarweise.

Mechanisch ist das Problem so aufzufassen, daß die beiden Primärkräfte

$(MA = 1)$ und $(MB = i)$ zur Bildung der abgeleiteten (MC) Teile abgeben, und zwar so, daß

$$MA \;:\; MC \;:\; MB = 1 : \frac{1+i}{2} : i = 2 : (1+i) : 2i$$

ist und

$$MA + MC + MB = 1 + i.$$

Man nennt MC das räumliche oder vektorielle Mittel. Statt i kann $k = \alpha + \beta\, i$ gesetzt und dadurch die Größe der Primärkräfte und ihr Winkel beliebig groß gemacht werden. Es ist eine Einschiebung auch in anderen Verhältnissen denkbar, doch ist der obige Fall der einfachste und dadurch der wahrscheinlichste. Er dürfte in der Natur in den weitaus meisten Fällen verwirklicht sein. Wir wollen ihn zunächst allein durchführen:

Komplikation durch Einschiebung des vektoriellen Mittels. Wenn wir von Komplikationen reden, soll diese Einschiebung gemeint sein.

In wieviel gleiche Teile müssen $MA = 1$ und $MB = i$ zerfallen zur Bildung der harmonischen Gruppe.

So nennt man das Resultat des obigen Komplikationsvorganges. Der Zerfall geschehe in m Teile, dann hat man:

$$\frac{A}{m}\,[2 + (1 + i) + 2\,i] = 1 + i, \quad \text{woraus:} \quad m = 3.$$

Der Zerfall geschieht somit in drei gleiche Teile.

Zerfall in vier Teile, wobei

$$MA : MC : MB = 3 : (1 + i) : 3\,i \quad \text{oder} = 1 : 3(1 + i) : i.$$

Auch dieser Fall dürfte vorkommen.

In allen Fällen sind die harmonischen Zahlen $p = \dfrac{a}{b}$ für ein Glied $a + b\,i$ von der Größe der Zahl m unabhängig.

Wir nennen den Fall der Teilung in drei gleiche Teile die normale Komplikation.

Normale Komplikation:

$$\frac{1}{3}\,[2 + (1 + i) + 2i] = 1 + i \quad \text{oder} \quad \frac{2}{3}\left[1 + \frac{1+i}{2} + i\right] = 1 + i.$$

Bilden sich weitere Einschiebungen nach dem gleichen Gesetz unter Bildung des vektoriellen Mittels, so halbieren sich die Einschiebungen in den Reihen $E_0\, E_1\, E_2\, E_3\, E_4 \ldots$ (S. 84) und man erhält:

$$E_0: \quad 0 + 1i \qquad\qquad\qquad\qquad\qquad\qquad\qquad\qquad 1 + 0i$$

$$E_1: \qquad\qquad\qquad\qquad\qquad \frac{1+i}{2}$$

$$E_2: \qquad\qquad \frac{1+2i}{8} \qquad\qquad\qquad \frac{2+i}{8}$$

$$E_3: \qquad \frac{1+3i}{32} \qquad \frac{2+3i}{32} \qquad \frac{3+2i}{32} \qquad \frac{3+i}{32}$$

$$E_4: \quad \frac{1+4i}{128} \qquad\qquad\qquad\qquad\qquad\qquad\qquad \text{usw.}$$

Daß bei E_2 nicht 4, sondern 8 im Nenner steht, bei E_3 nicht 8, sondern 32, entspricht dem Prinzip der Differenzierung im folgenden Sinn:

Bei Bildung von eingeschobenen Gliedern behalten die bestehenden Vektoren die Hälfte ihres Bestandes in der alten Richtung und verteilen die andere Hälfte zu gleichen Teilen nach beiden Seiten zur Bildung des jungem eingeschobenen Vektors. Jeden von diesen Vektoren fällt somit ein Viertel (nicht die Hälfte) von den Nachbarn als Komponente zu. Als ein Viertel von $\frac{1}{2} = \frac{1}{8}$, ein Viertel von $\frac{1}{8} = \frac{1}{32}$ usw.

Die Zahl der eingeschobenen Glieder wächst geometrisch mit der Kennziffer der Reihe. Sie beträgt bei $E_0 + 0$, $E_1 + 1$, $E_2 = 2$, $E_3 = 4$, $E_4 = 8$, ..., $E_n = 2^{n-1}$.

Je größer die Zahl der eingeschobenen Glieder, desto schwächer wird jedes neu eingeschobene Glied.

Daraus folgt der Satz:

Jedes Glied einer späteren Einschiebung steht im Rang (Intensität) hinter den Gliedern früherer Einschiebung zurück.

Graphische Darstellung der Einschiebungen.

Man erhält folgendes Bild (Abb. 56).

Das Bild bedarf keines Kommentars.

Es zeigt, wie rasch die Glieder an Stärke abnehmen. Ferner zeigt es, wie durch Einschiebung der Raum eng wird. Dieses Engerwerden des Raumes setzt zugleich mit der Abnahme der Kraft der Entwicklung praktisch eine Grenze. Die Grenze liegt in der Regel bei C_3.

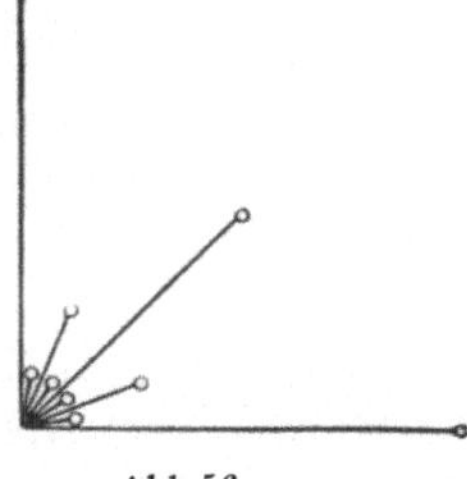

Abb. 56.

Fügt man die eingeschobenen Glieder zu, so erhält man die Komplikationsreihen C_0, C_1, C_2, C_3... In jeder derselben soll die Summe aller Glieder

$$= 1 + i$$

sein.

$$C_0 : 1 + i,$$

$$C_1 : m_1 \left(1 + \frac{1+i}{2} + i\right) = 1 + i; \qquad m_1 = \frac{2}{3},$$

$$C_2 : m_2 \left(1 + \frac{2+i}{8} + \frac{1+i}{2} + \frac{1+2i}{8} + i\right) = 1 + i; \qquad m_2 = \frac{8}{15},$$

$$C_3 : m_3 \left(1 + \frac{3+i}{32} + \frac{2+i}{8} + \frac{3+2i}{32} + \frac{1+i}{2} + \frac{2+3i}{32} + \frac{1+2i}{8} + \frac{1+3i}{32} + i\right) = 1 + i; \; m_3 = \frac{32}{69}.$$

Man kann statt dessen schreiben:

$$C_0 : 1\,[1 + i] = 1 + i,$$

$$C_1 : \frac{1}{3}\,[2 + (1 + i) + 2i] = 1 + i,$$

$$C_2 : \frac{1}{15}\,[8 + (2 + i) + 4(1 + i) + (1 + 2i) + 8i] = 1 + i,$$

$$C_3 : \frac{1}{69}\,[32 + (3 + i) + 4(2 + i) + (3 + 2i) + 16(1 + i) + (2 + 3i) + 4(1 + 2i) + (1 + 3i) + 32i] = 1 + i,$$

$$C_4 : \frac{1}{303}\,[128 + (4 + i) + \ldots \text{ usw.}$$

Die Reihe läßt sich in folgender Form schreiben:

$$C_n = \frac{1}{m}(1+i)\left[1 + \frac{1}{2} + \frac{3}{2} + \frac{9}{32} + \frac{27}{128} + \cdots\right]$$

$$= \frac{1}{m}(1+i)\left[1 + \frac{1}{2}\left(1 + \frac{3}{4} + \left(\frac{3}{4}\right)^2 + \left(\frac{3}{4}\right)^3 + \cdots + \left(\frac{3}{4}\right)^{n-1}\right)\right].$$

Die Reihe läßt sich für $n = \infty$ anschreiben:

$$C\infty : \frac{1}{m}(1+i)\left[1 + \frac{1}{2}\left(1 + \frac{3}{4} + \left(\frac{3}{4}\right)^2 + \cdots \left(\frac{3}{4}\right)^{n-1}\right)\right].$$

Die Reihe ist konvergent und gibt die Summe:

$$C\infty = \frac{3}{m}(1+i) = 1+i; \quad m = 3.$$

Statt der Endglieder $1+i$ kann man $A+B$ setzen, wobei A und B vektorielle Größen sind. Man kann schreiben:

$$A = a + \alpha i; \quad B = b + \beta i.$$

Dann ist allgemein:

$$C_n = \frac{1}{m}(A+B)\left[1 + \frac{1}{2}\left(1 + \frac{8}{4} + \left(\frac{3}{4}\right)^2 + \left(\frac{3}{4}\right)^3 + \cdots \left(\frac{3}{4}\right)^{n-1} + \cdots\right)\right],$$

$$C\infty = \frac{3}{m}(A+B) = A+B; \quad m = 3.$$

g) BAUMHAUERs Auffassung.

Während GOLDSCHMIDT und FEDOROV die einzelnen Formen, die an verschiedenen Mineralien auftreten, gemeinsam behandeln, um daraus Gesetze abzuleiten, sucht BAUMHAUER [1] diese Regelmäßigkeiten an Beobachtungsmaterial zu finden, welches unter folgenden Gesichtspunkten zusammengestellt wurde:

1. Jedes Mineral wird für sich betrachtet.

2. Die Häufigkeit der Formen einer Zone wird durch die Beobachtung dieser Form an den einzelnen gemessenen Krystallen desselben Minerals festgestellt.

3. Es werden solche Mineralien geprüft, an denen Zonen mit gewöhnlich sehr reicher Flächenentwicklung auftreten, insbesondere solche, welche keine oder nur relativ unbedeutende Störungen durch andere einschneidende Zonen erfahren.

Es wurden besonders eingehend die sehr flächenreichen monoklinen Sulf.-arsenite Jordanit, Dufrenoysit und Baumhauerit, ebenso Skleroklas und Realgar untersucht. Mit Rücksicht auf die dort gewonnenen Resultate wurde noch rhombischer Schwefel, Anatas, Dolomit, Antimonit und Klinohumit geprüft.

Es zeigte sich, daß in vielen Fällen innerhalb flächenreicher Zonen zunächst eine Reihe von Formen erscheint, deren Symbole arithmetisch wachsende Indices enthalten und die bei nicht zu kompliziertem Symbol und zu hohen Indices mit großer und fast gleicher Häufigkeit auftreten. Zwischen diese Flächen, welche BAUMHAUER als primäre Reihe bezeichnet, schieben sich dann Flächen mit geringerer Häufigkeit ein, deren Symbol aus jenen je zweier benachbarter primären Flächen erhalten wurden. Je nach dem jedesmaligen Grad dieser Komplikationen nennt BAUMHAUER dieselben als sekundäre, tertiäre und eventuell als quartäre Formen. Dabei nimmt die Häufigkeit mit dem steigenden Grad der Komplikation ab.

Als Beispiel wählt BAUMHAUER nachstehende Zone des Jordanit. Es wurden dreizehn Krystalle gemessen und die Häufigkeit der auftretenden Flächen bestimmt.

Die über die Symbole gesetzten Ziffern geben den Rang der einzelnen Flächen (primäre, sekundäre usw.), die daruntergesetzten Zahlen die Zahl der Krystalle an, an denen die betreffende Form beobachtet wurde:

$$
\begin{array}{ccccccccc}
\text{I} & \text{III} & \text{II} & \text{I} & \text{II} & \text{I} & \text{II} & \text{I} & \text{II} \\
(101) & (313) & (212) & (111) & (232) & (121) & (252) & (131) & (272) \\
9 & 3 & 2 & 11 & 2 & 13 & 11 & 11 & 4
\end{array}
$$

$$
\begin{array}{cccccccc}
\text{I} & \text{II} & \text{I} & \text{II} & \text{I} & \text{I} & \text{I} & \text{I} \\
(141) & (292) & (151) & (2.11.2) & (161 & (171) & (181) & (191). \\
13 & 4 & 13 & 1 & 11 & 8 & 5 & 4
\end{array}
$$

Die mit I bezeichneten Flächen besitzen die größte und bis (161) annähernd gleiche Häufigkeit, von (171) an nimmt dieselbe ab. Die sekundären Formen sind von geringerer Häufigkeit. Wenn die tertiäre Form von gleicher Häufigkeit ist, so muß man bedenken, daß bei der geringeren Anzahl von gemessenen Krystallen die oben angegebenen Regeln nicht immer ihre Bestätigung finden können.

Auch die Prismenzone des Jordanit zeigt eine primäre Reihe größter und nahezu gleicher Häufigkeit: (100) (210) (110) (230) (120) usf. Hier muß man aber, um eine arithmetische Reihe der auf die b-Achse bezüglichen Indices zu erhalten, durch Halbierung der Achse a die Symbole umformen in: (100) (110) (120) (130) (140) usf. Daraus ergeben sich dann entsprechende Änderungen für die anderen Symbole der Zone.

BAUMHAUER hat 16 Krystalle untersucht, wobei, abgesehen von einigen vizinalen Flächen, zwischen (100) und (1.10.0) gefunden wurde:

$$
\begin{array}{cccccccccc}
\text{I} & \text{IV} & \text{II} & \text{III} & \text{I} & \text{I} & \text{III} & \text{II} & \text{III} & \text{I} \\
(100) & (520) & (210) & (320) & (110) & (120) & (370) & (250) & (380) & (130) \\
15 & 1 & 6 & 1 & 14 & 15 & 3 & 4 & 2 & 15
\end{array}
$$

$$
\begin{array}{cccccccc}
\text{III} & \text{II} & \text{III} & \text{I} & \text{II} & \text{III} & \text{I} & \text{II} \\
(3.10.0) & (270) & (3.11.0) & (140) & (290) & (3.14.0) & (150) & (2.11.0) \\
2 & 4 & 1 & 16 & 1 & 1 & 15 & 3
\end{array}
$$

$$
\begin{array}{ccccc}
\text{I} & \text{I} & \text{I} & \text{I} & \text{I} \\
(160) & (170) & (180) & (190) & (1.10.0). \\
16 & 10 & 12 & 6 & 3
\end{array}
$$

Hier bemerkt man namentlich zwischen (120) und (140) eine sehr regelmäßige Entwicklung. Von (160) bis (1.10.0) ebenso wie von (161) ab im ersten Beispiel findet keine Komplikation statt.

Im allgemeinen gilt die Regel, daß insbesondere auf der Strecke der primären Formen größter Häufigkeit bzw. einfachster Symbole sekundäre, tertiäre und eventuell quartäre Flächen erscheinen, während in größerer Entfernung von jener Strecke und gegen das Ende der Zone bzw. des Zonenstückes hier gewöhnlich nur noch Glieder der primären Reihe auftreten.

Zuweilen erscheint das Symbol einer Zwischenfläche nicht in der kleinstzahligen Form und muß erst durch einen ganzteiligen Faktor dividiert werden. Dies ist z. B. der Fall in der Radialzone, in der Grundpyramide, des rhombischen

Schwefel und des Anatas, wie folgende Reihe zeigt:

Schwefel.

$$\overset{\text{I}}{(111)}\quad\overset{\text{III}}{(335)}\quad\overset{\text{II}}{(224)}\quad\overset{\text{III}}{(337)}\quad\overset{\text{I}}{(113)}\quad\overset{\text{II}}{(228)}\quad\overset{\text{I}}{(115)}\quad\overset{\text{I}}{(117)}\quad\overset{\text{I}}{(119)}.$$
$$= (112)\qquad\qquad\qquad\qquad = (114)$$

Anatas.

$$\overset{\text{I}}{(111)}\quad\overset{\text{IV}}{(446)}\quad\overset{\text{III}}{(335)}\quad\overset{\text{II}}{(224)}\quad\overset{\text{IV}}{(5.5.11)}\quad\overset{\text{III}}{(337)}\quad\overset{\text{IV}}{(4.4.10)}\quad\overset{\text{I}}{(113)}\quad\overset{\text{IV}}{(4.4.14)}.$$
$$= (223)\qquad\quad = (112)\qquad\qquad\qquad\qquad\quad = (225)\qquad\quad = (227)$$

$$\overset{\text{IV}}{(5.5.19)}\quad\overset{\text{II}}{(228)}\quad\overset{\text{I}}{(115)}\quad\overset{\text{II}}{(2.2.12)}\quad\overset{\text{I}}{(117)}\quad\overset{\text{II}}{(2.2.16)}\quad\overset{\text{I}}{(119)}.$$
$$= (114)\qquad\qquad = (116)\qquad\qquad = (118)$$

Die Häufigkeit der einzelnen Formen stimmt hier gut mit ihrem Rang bzw. dem betreffenden Grad der Komplikation überein. Während aber die Komplikation bei dem zuerst angeführten Jordanit keine Symbole ergibt, die durch Division vereinfacht werden können, findet dies hier statt. Dennoch darf man vor der weiteren Komplikation eine solche Vereinfachung nicht vornehmen, indem sich gezeigt hat, daß z. B. zwischen (111) und (224) = (112) die wahrscheinlichere bzw. häufigere Form nicht

sondern
$$(223) = (1 + 1 \cdot 1 + 1 \cdot 1 + 2),$$
$$(335) = (1 + 2 \cdot 1 + 2 \cdot 1 + 4) \text{ ist.}$$

Hier ist BAUMHAUER im Irrtum, denn nicht (335) ist die wahrscheinlichere und häufigere Form, sondern (223). Wie aus der Tab. 11, S. 74 zu ersehen ist, tritt die Form (223) schon in der Normalreihe III auf, während die Form (335) erst in der Normalreihe IV auftritt. Wie aus GOLDSCHMIDTs Winkeltabellen zu ersehen ist, kommt der Form (223) an 9 Mineralien im kubischen System, hingegen die Form (335) nur an 2 Mineralien des kubischen Systems vor, ebenso bei GOLDSCHMIDT[1] (223) 12mal und (335) 7mal. Wenn aber BAUMHAUER glaubt, daß die Form (335) wahrscheinlicher und häufiger als die Form (223) sei, so liegt dies nur an der Art seiner Untersuchung des Komplikationsgesetzes. Das Komplikationsgesetz behält also nach wie vor seine volle Gültigkeit, und die Erweiterung dieses Gesetzes durch SOMMERFELDT ist vollkommen irrtümlich.

h) Bemerkungen von HAAG und SOMMERFELDT.

HAAG [18] hat das Komplikationsgesetz besonders graphisch ausführlich entwickelt, und wir wollen seine sehr anschaulichen Ausführungen etwas eingehender behandeln.

Wie schon GOLDSCHMIDT zeigte, treten die Eigenschaften dieser Reihen am besten und klarsten hervor, wenn man nicht mit den Flächen, sondern mit ihren Normalen, also mit den ihnen dualistisch zugeordneten Kanten oder Vektoren operiert, wobei der Zone eine Netzebene entspricht. Von diesem Standpunkt aus geht HAAG bei seinen Bemerkungen zum Komplikationsgesetz[2]. Er erhält in dieser Netzebene (010) das Bild (Abb. 57).

---

[1] GOLDSCHMIDT: Z. Krystallogr. **28**, 10. (1897).
[2] HAAG: Z. Krystallogr. **45**, 63. (1908).

Die Ausgangsvektoren, also GOLDSCHMIDTs Primärknoten (HAAG nennt die-selben Grundvektoren) sind [001] und [100].

Wenn die Vielfache der alten Vektoren in der aus der Figur ersichtlichen Weise mit ihrer alten Bezeichnung hinzugeführt werden, können alle Gitterpunkte die Netzebene (010) durch Kom-plikation aus diesen gewonnen werden; so z. B. sind auf der mit I bezeichneten Mediane die sämtlichen Gitterpunkte 101 be-zeichnet. Die ins Unendliche fort-schreitende Komplikation umfaßt alle Gitterpunkte (Vektoren) einer Netzebene oder die sämtlichen Netzebenen einer Zone. In der oberen Hälfte der Figur sind noch die Vektoren der sechsten Reihe angeschrieben.

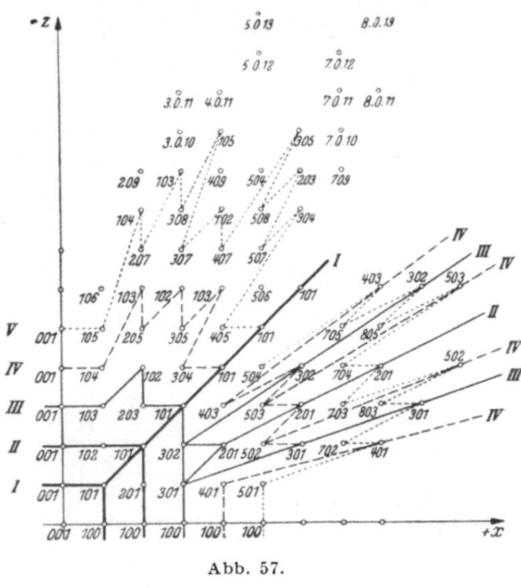

Abb. 57.

Es soll in der Folge der überall wiederkehrende Index 0 weggelassen werden.

Verfolgt man den Weg, auf dem der Vektor 8.13 erhalten wurde, so setzt er sich aus folgenden Vektoren zusammen (Abb. 58):

$$1\,[0.1] + [1.0] = [1.1]$$
$$1\,[1.1] + [0.1] = [1.2]$$
$$1\,[1.2] + [1.1] = [2.3]$$
$$1\,[2.3] + [1.2] = [3.5]$$
$$2\,[3.5] + [2.3] = [8.13]\,.$$

Der Grad der Komplikation ist 6.

Einfacher und rascher gelangt man aller-dings zu diesem Resultat, wenn man $\frac{8}{13}$ nach SOMMERFELDT [31] in einen Kettenbruch ver-wandelt. Man erhält dann so die hierzu not-wendigen Koeffizienten durch Staffelrechnung nach dem Schema:

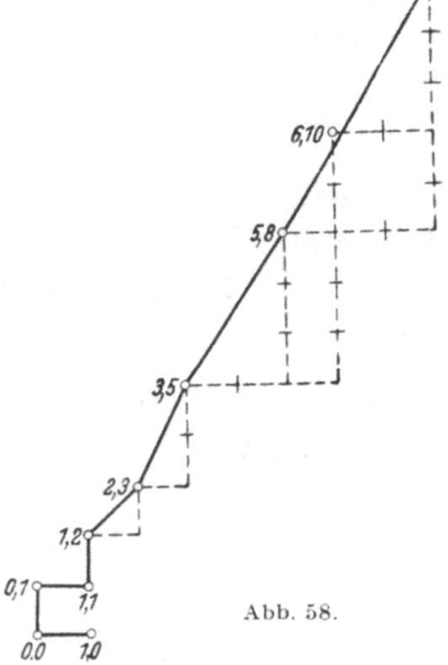

Abb. 58.

1	8	13	1
1	3	5	1
	3	2	2

Solange die Koeffizienten gleich sind, ist die Komplikation mit der Ketten-bruchmethode identisch. Ein Unterschied ist da, wo ein Koeffizient größer als 1 ist.

Während die Kettenbruchmethode direkt von [3.5] durch Verdoppelung dieses Vektors und Addition von [2.3] nach Punkt [8.13] gelangt, wird bei der

Komplikation der Punkt [5.8] dadurch eingeschoben, daß der Vektor [2.3] zuerst und nachher [3.5] addiert wird (Abb. 58).

Bei beiden sind die zu addierenden Vektoren dieselben.

Die Kettenbruchmethode bietet somit die Möglichkeit, den Grad der Komplikation für einen beliebigen Vektor (Fläche) zu bestimmen. Er ist gleich der Summe der durch Staffelrechnung gewonnenen Koeffizienten, wie SOMMERFELDT gezeigt hat:

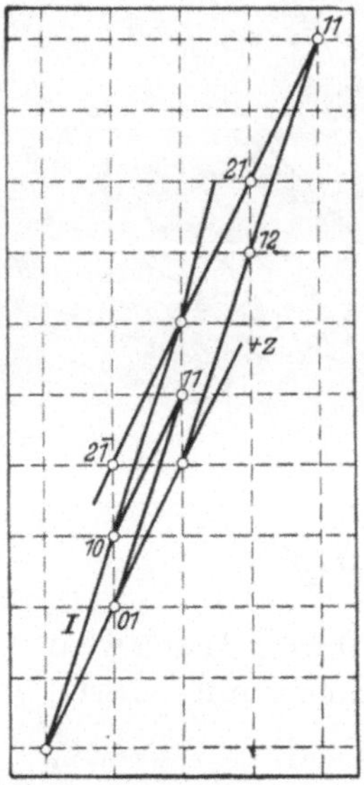

Wird die Addition geometrisch durch die Konstruktion eines Parallelogramms ausgeführt, dessen Diagonale die Resultierende der beiden Komponenten darstellt, so sieht man, daß die aufeinanderfolgenden Vektoren erhalten werden, wenn man immer wieder die durch die Resultierende und je eine Seite bestimmten Hälften eines solchen Parallelogramms zu neuen Maschen ergänzt (Abb. 59).

Durch die Vektoren wird die Netzebene (Abb. 57) in Streifen geteilt, innerhalb welcher die Komplikation in der nämlichen Weise fortschreitet wie zwischen den Grundvektoren.

Umgekehrt wird durch die Methode der Komplikation die Aufgabe gelöst, für einen gegebenen Vektor die beiden Komponenten, die Seiten einer Masche mit dem Inhalt 1 zu bestimmen.

Für größere Zahlen $[m \cdot n]$, als die in Abb. 57 gegebenen, folgt die Lösung aus den diophantischen Gleichungen:

$$n x - m y = \pm 1.$$

Abb. 59.

Sie sind die Gleichungen der beiden dem Vektor $[mn]$ benachbarten, mit Gitterpunkten besetzten Parallelen.

Bezeichnet man die Vektoren [103] und [102] mit [10] und [01], so heißt der Vektor [11] der Abb. 59 in Abb. 57 [205]; die II. Reihe [21] und [12] ist identisch mit [308] und [307] der Abb. 57 usf.

Hier ist die GOLDSCHMIDTsche Transformation auf graphischem Wege ausgeführt. Sie ist nichts anderes als eine Koordinatentransformation.

Werden die Ausgangsvektoren [13] und [12] mit $[ab]$ und $[a'b']$ bezeichnet und sind x', z' die Koordinaten eines Gitterpunktes im neuen System, so ist

$$[x z] = [a b] x' + [a' b'] z',$$

$$\begin{cases} x = a x' + a' z' \\ z = b x' + b' z', \end{cases}$$

woraus
$$\begin{cases} x' = \dfrac{b' x - a' z}{a b' - a' b} \\ z' = \dfrac{a z - b x}{a b' - a' b} \cdot \end{cases}$$

Ist $a b' - a' b = 1$, so ist die Masche des neuen Gitters der des alten gleich und die sämtlichen Eckpunkte des alten Gitters sind auch solche des neuen.

In obigem Beispiel ist

$$a' = 1, \qquad b' = 2, \qquad a = 1, \qquad b = 3,$$

also

$$a\,b' - a'\,b = -1$$

und für

$$x = 3, \qquad y = 8 \quad \text{wird} \quad x' = 2, \qquad y' = 1.$$

In jeder Netzebene können die Gitterpunkte zu Normalreihen zusammengefaßt werden und die Vektoren in solche verschiedenen Ranges eingeteilt werden. Der Grad der Komplikation für einen beliebigen, in dieser Netzebene liegenden Vektor kann ermittelt werden, wenn man auf die Grundvektoren z. B. [$\bar{1}.2.\bar{1}$] und [$\bar{2}.1.2$] transformiert.

Es ist

$$a = \bar{1}, \qquad b = 2, \qquad a' = \bar{2}, \qquad b' = 1, \qquad x = 10, \qquad y = 11$$

und somit für den Vektor $\overline{10}.\overline{11}.2$

$$x' = \frac{-10 + 22}{-1 + 4} = 4, \qquad y' = \frac{-11 + 20}{-1 + 4} = 3,$$

$$
\begin{array}{c|c|c}
1 & 4\ \ 3 & 3 \\
\hline
& 1 &
\end{array}
$$

Der Grad der Komplikation ist $1 + 3 = 4$.

Wie wir gesehen, ist es für die Wahrscheinlichkeit einer Form vor allem wichtig, die Rangordnung ihrer Reihe zu bestimmen.

Es existieren dafür 2 Wege: *der analytische und der graphische.*

Sommerfeldt hat den analytischen durch Anwendung des Kettenbruchverfahrens wesentlich erleichtert und verbessert.

Das Kettenbruchverfahren dient bekanntlich dazu, um zwischen grobe Annäherungswerte und die präzisen Werte Zwischenwerte einzuschalten. Dies Verfahren, sobald es geometrisch interpretiert wird, liefert die rationellste Methode zu einem sukzessiven Übergang von den einfachsten Flächen eines Krystallkomplexes zu beliebig komplizierten.

Wird ein Punkt mit den Koordinaten x, y durch n-Schritte zonal deduziert, so liefern die durch den 1., 2., 3.... Deduktionsschritt erreichten Punkte Näherungswerte für das Verhältnis dieser Koordinaten, derart, daß die Richtung $0\,(x\,y)$ durch jeden folgenden Deduktionsschritt genauer erreicht wird als durch den vorhergehenden.

Rein analytisch läßt sich nun, wie Sommerfeldt zeigt, ein sukzessives Annähern und Erreichen des Quotienten x/y mittels eines Kettenbruchs realisieren.

Setzt man z. B. $x = 11$, $y = 3$, so daß also der von Null nach dem Punkt 11, 3 gerichtete Vektor deduziert werden soll (d. h. die Linie $x/y = \frac{11}{3}$), so schreibt man: $\frac{11}{3} = 3 + \frac{2}{3}$ und erlangt so die erste Annäherung, indem man den echten Bruch vernachlässigt. Eine genauere Annäherung erreicht man jedoch, wenn nur ein Teil des Bruches $\frac{2}{3}$ vernachlässigt wird, und zwar schreibt man hierzu 1 dividiert durch seinen reziproken Wert, und kann letzteren einen unechten Bruch wieder als Summe einer ganzen Zahl und eines echten Bruches schreiben; statt $\frac{2}{3}$ nimmt man $\dfrac{1}{\frac{3}{2}} = \dfrac{1}{1+\frac{1}{2}}$ und findet den genaueren Wert:

$$3 + \dfrac{1}{1+\frac{1}{2}}\,.$$

Der zweite Näherungswert ist: $3 + \frac{1}{1}$.

Dasselbe Verfahren kann man mit dem neuen Rest $\frac{1}{2}$ wiederholen und schreibt:

$$\dfrac{1}{\frac{2}{1}} = \dfrac{1}{1+\frac{1}{1}}\,,$$

so daß sich für $\frac{11}{3}$ weiter ergibt

genauer Wert: $3 + \dfrac{1}{1 + \dfrac{1}{1+\frac{1}{1}}}\,.$

Dritter Näherungswert für $\frac{11}{3}$:

$$3 + \dfrac{1}{1 + \frac{1}{1}} = \dfrac{7}{2}\,.$$

Bei komplizierten Zahlen (siehe unser Beispiel) ist eine öftere Wiederholung dieser Schritte notwendig.

Je zwei aufeinanderfolgende Näherungswerte einer Kettenbruchentwicklung lassen sich durch einen einzigen zonalen Hauptdeduktionsschritt verbinden.

Als Beispiel nehmen wir die Form (121.72.61) und fragen uns, in die wievielte Komplikation N diese Form gehört.

Wir wollen für die Fläche (121.72.61) den Grad der Komplikation finden.

Die rechts und links stehenden Koeffizienten folgenden Schemas, deren Summe 21 beträgt, zeigen diesen Grad.

Komplikationsgesetz.

1	121	72	61	1
5	61	60	11	5
2	11	6	5	1
5	5	1	1	1

daraus durch vektorielle Addition:

$$1(100) \quad + 1(010) \quad + (001) = (111)$$
$$5(111) \quad + 5(100) \quad + (010) = (10.6.5)$$
$$2(10.6.5) \quad + 1(111) \quad + (100) = (22.13.11)$$
$$5(22.13.11) + 1(10.6.5) + (111) = (121.72.61)$$

Kleber [21] hat gezeigt, wie das Komplikationsgesetz mit dem strukturellen Aufbau der Krystalle in Beziehung gebracht werden kann.

Er bildet z. B. für ein einfaches kubisches Gitter (Γ_c) die Zone [001] mit (010) und (100) als Endknoten. Für die Flächen dieses Zonenstückes betrachtet er h/k, so wird die BROCOTsche Reihe bis N_3 lauten:

(010)	(130)	(120)	(230)	(110)	(320)	(210)	(310)	(100)
0	$\frac{1}{3}$	$\frac{1}{2}$	$\frac{2}{3}$	1	$\frac{3}{2}$	2	3	∞

Die Belastungswerte berechnen sich nach der Formel:

$$L = \dfrac{1}{|\mathfrak{h}|} = \dfrac{1}{\sqrt{h^2 + k^2}}$$

wenn die Gitterkonstante $a = 1$ gesetzt wird.

Es ergeben sich folgende Belastungswerte

$$\frac{h}{k} = \quad 0 \qquad \tfrac{1}{3} \qquad \tfrac{1}{2} \qquad \tfrac{2}{3} \qquad 1$$

$$L = 1{,}00 \qquad 0{,}32 \qquad 0{,}45 \qquad 0{,}28 \qquad 0{,}71$$

Ebenso wird auch die Rangordnung durch das einfache kubische Gitter erfüllt.

Nach N_3 folgt die Ordnung: 0; 1; $\tfrac{1}{2}$; $\tfrac{1}{3}$; $\tfrac{2}{3}$, dabei sind die beiden letzten Formen gleich wahrscheinlich. Für die Belastung ergeben sich dieselbe Ordnung: 0; 1; $\tfrac{1}{2}$; $\tfrac{1}{3}$; $\tfrac{2}{3}$.

Komplikationsregel und BRAVAISsche Belastungsregel stimmen vollkommen überein.

Mithin kann die Komplikationsregel mit Hilfe des einfach kubischen Gitters richtig gedeutet werden.

C. Messen, Zeichnen und Berechnen der Krystalle.

VI. Über Projektionen.

a) Die Projektion als Darstellung der Krystalle in einer Ebene.

Projektion ist die Abbildung der Raumverhältnisse eines Körpers auf eine Fläche. Eine Abbildung im Raum nennt man Modell.

Die ursprüngliche Projektionsmethode, die man auch im gewöhnlichen Leben Abbildung nennt, schließt sich dem Sehprozeß an. Sie heißt Perspektive. Sie besteht darin, daß man von einem Punkt, dem Sehpunkt, aus Strahlen nach allen zu vermerkenden Punkten des Körpers zieht und auf einem Schirm (Bildebene, Projektionsebene) auffängt. Alle die Auftreffpunkte dieser Strahlen auf den Schirm geben zusammen das Bild.

Wird der Sehpunkt in das Unendliche gerückt, so fallen die Strahlen parallel auf das Objekt, und wir erhalten den Spezialfall der Parallelprojektion. Man verwendet in der Krystallographie nur diesen Spezialfall.

Wir haben in der Projektion eine Abstraktion, die unsere Leistungsfähigkeit erhöht, da wir unsere Aufmerksamkeit nur zwei Dimensionen des Raumes zu widmen brauchen.

Objekt (Krystall) und Bild (Projektion) sind durch konstruktive Beziehung verbunden. Diese Beziehung heißt Projektionsmethode, die Fläche, auf der die Abbildung vorgenommen wird, Projektionsfläche. In der Regel ist sie eine Ebene, die Projektionsebene. Es kommen aber auch andere Flächen vor, auf denen die Projektion vorgenommen wird, so besonders die Kugel (Globus). Wir werden nur die Projektionen auf die Ebene in Betracht ziehen, solche auf der Kugel nur als Zwischenkonstruktion beim Übergang zur Ebene.

Für die Untersuchungen der Krystalle ist es erforderlich, die beobachteten Formen durch geeignete Symbole, wie wir sahen, auszudrücken, die durch Zahlenverhältnisse die Lage jeder Form charakterisieren und die Symbole zum Zweck der Übersicht in Tabellen zu ordnen, andererseits durch Abbildung (Projektion) das gleichzeitige Anschauen des Bekannten zu ermöglichen. Am vollkommensten wird der Zweck erreicht, wenn man die Vorteile beider Arten der Erkenntnis verbindet, d. h. mit Tabellen und Projektion gleichzeitig vorgeht. Symbole und Projektion müssen dann in engster Verbindung miteinander stehen, so daß man aus beiden, gewissermaßen nur in verschiedener Schrift, dasselbe her)aussieht, mit anderen Worten so, daß die Projektion der unmittelbare Ausdruck der Symbole und dann das Symbol der Zahlenausdruck des Projektionsbildes ist.

Häufig genügt es, an Stelle des Körpers einfachere Gebilde zu setzen, man nennt eine solche Ersetzung Substitution. So haben wir in der gnomonischen Projektion zwei Substitutionen, zuerst Substitution der Flächennormalen für die Flächen und dann die Durchstoßpunkte für die Normalen in der Projektionsebene. Bei der stereographischen Projektion sogar drei Substitutionen:

1. Ersetzen der Flächen durch die Normalen.
2. Die Durchschnittspunkte der Normalen auf der Kugel.
3. Die Abbildung der Kugelpunkte in Okularprojektion.

Gerade in der Krystallographie ist diese Substitution sehr wertvoll, weil es in den meisten Fällen nur auf die gegenseitige Neigung der Flächen und ihre Neigung gegen die Krystallachsen ankommt, nicht aber auf die Erscheinung (Zentraldistanz), Aussehen der Flächen, Habitus usw. Die Fläche kann nur durch die Linie oder durch den Punkt substituiert werden. Den ersten Fall nennt man Linear-, den zweiten Punktprojektion. Außer der Geraden kommt nur noch der Kreis, der aber hinter der Geraden an Einfachheit zurücksteht, für die Linearprojektion in Betracht.

b) Die verschiedenen Arten der Projektion.

In der Linearprojektion hat, wie wir sehen werden, die Linie den Rang einer Ebene.

Wir haben also Linearprojektion mit Geraden im engeren Sinn, GOLDSCHMIDT nennt es die euthygraphische Projektion, und Linearprojektion mit Kreisen, zyklographische Projektion. Ebenso haben wir die Punktprojektion mit Geraden, das ist die gnomonische Projektion, und die Punktprojektion mit Kreisen, das ist die stereographische Projektion.

Zunächst eine kurze Charakteristik dieser 4 wichtigsten Projektionsarten.

c) Linearprojektionen.

1. Linearprojektion mit Geraden (euthygraphische Projektion) (Abb. 60 u. 61). Man verschiebt alle Flächen parallel in einen Punkt, den Krystallmittelpunkt, und bestimmt die Lage der Tracen dieser Flächen auf einer Ebene, die man in einer gewissen Entfernung über den Krystallmittelpunkt legt. Ihr Durchschnitt f mit einer festen Ebene E der Projektionsebene ist eine Gerade, die Projektionslinie der Fläche oder die Flächenlinie. Je 2 Flächen F und G bilden eine Kante, welche zugleich die Achse der durch F und G definierten Zone ist. Werden die 2 Flächen F und G durch M verschoben, so rückt auch K nach M. Der Durchstich k der nach M verschobenen Kante K mit E ist der Projektionspunkt der Kante. Er ist der Schnittpunkt der Flächenlinien f und g.

Von dieser Linearprojektion existiert noch eine Variante, die QUENSTEDTsche Projektion. Der Unterschied zwischen beiden ist der, daß bei der letzteren Projektion die Projektionsebene unter dem Krystallmittelpunkt liegt. Dies ergibt, wie wir später sehen werden, einige wichtige Konsequenzen.

Als Projektionsebene ist am besten eine Fläche der Primärform zu wählen, also eines der Pinakoide, und zwar zum Zweck einfacher Beziehung zu der Polarprojektion und dem polaren Flächensymbol, das obere Pinakoid ist die Basis. Die Projektionsebene der Linear- und Polarprojektion fallen im allgemeinen nicht

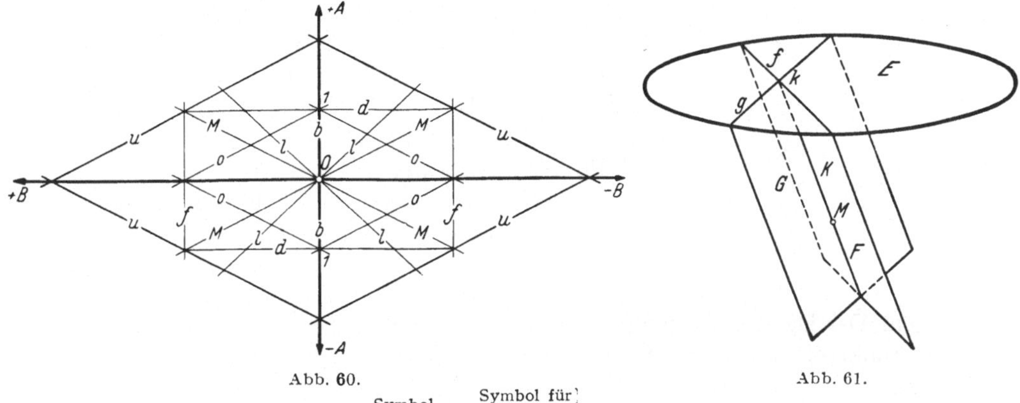

Abb. 60.   Abb. 61.

c	0	001
a	$\infty\,0$	100
b	$0\,\infty$	010
M	∞	110
l	$\infty\,2$	120
f	01	011
d	10	101
o	1	111
u	1/2	112

Buchstabe	Symbol GOLDSCHMIDT	Symbol für Linear-projektion
c	0	∞
b	$0\,\infty$	$\infty\,0$
M	∞	0
l	$\infty\,2$	0 1/2
f	01	$\infty\,1$
d	10	$1\,\infty$
u	1/2	2
o	1	1

zusammen, vielmehr nur dann, wenn die lineare Projektionsebene senkrecht steht auf den Flächen der Prismenzone. Dies ist der Fall im regulären, tetragonalen, hexagonalen und im rhombischen System. Im monoklinen nicht, außer wenn man die Symmetrieebene als Projektionsebene wählt.

2. **Linearprojektion mit Kreisen (zyklographische Projektion).** Ebenso wie bei der Linearprojektion werden auch hier zunächst die Flächen in einen Punkt, den Krystallmittelpunkt, verschoben. Man sucht nun die Tracen dieser Flächen mit einer um M als Mittelpunkt gelegten Kugel, legt durch M eine horizontale Ebene (Projektionsebene) und bildet die Tracen der Krystallflächen auf dieser Ebene durch Okularprojektion aus dem tiefsten Punkt der Kugel ab.

d) Punktprojektion.

1. **Punktprojektion mit Geraden (gnomische Projektion).** Diese Projektion ist für die Krystallographie ebenso wie für die röntgenographische Untersuchung der Krystalle heute besonders wichtig und dabei die einfachste. Man ersetzt dabei ebenso wie bei der folgenden stereographischen Projektion die Flächen durch ihre Normalen, wie dies zuerst NEUMANN eingeführt hat, und nimmt dabei als Projektionsebene die in der Entfernung Eins über den Krystallmittelpunkt gelegene horizontale Fläche (Projektionsebene). Die Durchstichpunkte der Flächennormalen in dieser Ebene sind die Projektionspunkte von Zonen auf Geraden, daher der Name Punktprojektion mit Geraden.

2. **Punktprojektion mit Kreisen (stereographische Projektion).** Man sucht den Treffpunkt der Flächennormalen aus dem Krystallmittelpunkt M mit der um diesen Mittelpunkt gelegten Kugel und bildet diese Punkte auf der Kugel

durch Okularprojektion aus dem Südpol auf eine durch den Krystallmittelpunkt gelegten Ebene (Äquatorialebene) der Kugel ab. Alle Punkte einer Zone ordnen sich dabei auf Kreisen an, daher Punktprojektion mit Kreisen.

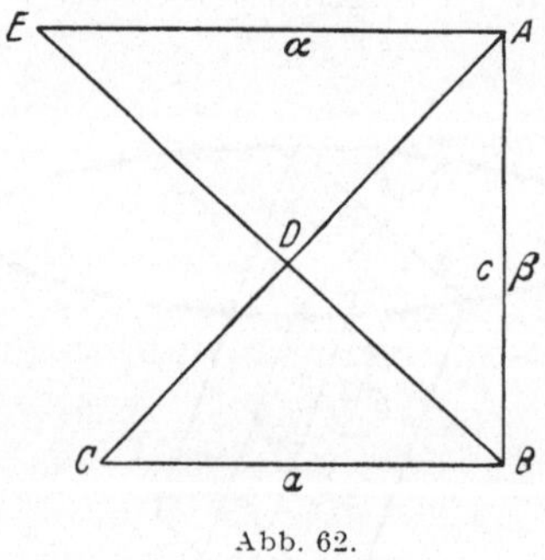
Abb. 62.

NEUMANN [25] war der erste, der uns mit der Idee der Projektion bekannt gemacht hat. Seine Überlegung beruht auf folgender Anschauung (Abb. 62):

Denken wir uns einen Krystall und legen in einem gewissen Abstand von seinem Mittelpunkt eine Ebene parallel seiner Basis die Projektionsebene. Nun fällt man vom Mittelpunkt M Perpendikel (Senkrechte) auf die Flächen, so werden diese Perpendikel über die Fläche hinaus verlängert, die die Projektionsebene in einem bestimmten Punkt schneiden. Auf dieser Projektionsebene müssen zunächst zwei sich rechtwinklig schneidende Gerade durch den Mittelpunkt gezogen werden. Der Durchschnittspunkt dieser beiden Linien ist der Pol der Basis und steht senkrecht auf der c-Achse. Die Normalen der Seitenflächen

$$\overline{a \infty b \infty c} \quad \text{und} \quad \overline{b \infty a \infty c}$$

sind parallel mit diesen beiden Linien. Alle Normalen der Flächen zwischen

$$\overline{a \infty b \infty c} \quad \text{und} \quad \overline{c \infty a \infty b}$$

schneiden die Linie α und dasselbe gilt in bezug auf die Flächen zwischen

$$\overline{b \infty a \infty c} \quad \text{und} \quad \overline{c \infty a \infty b}$$

in bezug auf die Linie β.

Die Durchschnittspunkte der Normalen nennt NEUMANN die Flächenorte.

Das Jugendwerk von NEUMANN von 1823 enthält außer der ersten genauen Auffassung des Grundgesetzes der geometrischen Krystallographie auch die Begründung aller Projektionsmethoden, deren Anwendung in der weiteren Entwicklung der Krystallometrie eine so wichtige Rolle gespielt hat und auch schon die Grundlagen zu den Methoden der graphischen Berechnung der Krystalle.

Ehe wir diese 4 wichtigsten Projektionsarten behandeln, scheint es am Platze, die Beziehungen zueinander zu veranschaulichen.

e) Die 4 konjugierten Punkte und Linien der Projektion (Abb. 63).

A. Wir nehmen einen beliebigen gnomonischen Projektionspunkt und ziehen die Zentrale AC und die Normale DD, so gehört zu A die gnomonische Zonenlinie Z, die Polare L und der Pol N, die stereographische Polare L und der stereographische Pol N (d. h. die Abbildung von L und N in stereographischer Projektion) des stereographischen Punktes A sowie der zu A gehörige Zonenpunkt. Bei D treten folgende Winkel auf:

$$NDA = 90°, \qquad ND'A' = 45°, \qquad CDA = \alpha, \qquad ADA' = A'DC = \frac{\alpha}{2}.$$

$$CDN = 90° - \alpha, \qquad CDN' = NDN = 45° - \frac{\alpha}{2}.$$

B. Ist A der gnomonische Projektionspunkt einer Fläche A, so ist A der stereographische Punkt, L die zyklographische, L die euthygraphische Projektionslinie der Fläche A in der gleichen Ebene.

C. Umgekehrt ist N der gnomonische Punkt einer Fläche, so ist N der Punkt, Z die zyklographische, Z die euthygraphische Linie derselben Fläche.

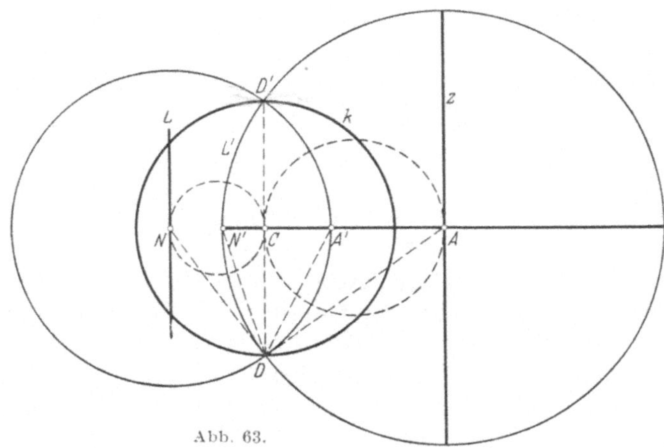

Abb. 63.

D. Ist Z eine gnomonische Zonenlinie, so ist Z die entsprechende stereographische Linie, N der zyklographische, N der euthygraphische Punkt derselben Zone.

E. N ist der gnomonische, N der stereographische Pol von A und Z, L die stereographische Polare von A.

F. $AANN$ sind Mittelpunkte der Zonenlinien $ZZLL$.

G. A ist der Mittelpunkt des L entsprechenden Kreises L, mögen L und L Flächen- oder Zonenlinien sein.

H. N ist der Mittelpunkt von Z, A von L.

I. N ist der Winkelpunkt von Z, A von L.

K. Liegt N innerhalb des Grundkreises, so liegt A außerhalb und umgekehrt L.

L. $NC.CA = h$ ist eine konstante Zahl.

M. L ist der Ort der Pole aller Geraden durch A; Z der Ort der Pole aller Geraden durch N.

N. Bewegt sich ein Punkt auf Z fort, so läuft sein Pol N auf einem Kreis über NC hin. Bewegt sich ein Punkt auf L, so läuft sein Pol auf einem Kreis über AC.

Die Linearprojektion war wohl seinerzeit die gebräuchlichste Projektion für die Krystallographie. Sie wurde von NEUMANN ersonnen und von QUENSTEDT ausführlich entwickelt und ausgebaut.

Das Prinzip der Linearprojektion wurde schon S. 98 entwickelt.

In Abb. 60 seien alle wichtigen Formen des Topas durch den Mittelpunkt M des Krystalles verschoben, die Projektionsebene entspricht der Basis.

Je zwei parallele Flächen fallen natürlich in eine Ebene (Reduktionsebene) zusammen. Die der Vertikalachse parallele Flächen, in unserem Falle die Prismenzonen, schneiden sich im Mittelpunkt M.

Verlängert man die Sektionslinien so weit bis zu ihrem Schnittpunkt und verbindet diese Schnittpunkte mit dem Mittelpunkt der Projektion, so hat man alle möglichen Kantenrichtungen der projezierten Fläche und damit auch alle möglichen Zonenachsen.

Um diese Projektion aus den Elementen und Symbolen auszuführen, nimmt man am besten zur Projektionsebene eine Fläche parallel einer Achsenebene, am einfachsten die ab-Achsenebene, und verlegt den gemeinschaftlichen Durchgangspunkt der Reduktionsebenen in den Endpunkt der c-Achse.

Die beiden Linien (Abb. 60) OA und OB nennt man die planimetrischen Achsen der Projektion. Man bestimmt nun die Lage der Sektionslinien durch die Abstände von O (Parameter der Sektionslinien), in welchen die Sektionslinien die Achsen schneiden.

Wenn OA und OB die Einheiten (Parameter) $a\,b\,c$ der Krystallachse sind, so ist die Ebene a, b, c die Grundpyramide (111).

Man trägt nun auf diesen beiden Achsen die Vielfache von den Parametern auf, wie sie durch die Symbole bestimmt werden. Alle Prismenlinien gehen durch den Koordinatenanfang O, ihre Richtung ist durch das Symbol gegeben.

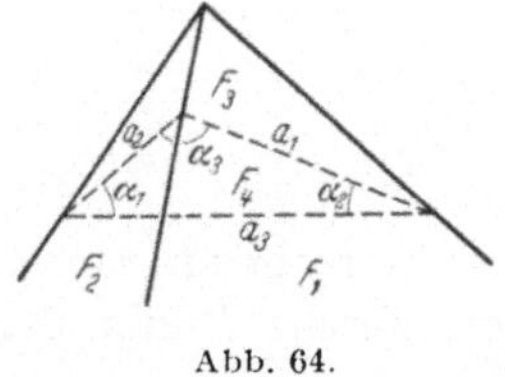

Abb. 64.

Dabei werden ausnahmsweise die $+a$ nach hinten und die $+b$ nach links gezählt. Liegt also eine Fläche oben vorn rechts, so liegt ihre Projektionslinie hinten links usw. Man hat also den ersten Quadranten (ab) hinten links, den zweiten $(a\,b)$ hinten rechts, den dritten $(a\,b)$ vorn rechts und den vierten $(a\,b)$ vorn links.

Alle Flächen einer Zone schneiden sich in parallelen Kanten oder nach Verschiebung aller in den Krystallmittelpunkt in eine gemeinsame Kante der Zonenachse.

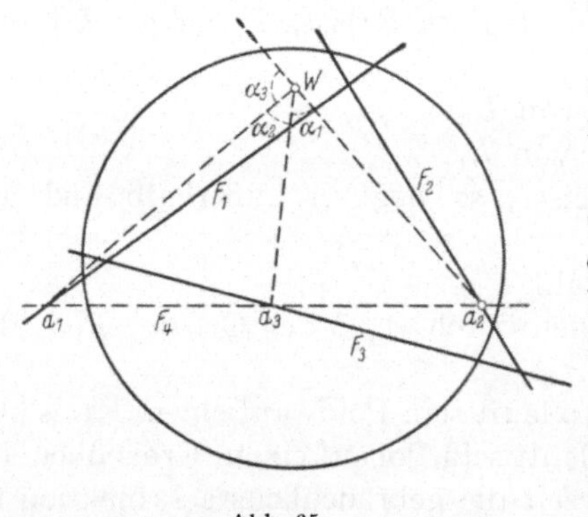

Abb. 65.

Die Linearprojektion ist auch heute noch dann von Wichtigkeit, wenn man mit ebenen Winkeln arbeiten muß.

Aufgabe: Gegeben 3 Flächen $F_1 F_2 F_3$ durch ihre Elemente und Symbole, die durch eine vierte Fläche F ebenfalls vom bekannten Symbol geschnitten werden (Abb. 64).

Gesucht: Die Gestalt (Umgrenzung) des Schnittes, d. h. die ebenen Winkel der den Schnitt begrenzenden Kanten.

Auflösung (Abb. 65): Man trägt die 4 Flächenlinien F_1, F_2, F_3, F_4 in das Projektionsbild, so ist a_1 der Schnitt F_1, F_4 der Punkt der Kanten a_1 usw. Da $a_1\,a_2\,a_3$ auf derselben Flächenlinie F_4 liegen, haben sie einen gemeinsamen Winkelpunkt N_4. Man bestimmt denselben und mißt von ihm aus die Winkel

$$a_2\,a_3 = \alpha_1\,; \qquad a_3\,a_1 = \alpha_2\,; \qquad a_1\,a_2 = \alpha_3\,.$$

Dies sind die ebenen Winkel der Fläche F.

Beim Abmessen der Winkel muß man sich hüten, die Winkel nicht mit ihren Supplementen zu verwechseln.

Als Anhalt hat dabei zu dienen, daß die Winkel in der gleichen Richtung weiterzuzählen sind, also von a_2 nach a_3, dann a_3 nach a_1 und a_1 nach a_2, nicht wieder rückwärts über a_3. Dabei muß $\alpha_1 + \alpha_2 + \alpha_3 = 180°$ sein.

Eine andere Art, die Linearprojektion auszuführen, gründet sich auf die zweikreisige Messung.

Man trägt aus den Winkeln φ und ϱ das Projektionsbild in der Weise auf, daß man wie bei der gnomonischen Projektion aus der Sehnen- und Tangententabelle nicht die Winkel φ und ϱ, sondern für den Winkel φ den Wert $180 - f + \sin\varrho$ den Wert $90° - \varrho$ nimmt. Man kann so direkt aus der Messung eine Linearprojektion herstellen.

Nun wollen wir noch für das trikline System eine Linearprojektion ausführen.

Die Elemente der Linearprojektion sind: $a_0\,b_0\,(\alpha\,\beta)\,\gamma\,x_0'\,y_0'\,k$ (s. S. 27). Wir tragen sie folgendermaßen auf. Um einen Punkt c (Abb. 66) beschreiben wir den Grundkreis mit dem Radius k.

Es ist der Grundkreis der zyklographischen Projektion.

Von c tragen wir y_0' quer auf und senkrecht dazu x_0' ($+y_0'$ nach links, $+x_0'$ nach hinten) und gelangen so in den Punkt 0, den Koordinatenanfang.

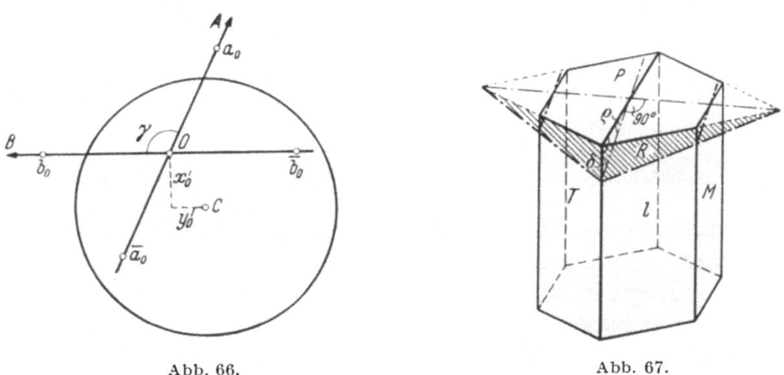

Abb. 66.   Abb. 67.

Durch 0 legen wir parallel y_0' die Achse B und dazu unter dem Winkel γ nach links die Achse A. Auf A wird nach beiden Seiten von 0 die Einheit a_0, auf B b_0 aufgetragen.

Wir wollen hier noch eine sehr wichtige Aufgabe behandeln, zu deren Lösung sich die Linearprojektion besonders eignet.

Aufgabe: Gegeben: Die Linearelemente eines triklinen Krystalles.

Gesucht: Die Lage des rhombischen Schnittes.

Der rhombische Schnitt ist bekanntlich für einen triklinen Krystall diejenige Ebene, die man durch Drehung der Basis (P) um die Querachse b erhält, bis sich die Tracen der aufrechten Pinakoide in ihr unter 90° schneiden (Abb. 67).

Die Lage des rhombischen Schnittes soll bestimmt werden:

1. Durch die Lage der Projektionslinie (Symbol).

2. Durch den ebenen Winkel $ag = \varrho$ der Kanten $RM = g$ und $MP = a$.

Dieser Winkel hat eine gewisse Bedeutung, da er von RATH zur Charakterisierung der verschiedenen Plagioklase bei Zwillingen nach dem Periklingesetz vorgeschlagen wurde.

Lösung von 1. Man zieht nach Auftragen der Grundlinien der Linearprojektion des Krystalles aus den Elementen, aus dem Scheitelpunkt c eine Senkrechte auf die B-Achse und verlängert bis zum Schnittpunkt g mit der A-Achse. Eine Parallele durch g mit B ist die Projektionslinie von R (Abb. 68).

Lösung von 2. Man sucht den Winkelpunkt n der Flächenlinie M, zieht durch n eine Parallele na mit M, dann ist gna der gesuchte Winkel.

1. Linearprojektion mit Kreisen (zyklographische Projektion) (Abb. 69). Das Prinzip der zyklographischen Projektion ist folgendes: Wie schon oben

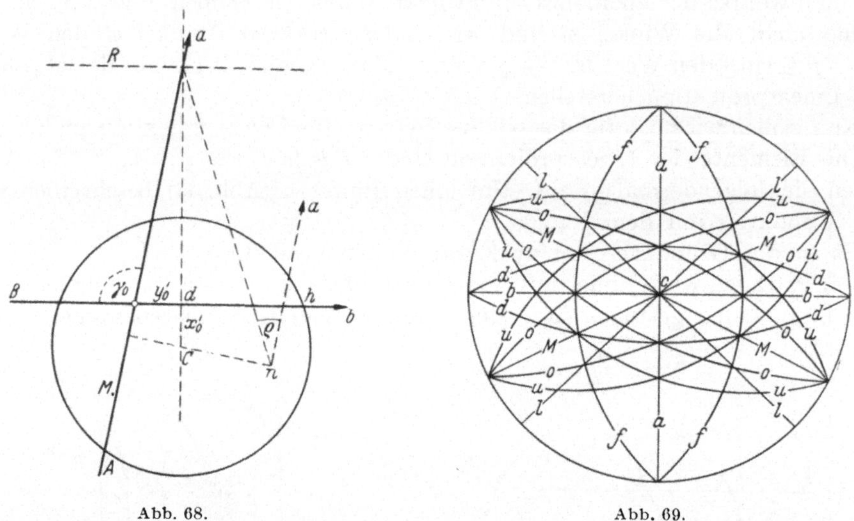

Abb. 68.   Abb. 69.

gesagt, legt man um den Mittelpunkt M des Krystalls eine Kugel und durch dieselbe eine Ebene H, auf dieser errichtet man in M eine Senkrechte, die den tiefsten Punkt der Kugel in N trifft. Nun verschiebt man die zu projizierende Fläche parallel mit sich selbst durch M. Ihre Trace in der Kugel ist ein größter Kreis D derselben. Eine Kante, ebenfalls durch M verschoben, gibt auf der Kugel einen

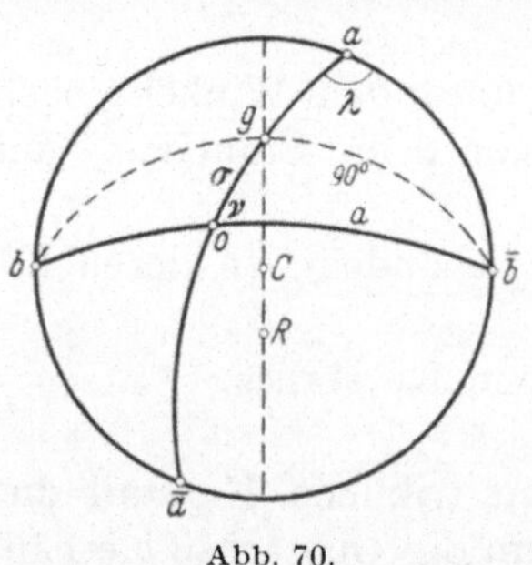

Abb. 70.

Punkt. Den so entstandenen Kreis und Punkte bildet man durch okulare Projektion aus N auf H ab, genau wie bei der stereographischen Projektion.

Die zyklographische Projektion hat nur wenig Anklang gefunden und ist in neuerer Zeit vollständig in Vergessenheit geraten. GOLDSCHMIDT gibt in seinem Buch einiges über diese Projektion bekannt. Der im vorhergehenden behandelte rhombische Schnitt findet eine elegante Lösung in dieser Projektion, die wir hier wiedergeben wollen (Abbildung 70).

Es soll die Trace g der Fläche M angehören und mit b den Winkel von $90°$ bilden. In der Projektion soll demnach g auf der Flächenlinie M liegen und von den Kantenpunkten bb um $90°$ abstehen. Der Ort aller Punkte, die von bb um $90°$ abstehen, ist aber die Polare von b, die Senkrechte auf bb und somit auch auf h durch den Scheitelpunkt c. G liegt also auf dieser.

Berechnung der ebenen Winkel $\varrho = ag =$ Kantenwinkel $PM : RM$ und $\sigma = go =$ Kantenwinkel $RM : Ml$ (Abb. 67) auf Grund des zyklographischen Projektionsbildes (Abb. 71).

Man bezeichnet mit σ den Winkel og der Trace g zur aufrechten Kante, dann ist

$$\boxed{\varrho + \sigma = \beta}\,.$$

Ferner ist:

in dem rechtsseitigen Dreieck bga: $\boxed{\operatorname{cotg}\varrho = \cos\lambda\,\operatorname{tg}\gamma}$

in dem rechtsseitigen Dreieck bgo: $\boxed{\operatorname{cotg}\sigma = \cos\nu\,\operatorname{tg}\alpha}$.

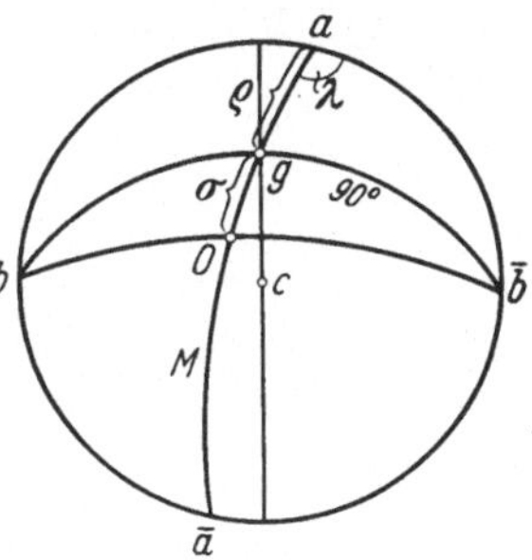

Benutzt man statt der Elementarwinkel deren Supplemente ABC, wie sie von Rath und anderen Autoren angegeben werden, so modifizieren sich die Formeln zu:

$$\operatorname{cotg}P = -\cos A\,\operatorname{tg}\gamma\,;$$
$$\operatorname{cotg}\sigma = -\cos C\,\operatorname{tg}\alpha\,.$$

Abb. 71.

Es wurde hier noch der rhombische Schnitt ausführlich als Beispiel für die Wichtigkeit des graphischen Verfahrens gegeben, wobei es Goldschmidt gelang, einen Fehler in der Rechnung von G. vom Rath bei dem Albit zu entdecken.

Bei dem graphischen Verfahren sind natürlich derartige Fehler ausgeschlossen, da die graphischen Lösungen einfacher als diese durchzurechnen sind. Meistens genügt es auch, die Resultate der Rechnung graphisch zu prüfen.

f) Perspektivische Projektion.

Für manche Studien ist es nötig, die gnomonische Projektion, die man im allgemeinen, der Aufstellung der betreffenden Mineralien entsprechend (senkrecht zur c-Achse) ausführt und bei der dann die beiden anderen pinakoiden $a(100)$ und $b(010)$ ins Unendliche fallen, zu jeder der dreiachsigen Zonen eine senkrechte Projektion zu machen, wie es in der neuen Auflage von Dana in den Winkeltabellen in lobenswerter Weise geschehen ist. Es ist jedoch nicht leicht, diese im Geiste zusammenzufassen, da jedes der drei Bilder ein anderes Aussehen hat. Man macht daher am besten eine Projektion senkrecht zu jeder der drei Achsenzonen. Außer den drei oberen sind dabei die drei unteren, die Gegenflächen der oberen zu betrachten. Vereinigt man diese sechs Bilder im Raum, so schneiden sie sich in den 8 Projektionspunkten der primären Pyramiden (Abb. 72).

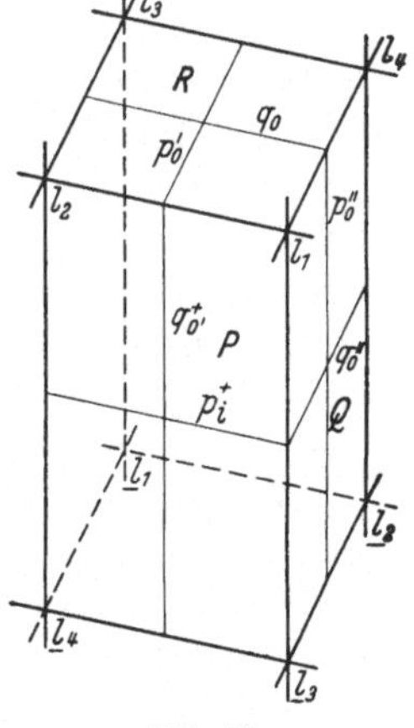

Die Flächenstücke zwischen den Decken e nennt man innere Projektionsebene. Sie umschließen die Polarform.

Die perspektivische Abbildung der mit den Projektionspunkten besetzten Polarform heißt perspektivische Projektion.

Abb. 72.

Zur Herstellung dieser Projektion ist eine perspektivische Zeichnung der Polarform und das Eintragen der Projektionspunkte nötig (Abb. 73).

Die perspektivische Zeichnung der Polarform geschieht am besten, indem man als Bildebene die Projektionsebene selbst wählt. Bei rhomboedrischen Krystallen (Polarform ein Rhomboeder), nimmt man am besten als Projektionsebene die Basis, da in diesem Falle keine der drei Projektionsebenen bevorzugt wird. Es ist dabei von Vorteil, daß die Eintragung der Projektionspunkte nicht nur mit denselben Symbolen, sondern auch mit denselben Elementen erfolgt.

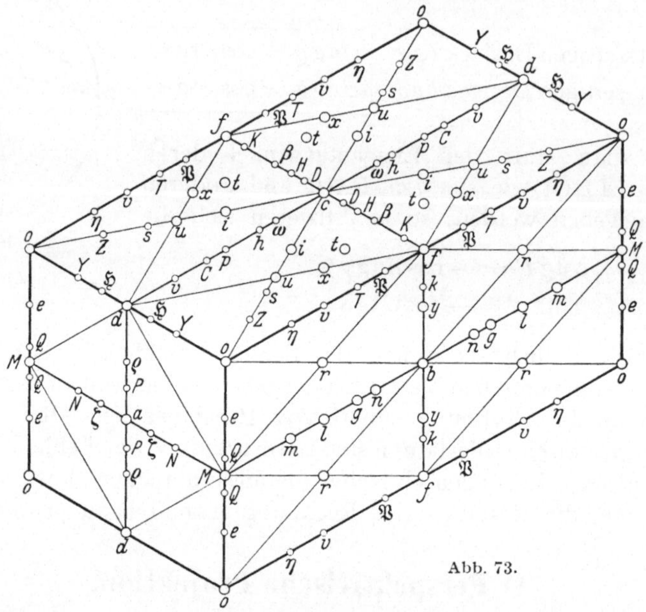

Abb. 73.

In der Regel kommt es bei der perspektivischen Projektion nur auf die gegenseitige Lage der Flächen im Zonenverband, nicht auf genaue Winkel an.

Man verwendet dazu am besten hexagonales Papier, das für alle Systeme verwendet werden kann, und behält dabei die Winkel von 60° bei, ändert nur nach Bedarf die Längeneinheiten. Das Eintragen der Punkte erfolgt vom Mittelpunkt der Fläche der Polarform aus, aus den Zahlen $pq\,p'q'\,p''q''$, soweit diese $\gtreqless 1$. Die Achsen laufen parallel den Kanten, und die Einheiten sind gleich der halben Länge der Kanten. Unterscheidet man hier Formen, die besetzten und unbesetzten Gebiete durch Schraffierung oder Farben, so erfolgt das Eintragen der meroedrischen Gebilde wie bei der Holoedrie. Ein Punkt wird aber nur dann gesetzt, wenn er in ein weißes Gebiet fällt (Abb. 74).

Die perspektivische Projektion ist von allen die übersichtlichste. Sie gewährt eine räumliche Vorstellung der Flächenverteilung, scheidet je nach der Auffassung zusammengehörige Gebiete von anderen (Abb. 72), so zunächst ein basales Gebiet R mit der Basis und den flachen Formen von den beiden aufrechten Gebieten P und Q mit den Pinakoiden, den Prismen und den steilen Formen, dann die Felder der Meroedrien (Abb. 74) und Meromorphien.

Ferner gestattet sie eine gleichmäßige Übersicht über die Umgebung der Punkte einer Achsenzone. Keines der Pinakoide ist bevorzugt. Die Prismenund Pinakoidpunkte liegen nicht im Unendlichen und entziehen sich daher nicht der Aufmerksamkeit, die allseitigen Nachbarn auch der Prismen sind zu sehen. Das Bild ist im engen Raum eingeschlossen.

Sie eignet sich zum Vergleich der Elemente wie der Formenentwicklung ebenso eingetragener optischer und sonst charakteristischer Richtungen bei Krystallen desselben Systems sowie verschiedener Systeme, wenn nötig mit Umdeutung auf niedere oder mit Anlehnung an höhere Symmetrie. Sie ist geradlinig und gestattet das Eintragen der Punkte nach den Symbolen als Koordinaten.

In einigen Punkten steht sie hinter der gnomonischen Projektion zurück. Es sind nicht nur eine, sondern drei Projektionsebenen fest gewählt. Dadurch ist die Freiheit in der Deutung mehr beschränkt, eine Änderung der Elemente ohne

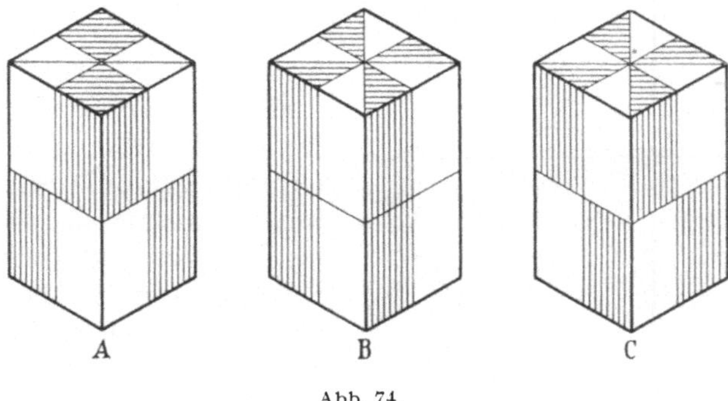

Abb. 74.

Umzeichnen nicht möglich. Die Zonenlinien sind nicht einfache Gerade, sondern geknickt. Dadurch ist der Zonenverband über die einzelne Projektionsfläche hinaus nicht so leicht zu verfolgen. Auch wird die Projektion nicht unmittelbar aus der Messung mit dem zweikreisigen Goniometer gewonnen, sondern erst durch Umformung des gnomonischen Bildes resp. der Elemente und Symbole.

Sie eignet sich am besten zur übersichtlichen Darstellung und zu Vergleichen.

g) Winkelprojektion.

Außer den bisher betrachteten Projektionen sind besonders in der Geographie und Astronomie noch einige andere Projektionsarten im Gebrauch, die jedoch mit Ausnahmen von den beiden folgenden für krystallographische Projektion nicht geeignet sind.

Diese beiden Arten sind in der Geographie unter dem Namen äquidistante Polarprojektion oder Globularprojektion bekannt, GOLDSCHMIDT nennt sie Polbild und äquidistante Zylinderprojektion, auch Äquatorbild.

Dieselben sollen hier nur kurz erklärt werden, so daß es möglich ist, dieselben leicht ausführen zu können. In beiden werden die Flächenpunkte direkt aus dem Positionswinkel φ und ϱ, und zwar im Polbild als Polarkoordinaten, im Äquatorbild als rechtwinklige Koordinaten aufgetragen.

Die Herstellung beider Bilder ist einfach.

Polbild. Nur SCHRAUF beschreibt es in seinem Lehrbuch[1]; er nennt es Globularprojektion.

---

[1] SCHRAUF: Lehrb. der physik. Mineralogie I, **230** (1866).

a) Polbild (Abb. 75). Am besten gibt man dem Grundkreis einen Radius von 90 mm oder 45 mm. Dann ist für die Meridiangrade $1° = 1$ mm oder 2 oder $\frac{1}{2}$ mm. Um die Winkel φ bequem auftragen zu können, zieht man noch einen Kreis von 100 mm Radius, 100 mm $= 100°$. Auf ihm werden die Winkel φ wie bei der gnomonischen und stereographischen Projektion als Sehnen aus der oben angeführten Sehnen- und Tangententabelle aufgetragen. Man setzt nun eine Punktiernadel bei a ein, legt das Lineal an den Pol und diesen Punkt an und trägt vom Pol aus den Winkel ϱ in Millimeter auf.

Eigenschaften des Polbildes (Abbildung 75). Die Meridiane erscheinen im Abstand φ. Die Ringe (Parallelkreise) als konzentrische Kreise um den Pol im Abstand ϱ. Zu ihnen gehört der Äquator im Abstand $\varrho = 90°$. Zur Vermittlung der Anschauung ist das Bild nur gut bis zum Äquator oder bis etwa 120°. Der Südpol bildet einen Kreis vom Radius 180°.

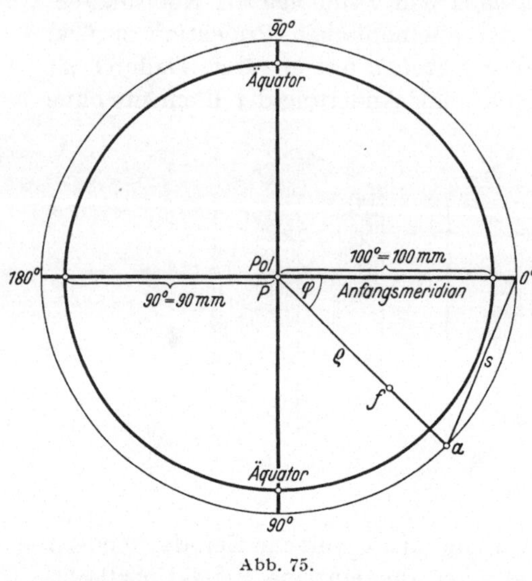

Abb. 75.

Die Zonenlinien bilden weder Gerade noch Kreise noch Kegelschnitte, sondern ovale Kurven besonderer Art. Hier steht die Winkelprojektion hinter der gnomonischen und stereographischen Projektion zurück. Da sich jedoch die Zonenlinien innerhalb des Äquatorialkreises Kreislinien nähern, können dieselben da, wo es sich nur um Vermittlung der Anschauung handelt, nicht um genaue Lösung graphischer Aufgaben, als Kreise behandelt werden.

Außerhalb des Äquatorkreises (Grundkreises), d. h. für Punkte der unteren Krystallhälfte, lehnt sich die Zonenkurve einem anderen Kreise an. Die Abweichung im äußeren Verlauf ist größer als im inneren.

Dieses Polbild gehört zu einer Gruppe von Projektionen, Abbildungen der Kugel, die man als Polbilder im weiteren Sinne zusammenfassen kann. In der Kartographie werden sie als Polarprojektionen gezeichnet. Das Wort hat jedoch in der Krystallographie eine andere Bedeutung, nämlich: Abbildung der Flächen durch Punkte im Gegensatz zur Linearprojektion, die die Flächen als Linien abbildet.

Man hat folgende Arten von Polbildern:

1. Gnomonisches Bild $d = \mathrm{tg}\,\varrho$;   Polarkoordinaten φ; $\mathrm{tg}\,\varrho$.
2. Orthographisches Bild $d = \sin\varrho$;   ,, φ; $\sin\varrho$.
3. Stereographisches Bild $d = \mathrm{tg}\,\frac{1}{2}\varrho$;   ,, φ; $\frac{1}{2}\mathrm{tg}\,\varrho$.
4. Winkelbild $d = \varrho$;   ,, φ; ϱ.

Als Beispiel wurden in (Abb. 76) A, B, C die Hauptformen und Zonen des Calcit in den drei Arten von Polbildern nebeneinandergestellt, in Winkelprojektion, stereographischer und orthographischer Projektion.

Die Winkelprojektion Abb. 76 B ist der stereographischen Projektion Abb. 76 A ähnlich, doch ist das Gebiet in der Nähe des Poles ausgedehnter, die Dreiecke $p_1\,p_1\,p_1$ und $\varphi_1\,\varphi_1\,\varphi_1$ sind größer. Das ist ein Vorzug. Denn das Gebiet bis etwa 70° Poldistanz ist hauptsächlich Gegenstand unseres Studiums in dieser Art der Abbildung. Die Gebiete in der Nähe des Äquators sind in keinem der Polbilder befriedigend dargestellt.

Will man dieses Gebiet anschaulich vorführen, so ist diese Darstellung in einem Äquatorbild nötig.

Noch ausgedehnter ist das Mittelfeld in der orthogonalen Projektion Abb. 76 C. Wie man sieht, ist hier φ mit 63° und mit 69° schon sehr nahe an den Äquator

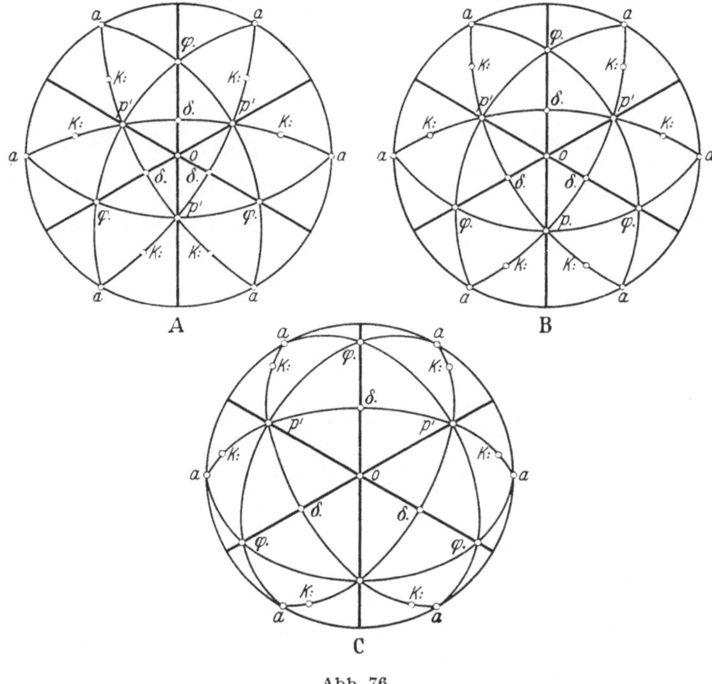

Abb. 76.

gerückt. In den schmalen Ring von $\frac{1}{10}$ der Breite des Radius drängen sich alle Punkte mit ϱ zwischen 63° und 90°.

Diese Projektion hat den Vorzug, daß die Punkte so angeordnet sind, wie sie uns beim Anblick der Kugel mit freiem Auge erscheinen. Sie ist ein parallelperspektivisches Bild der Kugel und vermittelt deshalb gut den Vergleich der Abbildung mit dem abgebildeten Körper und liefert so einen anschaulichen Ersatz für diesen. In diesem Sinne ist sie die anschaulichste.

Die Winkelprojektion steht in bezug auf Ausdehnung des Mittelfeldes und somit auf Anschaulichkeit zwischen der stereographischen und der orthogonalen Projektion. Ein besonderer Vorzug der Winkelprojektion ist das leichte Auftragen der Projektionspunkte. Diese Projektion ist ebenso der direkte graphische Ausdruck der Winkelsymbole $\varphi\varrho$, wie die gnomonische der direkte graphische Ausdruck des Symbols pq ist.

Die Gebiete in der Nähe des Äquators sind in keiner der Polarprojektionen befriedigend. Zur Veranschaulichung dieses Gebietes ist das Äquatorbild nötig.

b) Äquatorbild (Abb. 77). Bei unserem Äquatorbild ist ein Zylinder um den Äquator gelegt, die Kugelpunkte auf dem Zylinder projiziert und der Zylindermantel längs eines Meridians aufgeschnitten. Bei dieser Projektion sind $\mathrm{arc}\,\varphi$ und $\mathrm{arc}\,\varrho$ rechtwinklige Koordinaten. Die Meridiane sind parallel der Ordinatenachsen im Abstand φ vom Anfangsmeridian 0. Die Zählung geht von rechts nach links. Die parallelen Kreise der Kugel erscheinen als Parallele mit der Abszissenachse im Abstand ϱ vom Polpunkt. Die Prismenpunkte liegen auf dem Äquator in Abständen φ vom Schnittpunkt des Äquators mit dem Anfangsmeridian. Die obere und untere Krystallhälfte bildet sich gleichartig ab.

Bei allen diesen Abbildungen erscheint der Äquator als Gerade, die Äquatorgerade, in ihrer natürlichen Länge. Die Meridiane sind

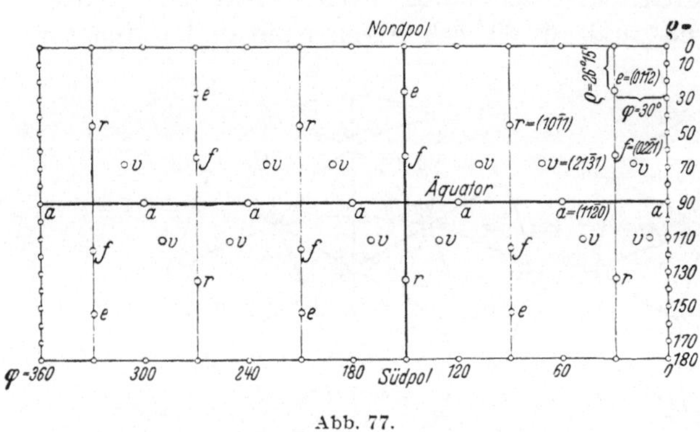

Abb. 77.

Gerade senkrecht zum Äquator, die Parallelkreise Gerade parallel zum Äquator. Die verschiedenen Arten der Zylinderprojektion unterscheiden sich durch den Abstand der Parallelkreise. Ist die Poldistanz des Parallelkreises $= \varrho$, seine Höhe über dem Äquator $= \sigma = 90° - \varrho$, so ist in der Projektion der Abstand x der Ringlinie vom Äquator eine Funktion von σ resp. von ϱ.

Man kann schreiben:
$$x = f(\sigma) = F(\varrho).$$

Bei allen rechtwinkligen Koordinaten ist:
$$x\,y = f(\sigma); \qquad \varphi = F(\varrho); \qquad \varphi.$$

Das Hauptanwendungsgebiet dieser Äquatorbilder ist das Auftragen der Reflexzüge von krummen Flächen in der Nähe des Äquators (Prismenpunkte), wenn man die Schwankungen und Beeinflussungen ebenso wie Vicinale studieren will. Für dies ist keine der anderen Projektionen so geeignet. Das Äquatorbild ist der unmittelbare Ausdruck der Positionswinkel $\varphi\varrho$, wie es die zweikreisige Messung und das Winkelsymbol in Parallelprojektion liefert.

Es gibt folgende Zylinderprojektionen:

1. Zentrale Zylinderprojektionen mit $\qquad x = \mathrm{tg}\,\sigma$ resp. $x = \mathrm{cotg}\,\varrho$.
2. Stereographische Zylinderprojektionen mit $\quad x = \mathrm{tg}\tfrac{1}{2}\sigma$ „ $\quad x = \mathrm{cotg}\tfrac{1}{2}\varrho$.
3. Orthographische Zylinderprojektionen mit $\quad x = \sin\sigma$ „ $\quad x = \cos\varrho$.
4. Winkelprojektion mit $\qquad\qquad\qquad x = \sigma$ „ $\quad x = 90° - \varrho$.
5. Merkatorprojektion mit $\qquad\qquad x = 2.3\,\mathrm{tg}\,\lg(45° + \tfrac{1}{2}\sigma)$.

$$\text{resp.}\quad x = 2.3\,\lg\mathrm{cotg}\tfrac{1}{2}\varrho.$$

Die einfachste von diesen ist die Winkelprojektion.

h) Gnomonische Projektion.

Die ersten Nachrichten über die gnomonische Projektion finden wir in den Prospectiva nova Coelestis von Christophorus Grienberger (Rom 1612). Sie wurde hier zur Konstruktion von Sternkarten benutzt, wozu sie auch jetzt noch dient. Angaben über die frühere Geschichte findet man bei Morgan. In dieser Projektion existieren auch Seekarten von der amerikanischen Admiralität.

Die Anwendung der gnomonischen Projektion auf die Krystallographie wurde zuerst von Neumann angewandt, der dieselbe jedoch nicht gnomonische Projektion nannte und der überhaupt als erster die Projektion einführte. Goldschmidt hat in seinem Buch in erster Linie zur Einführung der gnomonischen Projektion beigetragen. Besonders durch die röntgenographischen Untersuchungen der Krystalle hat die gnomonische Projektion sehr stark an Bedeutung gewonnen, so daß wir hier etwas eingehender darauf eingehen wollen.

Das Prinzip der gnomonischen Projektion wurde am Anfang dieses Kapitels erklärt.

i) Beispiele zu diesen Projektionsarten.

Einige Aufgaben werden wohl am besten die Vorzüge und Methoden dieser Projektionsart veranschaulichen.

Aufgabe 1. Aus den Elementen der Polarprojektion, wie man dieselben in den Winkeltabellen findet, sollen zunächst die Grundlinien der gnomonischen Projektion bestimmt werden.

Der Mittelpunkt C (Abb. 78) ist die Stelle senkrecht über dem Mittelpunkt des Krystalles. Um C beschreiben wir einen Kreis, den Grundkreis mit h der Höhe der Projektionsebene über dem Krystallmittelpunkt als Radius. Von C aus trägt man $CE = y_0$ nach rechts ab und senkrecht dazu $EO = x_0$. O ist der Koordinatenanfang. Wir legen durch ihn die beiden Achsen der Projektion PQ an d, und zwar Q parallel CE und unter dem Winkel vP.

Ebenso wie aus x_0 und y_0 kann man auch aus d und δ die Lage von O bestimmen. O ist

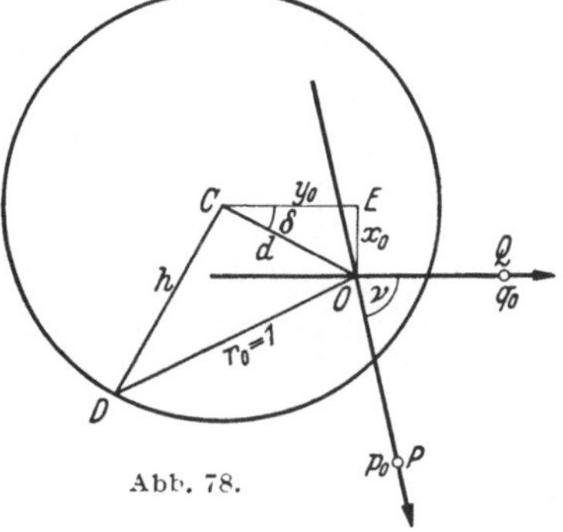

Abb. 78.

der Projektionspunkt der Fläche 0(001) der Basis, also der Austrittspunkt des auf dieser Fläche senkrechten Strahles aus dem Mittelpunkt des Krystalles. Man nennt im triklinen System, um das es sich hier handelt, die Seite, bei der die Basis wie hier vorn rechts liegt, die Oberseite des Krystalls, liegt die Basis vorn links, so hat man die Unterseite. Klappt man die von C nach unten zum Krystallmittelpunkt M führende Linie CM um, indem man um CO als Scharnier dreht, so kommt M nach D auf den Rand des Grundkreises, so daß OCD gleich 90° ist. $OD = OM$ ist gleich dem Abstand des Nullpunkts O vom Krystallmittelpunkt M. Dies ist die Längeneinheit $r_0 = 1$. Auf den Achsen PQ wurden die Längeneinheiten p_0 und q_0 aufgetragen. Dies nennt man die Grundlinien der Projektion.

Aufgabe 2. *Gegeben:* Ein Flächenpunkt A (Abb. 79). *Gesucht:* Seine Polare und sein Pol N.

Unter dem Pol eines Flächenpunktes A versteht man den Ort aller Punkte, die von A einen Abstand von 90° haben. Die Flächen solcher Punkte bilden eine

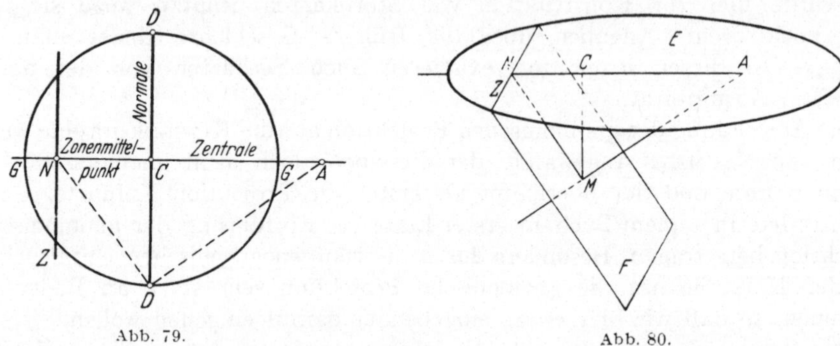

Abb. 79.   Abb. 80.

Zone und stehen alle senkrecht auf der Fläche A. A heißt der Pol der Zonenlinie Z. Zur Konstruktion ziehe man die Zentrale AC und die Normale DD und mache $ADN = 90°$. N ist der Pol, die Parallele mit DD durch N die Polare Z.

(Abb. 80.) Das Dreieck NMA wurde in Abb. 79 in die Ebene E heraufgeklappt zu Dreieck NDA. Wird die Linear- und die gnomonische Projektion bei unveränderter Aufstellung vorgenommen, so ist die lineare Flächenlinie jeweils die Polare der gnomonischen Flächenpunkte.

Aufgabe 3. *Gegeben:* Das Symbol einer Fläche. *Gesucht:* Der Projektionspunkt D dieser Fläche.

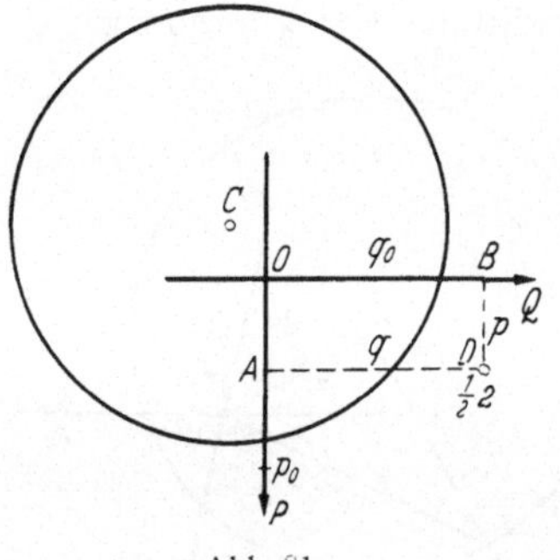

Abb. 81.

Man trägt von O (Abb. 81) ausgehend in Richtung der p-Achse p mal die Einheit p_0, also $pp = OA$ auf, geht von $A \parallel OQ$ um das q-fache von q_0, so ist D der gesuchte Projektionspunkt, pp_0, und qq_0 sind die Koordinaten des Flächenpunktes. Da aber stets in dem wirklichen Maß der Koordinaten der Faktor p_0 resp. q_0 auftritt, so läßt man diesen selbstverständlich weg und nennt die Länge $OA = BD$ einfach p statt pp_0, $OP = AD$ einfach q statt qq_0. Hier hat der Flächenpunkt D die Koordinaten $\frac{1}{2}$ und 2, während er faktisch gleich $\frac{1}{2}p_0$ und $2q_0$ ist. In den Systemen mit horizontaler Basis, also vertikaler R-Achse, fällt O mit C zusammen, der Scheitelpunkt ist der Nullpunkt. Im monoklinen System fällt O nicht mit C zusammen, beide liegen aber auf der P-Achse, die das Bild symmetrisch teilt. Abb. 82 bis 86 geben ein Bild von der Flächenverteilung für die verschiedenen Systeme und von der Einteilung des Projektionsfeldes.

Betrachtet man die Fläche und Gegenfläche, die eine gemeinsame Normale haben und deren Projektionspunkte sich decken, als eins und versteht man unter Gesamtform den Begriff aller Flächen, die nach den Symmetrieverhältnissen eines Krystalls mit einer Fläche gleichzeitig auftreten, so hat im Triklinsystem jede Form (Gesamtform) nur ein paralleles Flächenpaar und nur einen

Projektionspunkt. Bei den übrigen Systemen bringt jedes Flächenpaar außer den Pinakoiden eins oder mehrere andere mit sich. Jede Form zerfällt dann in mehrere einzelne Flächen, von denen jede ihr besonderes Symbol hat.

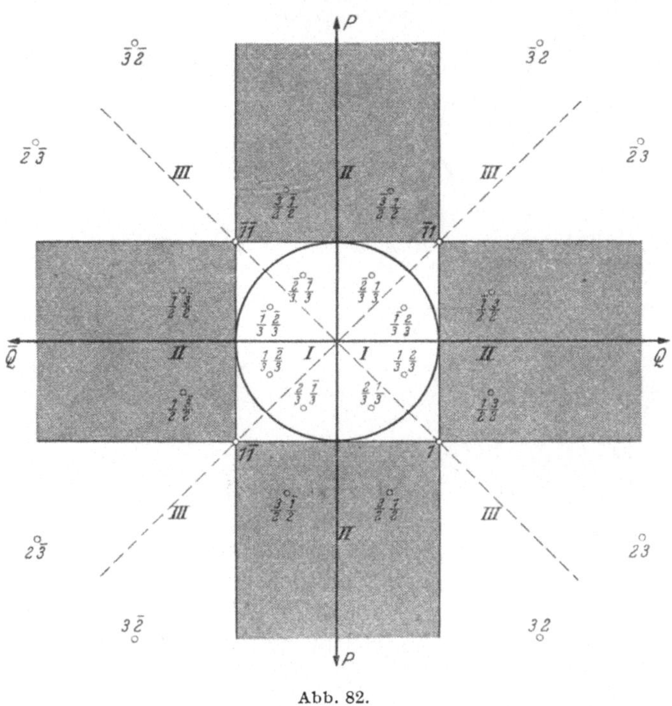

Abb. 82.

Aufgabe 4 (Abb. 87). *Gegeben:* Zwei Flächenpunkte $A_1 A_2$ einer Zone. *Gesucht:* Der Winkel zwischen beiden.

Alle Winkel einer Zone werden direkt aus demselben N, dem Winkelpunkt

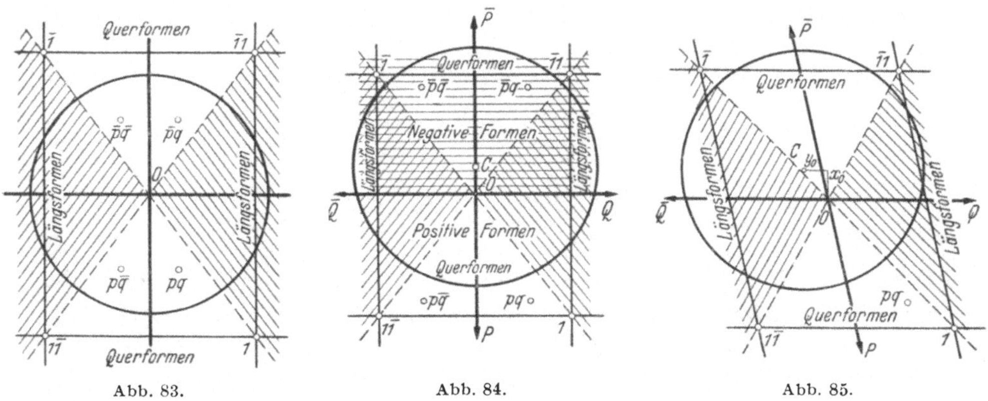

Abb. 83.   Abb. 84.   Abb. 85.

der Zone gemessen. Der Winkelpunkt einer gnomonischen Zonenlinie ist deren stereographischer Pol.

Man sucht den Zonenmittelpunkt A, indem man aus C die Senkrechte auf Z (Zentrale) fällt, die Normale DD' zieht und den Bogen um A durch DD' schlägt.

$A_1 N' A_2$ ist der gesuchte Winkel zwischen A_1 und A_2. Für alle Punkte von Z gilt dieselbe Art der Ausmessung.

$A_1 A_2$ resp. $A_1 N' A_2$ ist der Winkel, den die zwei Strahlen aus dem Krystallmittelpunkt nach $A_1 A_2$ einschließen, also auch der innere Winkel der in $A_1 A_2$ durch Projektion abgebildeten Flächen.

Beweis: Es sei Abb. 88 das perspektivische Bild der Projektion, so sind $M A$, $M A_1$, $M A_2$ die Strahlen aus M senkrecht auf die Flächen $A A_1 A_2$, also

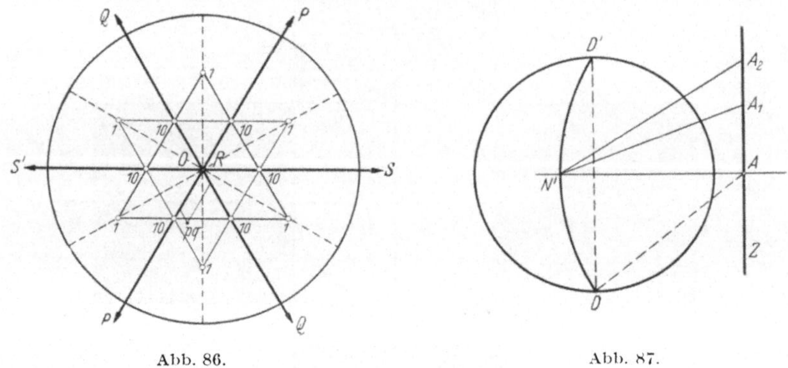

Abb. 86.
Abb. 87.

$A_1 M A_2$ der zu messende Winkel. Will man ihn ausmessen, so klappt man die Ebene $A_1 M A_2$, in der er liegt, um Z als Scharnier hinauf in die Projektionsebene. $A A_1 A_2$ behalten ihren Ort, $A M$ fällt in die Richtung $A C$, und M gelangt nach N', wenn $AN = AM$ ist. Vergleicht man nun Abb. 87 mit Abb. 88, so

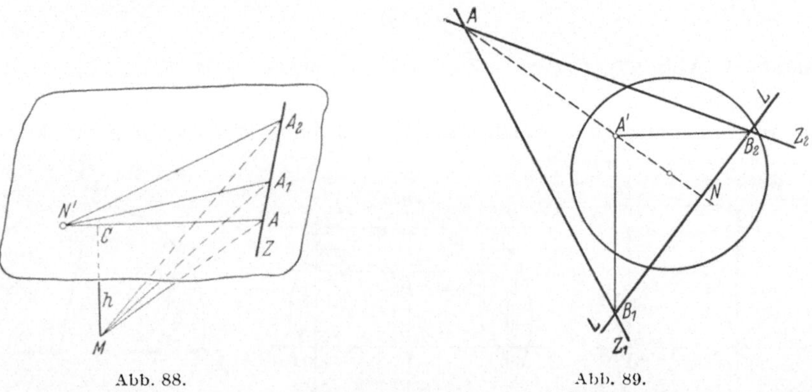

Abb. 88.
Abb. 89.

ist $AD = AM$; $AN' = AD = AM$, also auch in Abb. 87 $A N' A_1$ das richtig heraufgeklappte Bild der Zonenebene. N' ist an Stelle von M getreten, und man kann von dort aus die Winkel der Strahlen dieser Zonenebene in der Projektionsebene direkt ausmessen, wie in der Zonenebene selbst.

Diese einfache Art der Winkelausmessung ist für die graphischen Rechnungen von der größten Wichtigkeit.

Aufgabe 5 (Abb. 89). *Gegeben:* Zwei gnomonische Zonenlinien Z_1 und Z_2. *Gesucht:* Der Winkel der beiden Zonenebenen, er ist identisch mit dem Winkel der beiden Zonenachsen.

Man ziehe für den Durchschnittspunkt A von $Z_1 Z_2$ die Polare L. Sie schneide Z_1 in B_1, Z_2 in B_2, nehme den Winkelpunkt A' von L; so ist $B_1 A' B_2$ der gesuchte Winkel zwischen Z_1 und Z_2.

Aufgabe 6 (Abb. 90). *Gegeben:* Ein gnomonischer Flächenpunkt O und ein Prismenpunkt B. *Gesucht:* Der Winkel zwischen beiden.

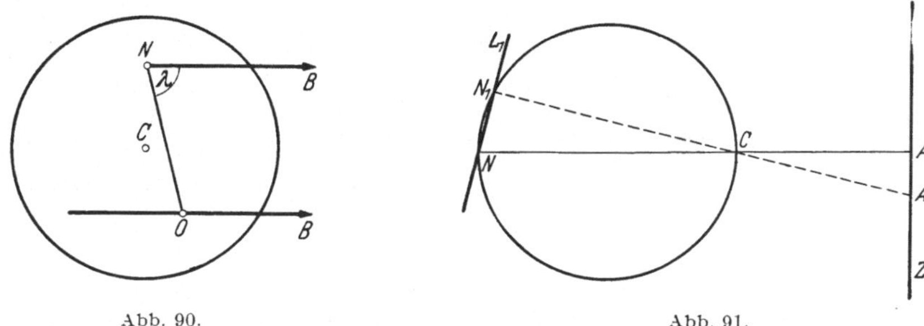

Abb. 90.   Abb. 91.

Man suche den Winkelpunkt N der Zonenlinie OB, ziehe NO und NB parallel OB, so ist $ON \to B = \lambda$ der gesuchte Winkel.

Aufgabe 7 (Abb. 91). *Gegeben:* Eine Zonenlinie Z und ihr Pol. *Gesucht:* Die Polare L eines Punktes A auf Z.

Man zieht AC. Die Senkrechte AC aus N ist die gesuchte Polare L.

Bewegt sich ein Punkt A auf einer Geraden fort, so wandert sein Pol N auf einem Kreis hin. Ist N der Pol von Z, so hat der Kreis NC zum Durchmesser (Abb. 76).

k) Stereographische Projektion.

Die Kenntnis der stereographischen Projektion verdanken wir PTOLEMÄUS Als brauchbare Methode, die Kugel auf eine Ebene zu projizieren, fand sie ausgedehnte Anwendung unter dem Namen Planisphaerum.

GOLDSCHMIDT [8] behandelte die stereographische Projektion besonders unter Anpassung auf die zweikreisige Messung.

Am eingehendsten sind die verschiedenen Konstruktionen für die graphische Lösung krystallographischer Aufgaben behandelt.

Der Hauptvorteil der stereographischen Projektion besteht darin, daß man durch dieselbe am einfachsten die Winkelgrößen bestimmen kann, und zwar sind die Winkel zwischen den diesen Projektionen angehörigen Kreisbögen unmittelbar angegeben. Der Mangel dieser Projektionsart besteht darin, daß sie keine direkte Angabe der Flächen- (resp. der Kanten-) Symbole gestattet. Im Gegensatz dazu lassen die gnomonische und die Linearprojektion leicht die Symbole bestimmen. Dabei zeigt die gnomonische Projektion denselben Vorzug bei der Darstellung der Flächen wie die Linearprojektion bei Darstellung der Kanten (Abb. 92).

Aufgabe 1. Aus der Projektion abc (Abb. 93) eines größten Kreises die Projektion des Poles dieses Kreises zu finden.

Man ziehe (Abb. 93) ae und Senkrechte dazu bO, verbinde a mit b und verlängere bis c, mache $cod = 90°$, verbinde mit a, so ist p der gesuchte Pol.

8*

Aufgabe 2. Aus der Projektion $e'f'$ zweier Punkte (Abb. 94) eines größten Kreises ihren Abstand auf der Kugeloberfläche zu finden.

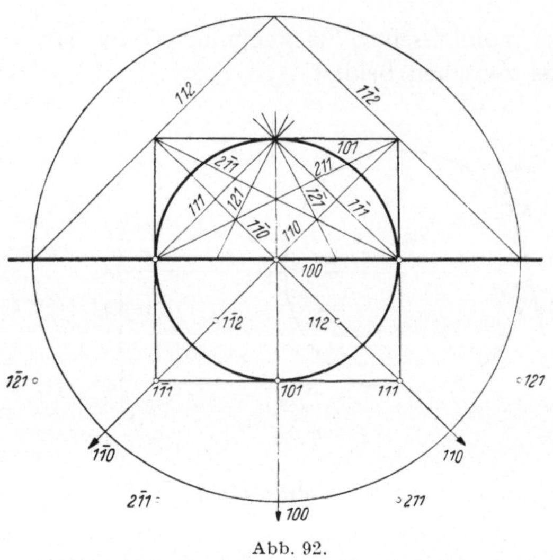

Man konstruiere den Kreis $b\,e'f'$ und suche den Pol p desselben, ziehe $p e'$ und $p f'$ und verlängere bis g und h, so ist hg der gesuchte Abstand der beiden Punkte auf der Oberfläche der Kugel und hpg der Winkel, den sie bilden.

Aufgabe 3. Aus den Projektionen zweier größter Kreise den Winkel zu finden, den die Ebenen dieser Kreise miteinander bilden.

Der gesuchte Winkel ist gleich dem Abstand der beiden Pole dieser größten Kreise, man suche daher die Pole dieser beiden Kreise und dann den Abstand derselben auf der Kugeloberfläche.

Abb. 92.

Aufgabe 4. Den geometrischen Ort aller um einen gegebenen Winkel x von einem gegebenen Punkt A' abstehenden Pole zu finden (Abb. 95).

Alle solche Pole liegen auf der Kugel in der Peripherie eines Kleinkreises, der somit als Kleinkreisbogen projiziert wird. Man bestimme zunächst die um den gegebenen Winkel von P abstehenden beiden Punkte.

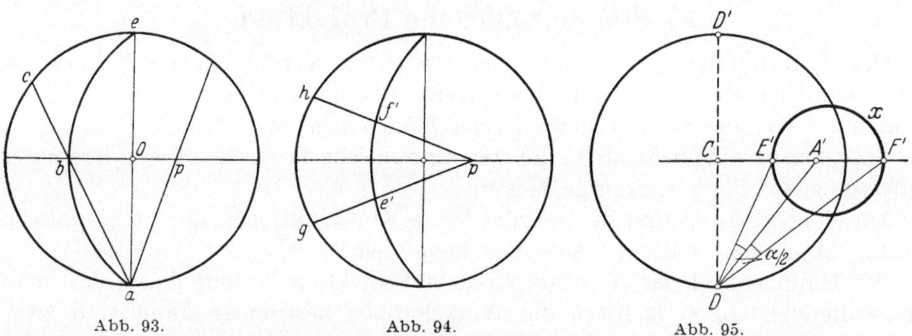

Abb. 93.   Abb. 94.   Abb. 95.

Man zieht zunächst die Zentrale CA' und die Normale DD', trägt zu beiden Seiten von DA den Winkel $\alpha/2$ auf und findet so auf $A'C$ die Punkte E' und F'. Der Kreis X durch $E'F'$ als Durchmesser ist der gesuchte Ort.

Beweis: Geht man von der Kugel um den Krystallmittelpunkt M mit dem Radius h aus, die der stereographischen Projektion zugrunde liegt, so bilden alle Strahlen, die von AM um α abstehen, einen Kegel. Dieser schneidet die Kugel in einem Kreis. Nach einer bekannten Eigenschaft der stereographischen Projektion, der wichtigsten Eigenschaft derselben, erscheint ein Kreis der Kugel in dieser Projektion aber ebenfalls als Kreis. Von diesem können wir zwei Punkte E' und F' leicht finden, indem wir an DA den Winkel $\alpha/2$ auftragen. Die Zentrale

$A'C$ ist die Projektion der Halbierungsebene des Kegels, und es wird durch sie auch der Projektionskreis ah halbiert; $E'A'F'$ ist somit der Durchmesser desjenigen Kreises, dem alle Projektionspunkte des Kegels angehören, also alle Punkte, die von A um den Winkel α abstehen.

Aufgabe 5. *Gegeben:* Der Pol einer Fläche. *Gesucht:* Der Pol der Gegenfläche (Abb. 96).

Jeder Punkt innerhalb des Grundkreises hat einen Gegenpunkt außerhalb.

Punkt und Gegenpunkt liegen auf demselben Meridian, also deren stereographischer Punkt ff auf der gleichen Zentrale fCf. Punkt und Gegenpunkt

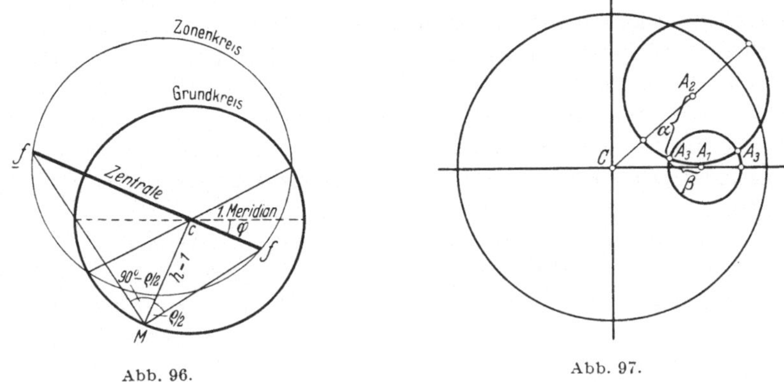

Abb. 96.Abb. 97.

haben auf der Kugel den Abstand von 180°. Ist die Poldistanz von $f = \varrho$, so ist die von $\underline{f} = 180 - \varrho$. Nun ist aber $fC = \frac{1}{2}\operatorname{tg}\varrho$, daher $\underline{f}C = \operatorname{tg}(90° - \frac{1}{2}\varrho)$. Man findet daher $\underline{f}$, indem man $\underline{f}C$ auf der Zentrale $\underline{f}C = \operatorname{tg}(90 - \frac{1}{2}\varrho)$ macht. Die Konstruktion ist folgende: Man macht MC senkrecht fC und $fM\underline{f} = 90°$.

Aufgabe 6. *Gegeben:* Zwei stereographische Flächenpunkte $A_1 A_2$. Ein dritter A_3 steht von A_1 um Winkel α, von A_2 um Winkel β ab. *Gesucht:* Ort von A_3 (Abb. 97).

Man beschreibe um A_1 den Kreis der Punkte, die um Winkel α von A_1 abstehen, ebenso den Kreis der Punkte für den Winkel β von A_2. Beide Kreise schneiden sich in 2 Punkten, die die gesuchten Punkte sind.

VII. Messen der Krystalle.

a) Einführung in die Krystallmessung.

In der Krystallographie ist die Grundaufgabe die Bestimmung der Lage der Flächen gegeneinander. Auf ihr beruht die Erkennung der Symmetrieverhältnisse, die Symbolisierung der Formen mit ihren merkwürdigen Zahlengesetzen, die Feststellung der die Formen beherrschenden Elementzahlen, die Beziehung der Form zum chemischen und physikalischen Verhalten der Krystalle.

Für die Flächenlage kommt es nur auf die Richtung, dagegen nicht auf Ausdehnung und Zentraldistanz an.

Nimmt man einen Punkt im Innern des Krystalls an, zieht von diesem aus Strahlen senkrecht zu den Flächen, so geben die Richtungen dieser Strahlen die gegenseitige Lage der Flächen an. Man kann die Anschauung aber noch vereinfachen. Man legt um den Ausgangspunkt der Strahlen eine Kugel. Nun durchsticht jeder Strahl die Kugel in einem Punkt. Der Ort der Punkte auf der Kugel definiert die Richtung der Strahlen und somit die Lage der Flächen.

Bei der einkreisigen Messung wird der Abstand von Fläche zu Fläche, von Punkt zu Punkt der Kugel bestimmt. Dem entspricht die Triangulation in der Geographie. Der gemessene Winkel erscheint als Seite eines sphärischen Dreiecks auf der Kugel. Die Gesamtmessung eines Krystalles bedeckte die Kugel mit einem Netz von sphärischen Dreiecken. Die Diskussion der Messungsresultate, d. h. die Krystallberechnung, bestand in der Verknüpfung der Seiten zu geschlossenen Dreiecken sowie der Dreiecke unter sich zum geschlossenen Netz. Das geschieht durch Auflösen nach den Regeln der sphärischen Trigonometrie sowie durch Ausgleichsrechnung. In der Geographie und Astronomie gibt es aber noch einen anderen Weg der Ortsbestimmung als den der Triangulation, nämlich die Wahl eines festen Poles und eines ersten Meridianes und die Bestimmung jedes Ortes in bezug auf diese durch zwei koordinierte Winkel, Länge und Breite.

Diese Methode wurde auf die Krystallographie angewendet.

Zur praktischen Durchführung dieses Prinzips hat GOLDSCHMIDT [13] ein Instrument erdacht, das gestattet, den Krystall in der gewählten Orientierung aufzusetzen und für eine Fläche nach der anderen an 2 zueinander senkrechten Kreisen die Positionswinkel φ, ϱ abzulesen, wenn die Fläche einen Reflex liefert, den man durch Drehen um die Achsen der 2 Kreise auf ein Fadenkreuz eingestellt hat.

Man ist gewohnt, jeder Krystallart eine bestimmte Aufstellung zu geben. Man wählt eine Prismenzone und stellt ihre Achse (Zonenachse) senkrecht. Den Durchstich der Prismenachse nimmt man als Pol an. Die Prismenflächen selbst resp. deren Punkte auf der Kugel bezeichnen den Äquator. Eine von den Prismenflächen legt man so, daß die Senkrechte darauf von rechts nach links verläuft. Damit ist die Aufstellung des Krystalles fixiert.

Den größten Kreis der Kugel durch den Pol und den Punkt dieser ausgewählten Prismenfläche nimmt man als ersten Meridian. Und jetzt kann man jeden eine Fläche vertretenden Punkt der Kugel, d. h. die Lage jeder Fläche am Krystall definieren durch 2 koordinierte Winkel, nämlich den Abstand vom Pol (ϱ) und den seines Meridians vom ersten Meridian (φ).

Mit der Einführung der Positionswinkel entfällt die ganze Mannigfaltigkeit der sphärischen Netzlegung und Dreiecksauflösung.

b) Vorteile der zweikreisigen Messung.

1. Die Messung geht rasch, da nur einmaliges Justieren und im Falle beiderseitiger Ausbildung zweimaliges Justieren nötig ist.

2. Ist eine Fläche f polar gestellt, so liefern die Winkel von f mit den übrigen Flächen zugleich die Winkel aller Zonen, denen f angehört.

3. Jede Fläche erhält ihren Ort mit der Sicherheit, mit der ihr Reflex sich einstellen läßt, unabhängig von der Ausbildung der Nachbarn.

4. Die Werte von φ und ϱ liefern unmittelbar das gnomonische Projektionsbild.

5. Die Krystallberechnung reduziert sich wesentlich.

6. Bei der Bestimmung der Elemente können alle guten Reflexe benutzt werden.

7. Ein aus mehreren Individuen zusammengesetzter Krystall liefert als Ganzes gemessen und in das Projektionsbild gebracht, aus diesem Bild das Gesetz der Verwachsung.

8. Zur Charakterisierung wie zum Vergleich genügt eine einfache Winkeltabelle.

Das zweikreisige Goniometer (Abb. 98)[1] wurde im Jahre 1892 eingeführt und hat seit dieser Zeit die einkreisige Messung fast vollständig verdrängt.

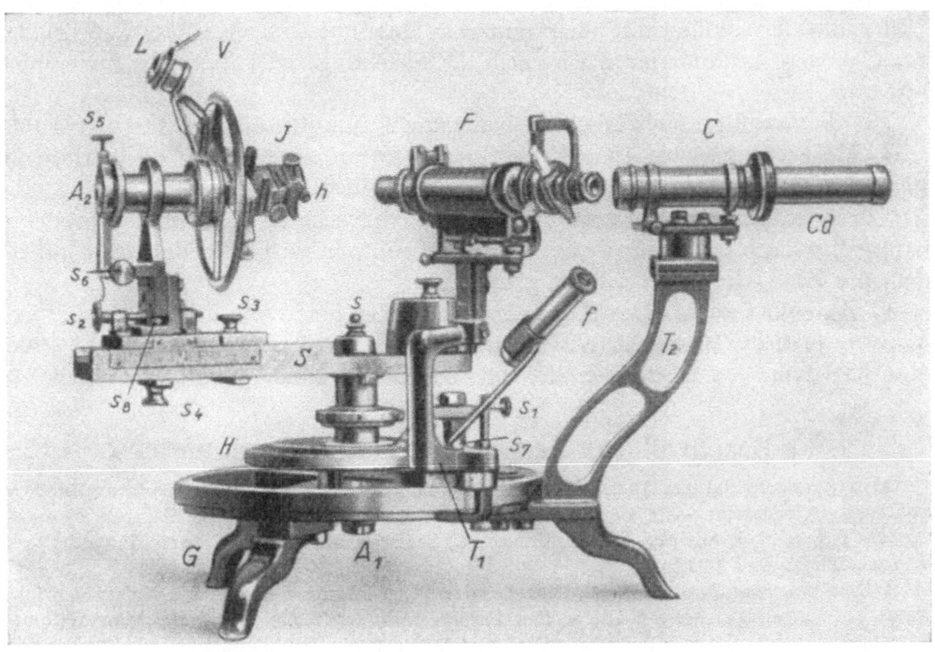

Abb. 98. Zweikreisiges Goniometer.

Für wissenschaftliche Arbeiten wird heute ausschließlich das zweikreisige Goniometer F_1 verwendet. Wir wollen deshalb auf die Beschreibung und Anwendung des einkreisigen Goniometers verzichten. Hier wollen wir vor allem den Gang der Messung und Berechnung aus der Zweikreismessung zusammen mit der gnomonischen Projektion behandeln.

Bei der einkreisigen Messung kann nur immer eine Zone gemessen werden, so daß also zur Berechnung der Elemente eines triklinen Krystalles im günstigsten Falle die 3 Achsenzonen vorhanden sein müssen, was bei triklinen Krystallen, die im allgemeinen sehr flächenarm sind, nur selten der Fall sein wird. Außerdem muß natürlich die Ausbildung dieser Zonen möglichst gleichmäßig gut sein, um eine genaue Elementbestimmung zu ermöglichen; denn wenn eine

---

[1] Das Instrument wird in Heidelberg durch die Firma Stoe & Co. von dem Neffen und Nachfolger Stoes, Reinheimer, in verschiedenen Modellen gebaut.

dieser 3 Zonen eine ungünstige Ausbildung zeigt, so ist die ganze Elementbestimmung unsicher und ungenau. Sollten für die einkreisigen Messungen nun
wirklich diese 3 Achsenzonen zur Verfügung stehen, so sind die Beziehungen der
Messungen dieser 3 Zonen zueinander nicht ohne weiteres ersichtlich und nur
durch Auflösung schiefwinkliger sphärischer Dreiecke möglich.

Diese Einschränkung auf 3 Zonen fällt natürlich bei der zweikreisigen Messung
fort, denn hier genügt die Polarstellung nach einer einzigen dieser Zonen; besonders da auch die Errechnung der Elemente aus der Zone nach [010] und [100]
nicht allzu schwierig ist.

Besonders im triklinen System ist die zweikreisige Messung der einkreisigen
Messung weit überlegen. Denn da man bei der zweikreisigen Messung die eine
Hälfte des Krystalles mit einer einzigen Duschmessung vollständig erledigen
kann, so werden damit natürlich auch die Beziehungen der 3 Achsen zueinander
bestimmt.

Bei der zweikreisigen Messung hat man 2 Hauptprobleme der Justierung.

1. Flächenjustierung. Der Krystall wird so aufgesetzt, daß die betreffende
Fläche, z. B. die Basis (001), parallel zu dem Vertikalkreis steht. Das ist eine
Art der Justierung, die man nicht beim einkreisigen Goniometer anwenden
kann. Man kann somit alle Zonen messen, die durch die Polfläche gehen, außerdem die Zone, die 90° vom Pol absteht.

2. Zonenjustierung. Der Krystall wird hierbei genau wie bei der einkreisigen
Messung justiert. Man stellt dabei den Horizontalkreis auf den Winkel $\varrho = 90°$.
Man hat dann gewissermaßen ein einkreisiges Goniometer vor sich.

c) Beschreibung des zweikreisigen Goniometers.

Man unterscheidet am Instrument folgende Hauptteile (Abb. 98). 1. Horizontalkreis H,
auf Achse A_1 befestigt. — 2. Vertikalkreis V, auf Achse A_2 befestigt. — 3. Fernrohr F, an A_1
mittels Träger T_1 befestigt. — 4. Collimator C, befestigt am Gestell G durch Träger T_2. —
5. Gestell mit drei Füßen.

1. Der Horizontalkreis hat eine Einteilung in $\frac{1}{2}$°, der Nonius gibt 1′. Die Ablesung erfolgt
durch ein kleines Fernrohr f. Ein weißer Papierschirm wirft das von der Goniometerlampe
kommende Licht auf die Skala; daneben auf Wunsch ein Glühlämpchen.

Mittels einer Schraube s_1 kann H festgeklemmt und durch eine weitere Schraube fein eingestellt werden. A_1 trägt in ihrer Bohrung einen Stift s, an dessen Stelle ein Tischchen aufgesetzt werden kann, das zum Tragen von Flüssigkeitsgefäßen u. a. dient und etwa herab-
fallende Krystalle auffängt.

2. Der Vertikalkreis V hat die gleiche Teilung nebst Nonius wie H. Ablesung auf 1′ erfolgt
durch die Ableselupe L mittels Spiegel und Papierschirm, evtl. Glühlämpchen. Auf der Schiene S
ist ein Vor- und Zurückbewegen des Vertikalkreises V möglich, die Schraube s_2 ermöglicht
eine Feinstellung dieser Bewegung, s_3 und s_4 ein Festklemmen. Zur Festklemmung der Drehung
von V dient, ähnlich wie bei H, die Schraube s_5, während s_6 die Feinstellung gibt. Die Achse A_2
von V trägt die zum Zentrieren und Justieren notwendigen Vorrichtungen J. Es sind dies
zwei ebene Kreuzschlitten zum Zentrieren und zwei Zylinderschlitten (Wiegeschlitten) zum
Justieren. Auf J sitzt eine Hülse h zur Aufnahme des Krystallträgers, der sich darin fest-
schrauben läßt.

3. Das Fernrohr ist so eingerichtet, daß das Bild des Signals wie der Krystalloberfläche
abwechselnd vergrößert und verkleinert werden kann. Ein Trieb ermöglicht die Bewegung des
Tubus. Die Anwendung des Fernrohrs geschieht in 5 verschiedenen Kombinationen (Abb.99).

Komb. 1: Objektiv Ob_1 liefert ein Übersichtsbild und wirkt wie eine schwache Lupe.

Komb. 2: Objektiv Ob_1 mit Ocularlupe Oc gibt einen vergrößerten Reflex am Fadenkreuz F_1.

Komb. 3: Objektiv Ob_1 mit Ocularlupe Oc und Einschlaglupe E_2* liefert ein vergrößertes Oberflächenbild am Fadenkreuz F_1.

Komb. 4: Objektiv Ob_1 mit Objektiv Ob_2 (am konischen Stutzen) und Einschlaglupe E_1 gibt ein verkleinertes Reflexbild am Fadenkreuz F_2.

Komb. 5: Objektiv Ob_1, Objektiv Ob_2, Einschlaglupe E_1 und Ocularlupe Oc vermitteln ein stark vergrößertes Oberflächenbild am Fadenkreuz F_1, dessen einzelne Teile durch die Abblendevorrichtung Ab verdeckt werden können[1].

Anwendung der fünf Kombinationen. Beim Arbeiten mit einem nicht zu kleinen Krystall mit gut spiegelnden Flächen zentriert man mit Kombination 1 evtl. unter Vergrößerung mit Kombination 3 und Messung durch Reflex durch Kombination 2. Diese Kombinationen sind für die meisten Messungen ausreichend. Bei kleinen Krystallen stellt man mit Hilfe von Kombination 5 auf Glanz ein und mißt mit Kombination 4. In gleicher Weise verfährt man, wenn man

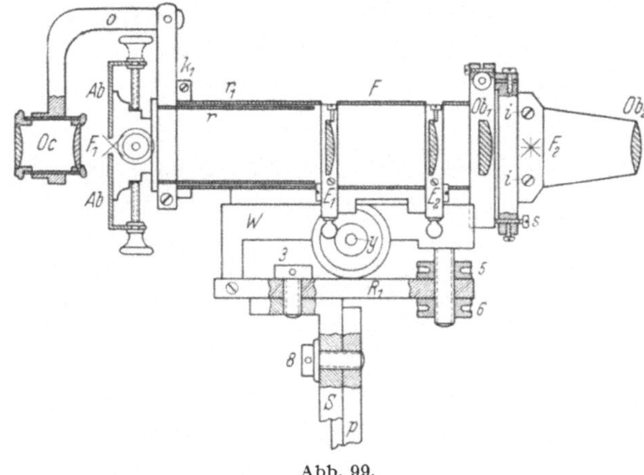

Abb. 99.

nur einzelne Teile einer Fläche reflektieren lassen will, wobei man sich der Abblendevorrichtung bedient. Das verkleinerte Reflexbild gibt nur Reflexe von den nicht abgeblendeten Teilen der Fläche, man muß darauf achten, daß bei größeren Flächen dem Beobachter keine Reflexe entgehen. Der Vorteil des verkleinerten Reflexes besteht also darin, daß man durch die Abblendung den mehrfachen Reflex in Teile zerlegen und verschiedenen Stücken der Oberfläche zuordnen kann — er ermöglicht das Studium der Einzelheiten. Vergrößerung und Verkleinerung in passendem, leicht zu bewirkendem Wechsel angewandt, führen wie beim Mikroskopieren zu den besten Resultaten.

4. Der Collimator C trägt am inneren Ende eine Objektivlinse λ (Abb. 100), am äußeren Ende das Wechselsignal w mit dem Exzenter e. Hinter das Signal kann ein Kondensatorrohr Cd aufgeschraubt werden (Abb. 101). Das Wechselsignal w besteht in einer das Collimatorrohr abschließenden Platte, die einen Ausschnitt etwa in der Form des eisernen Kreuzes zeigt. Über diese Platte hinweg bewegt sich exzentrisch eine Scheibe e mit Ausschnitten[1]. Davon ist der erste und zweite kreisförmig mit einem Durchmesser von 11 bzw. 4 mm, der dritte etwa biskuitförmig, so daß er gerade zwei Arme des Kreuzes von w frei läßt, und der vierte ein kleines Loch. Durch eine Feder mit Anschlag kann man jede der vier Öffnungen genau vor das Signal drehen und erhält dadurch das Signalbild: 1. großes Kreuz (lichtstark), 2. kleines Kreuz (lichtschwach), 3. Signal von Art des WEBSKYschen Spaltes und 4. Lichtpunkt (Punktsignal). Jedes dieser 4 Signale hat seine Vorteile. Signal 1 beleuchtet den Krystall hell zum Zentrieren; das Punktsignal ist unersetzlich bei Beobachtung von krummen Flächen und Akzessorien; Signal 2 ist lichtstärker als 4 und 3.

---

* Bei den neuesten Instrumenten ist an Stelle von E_2 eine Vorschlaglupe getreten, die den gleichen Zwecken dient.

[1] An den neueren Instrumenten werden 5 Blenden angebracht. 1. großes Kreuz, 2. kleines Kreuz, 3. Punktsignal, 4. WEBSKYscher Spalt horizontal, 5. WEBSKYscher Spalt vertikal.

Die Optik des Collimator dient der Herstellung parallelen Lichtes (Abb. 101). Durch die Collimatorlinse (*Col*) werden die Strahlen, die vom Signal (*S*) ausgehen, parallel gerichtet und fallen auf die Krystallfläche (*K*), werden reflektiert und gelangen in das Fernrohr.

Die Optik des Fernrohres für die 5 Kombinationen ist kurz folgende:

Komb. 1: (Abb. 102). Die vom Krystall *K* ausgehenden divergenten Strahlen der Oberfläche werden durch Ob_1 gesammelt und bei *A* unmittelbar beobachtet.

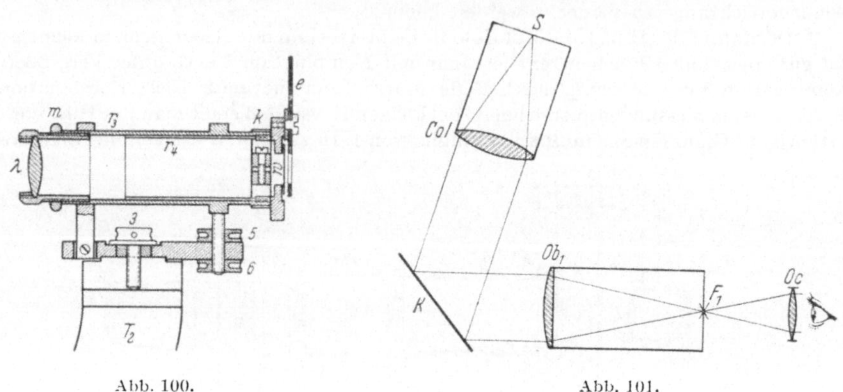

Abb. 100.   Abb. 101.

Komb. 2 (Abb. 101): Die vom Collimator kommenden und am Krystall reflektierten parallelen Strahlen werden von Ob_1 gesammelt und erzeugen beim Fadenkreuz F_1 ein Bild des Signals, das mit dem Ocular *Oc* betrachtet wird.

Komb. 3 (Abb. 103): Die wie bei Komb. 1 von der Krystalloberfläche ausgehenden divergenten Strahlen werden durch Ob_1, in deren Brennpunkt die Fläche (mittels des Triebes) gerückt wird, parallel gerichtet und durch E_2 in F_1 zu einem Oberflächenbild vereinigt, das durch das Ocular *Oc* betrachtet wird, wobei es vergrößert erscheint.

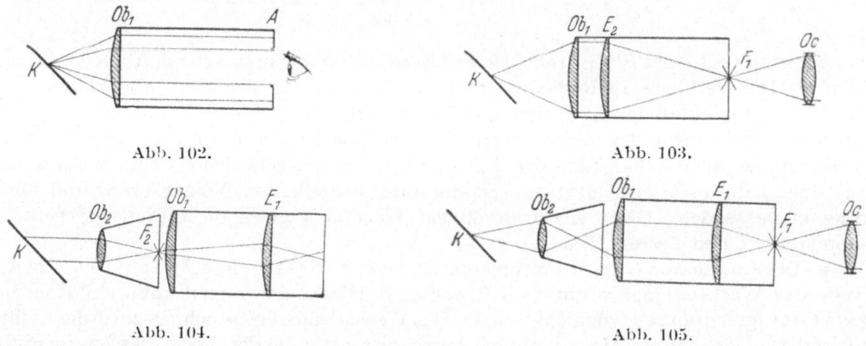

Abb. 102.   Abb. 103.

Abb. 104.   Abb. 105.

Komb. 4 (Abb. 104): Die parallel vom Collimator kommenden und von der Krystallfläche reflektierten Strahlen werden von Ob_2 bei F_2 gesammelt. Es entsteht ein verkleinertes Bild des Signals, das mit Ob_1 und E_1 als Lupe von *A* aus betrachtet wird.

Komb. 5 (Abb. 105): Die von der Krystallfläche divergent kommenden Strahlen werden durch Ob_2, Ob_1 und E_1 am Fadenkreuz F_1 zu einem Bild vereinigt, das wir mit *Oc* betrachten. Die Oberfläche erscheint stark vergrößert.

Wir bezeichnen kurz Kombination 1 bis 3 als Vergrößerung (in bezug auf den Reflex) und Kombination 4 und 5 als Verkleinerung.

Als Lichtquelle kann man jede beliebige verwenden, sofern sie lichtstark genug ist. Am besten bewährt sich die Goniometerlampe mit 30-Watt-Glühbirne. Die Lampen[1] sind mit einem drehbaren Spiegel versehen, der die Beleuchtung der Nonien und des Arbeitsplatzes gestattet.

---

[1] Zu beziehen durch die Fa. Reinheimer & Co., Heidelberg.

d) Justierung des zweikreisigen Goniometers (Abb. 98—100).

Man unterscheidet beim Justieren folgende Operationen:

1. Einstellung der Ocularlupe Oc auf Fadenkreuz F_1. Diese Einstellung ist individuell verschieden und hat mit der eigentlichen Justierung des Instrumentes nichts zu tun. Man blickt mit dem Fernrohr gegen einen hellen Gegenstand und verschiebt Oc im Halter bis zur scharfen Einstellung von F_1.

2. Einstellen des Fernrohres. Dies erfolgt durch Justieren des Fadenkreuzes F_1 auf den Brennpunkt von Ob_1 durch Autocollimation. Zu diesem Zweck steckt man das jedem Instrument beigegebene planparallele Glas in die Krystallträgerhülse h des Vertikalkreises V so, daß es parallel zu einem Wiegeschlitten und gleichzeitig senkrecht steht. Man bringt nun V etwa 90° nach links vom Fernrohr F aus. Auf das Ocular Oc setzt man das dem Justierbesteck beigegebene Glasplättchen so auf, daß es ungefähr 45° schief steht und die Strahlen einer rechts seitwärts in gleicher Höhe mit dem Fernrohr aufgestellten Kerze in das Fernrohr gelangen können. Durch Verschieben von V und H nähert man das reflektierte Fadenkreuz dem F_1 bis auf einen geringen Abstand. Ist das reflektierte Bild unscharf und besteht Parallaxe zwischen den Fäden, was durch Auf- und Abwärtsbewegen des Auges festzustellen ist, so ist F_1 nicht im Brennpunkt von Ob_1. Die richtige Einstellung wird erreicht durch Verschieben des Tubusauszuges, nachdem der Klemmring k_1 des Ocularstutzens gelockert wurde. Es müssen die beiden Fadenkreuze gleich scharf erscheinen und die Parallaxe muß verschwunden sein.

3. Richten des Fadenkreuzes F_1 senkrecht und parallel zur Achse von H, schließt sich an die vorhergehenden Operationen an, indem man das reflektierte Fadenkreuz nach rechts und links bis an den Rand des Gesichtsfeldes verschiebt und dabei beobachtet, ob der Abstand der beiden Horizontalfäden gleichbleibt. Ist dies nicht der Fall, so kann man es durch Drehen des Tubusauszuges erreichen, wobei darauf zu achten ist, daß keine Verschiebung desselben nach vorn oder hinten statthat. Dann Klemmring k_1 fest anziehen.

4. Einstellen des Fernrohres senkrecht zur Achse des Horizontalkreises A_1 mit Planglas. Mit gleicher Vorrichtung wie bei 2 und 3 bringt man nun die beiden Horizontalfäden genau zur Deckung und verschiebt V bis zur 270°-Stellung (rechts von F). Dann kann der horizontale Faden von F_1 über oder unter dem reflektierten Horizontalfaden zu sehen sein, wenn noch nicht justiert ist. Die Hälfte des Abstandes gleicht man aus durch die Feinschraube s_6 des V und bringt die Fäden durch Neigen von F zur Deckung, indem man die Schraubenmuttern 5 und 6 (Abb. 99) im gleichen Sinne dreht. Diese Korrekturen in der 90°- bzw. 270°-Stellung abwechselnd so lange, bis die beiden Horizontalfäden stets aufeinanderfallen. Die optische Achse von F steht dann senkrecht zu A_1.

5. Einstellung der Vertikalkreisachse senkrecht zur Horizontalachse A_1. Man stellt das Planglas nach Augenmaß möglichst senkrecht zu A_2, was durch rasches Drehen von V geprüft werden kann. Bringt man V in die 180°-Stellung, so wird das reflektierte Fadenkreuz einen exzentrischen Kreis beschreiben, wenn das Planglas noch nicht senkrecht zu A_2 steht. Durch Verschieben von H erreicht man, daß die Abweichung vom Vertikalfaden nach rechts und links gleich groß wird. Durch Drehen des horizontalen Wiegeschlittens kann man den reflek-

tierten Vertikalfaden mit dem von F_1 zur Deckung bringen. Dann steht das Planglas senkrecht A_2. Es kann nun immer noch der horizontale Faden oberhalb oder unterhalb des Horizontalfadens von F_1 stehen. Die Korrektur erfolgt durch geringes Verstellen der 4 Lochschrauben am Träger des Vertikalkreises. A_2 steht senkrecht zu A_1, wenn bei Drehung von V die beiden Fadenkreuze in Deckung bleiben.

6. Justieren des Collimators (Abb. 100). Das Glasplättchen am Ocular wird entfernt und die Beleuchtung am Collimator eingeschaltet. Zunächst wird das Wechselsignal W in den Brennpunkt des Collimatorobjektives gebracht, indem man die Gegenmutter m am Objektiv des Collimators löst und λ verschiebt, bis das Signal scharf sichtbar ist und keine Parallaxe auftritt. Dann m wieder anziehen. Nun muß die Collimatorachse senkrecht zu A_1 gestellt werden. Hat man ein Signalbild durch Drehung von H auf den Vertikalfaden gebracht, so verschiebt man den Schnittpunkt durch Drehung der Neigungsmuttern 5 und 6 (Abb. 100) am Collimator im gleichen Sinn.

7. Justieren der optischen Achsen der Vergrößerung und Verkleinerung aufeinander (Abb. 99). Man stellt zuerst das Signalbild scharf auf F_1 ein, klappt den konischen Stutzen mit Ob_2 herunter, schlägt E_1 herein und Oc hoch. Kommt das Signalbild nicht mit F_2 zur Deckung, so verstellt man die kleine Anschlagschraube s, bis der Horizontalfaden mit dem Signal übereinstimmt. Durch Zentrieren der Linse des konischen Stutzens und der Einschlaglupe E_1 unter jeweiliger Benutzung der 4 Schräubchen am Rande der Linsenfassung verschiebt man F_2 bzw. das Signalbild seitlich, bis sich beide decken.

8. Verlegen der optischen Achse von F in eine Ebene mit A_2. Linsenkombination $3: Ob_1 + E_2 + Oc$. In die Krystallträgerhülse h wird das Justierkreuz so eingesetzt, daß die Ebene des Ringes einem Wiegeschlitten parallel und der Horizontalfaden des Justierkreuzes etwa A_2 parallel ist. Nachdem man V in die 90°-Stellung gebracht hat, wird der Horizontalfaden des Justierkreuzes mittels Wiegeschlitten parallel zum Horizontalfaden von F_1 gestellt und mit dem Planschlitten genau zentriert. Bewegt sich beim Drehen von V der Horizontalfaden nicht mehr, so liegt er genau in A_2. Fällt er dabei nicht mit dem Horizontalfaden von F_1 zusammen und ist die Abweichung beträchtlich, so muß F parallel gehoben oder gesenkt werden. Dies geschieht nach Lösen der Schraube 8 (Abb. 99) durch Verschieben des Trägers. Schraube wieder gut anziehen. Ist die Abweichung nur gering, so kann man die Korrektur mit Hilfe der 4 kleinen Schrauben an der Fassung der Vorschlaglupe Oc vornehmen.

9. Einstellen der Fernrohrachse in eine Ebene mit A_1. Vorrichtung wie bei 8. Man bringt V etwa in 150°-Stellung zu F und zentriert den Vertikalfaden des Justierkreuzes so, daß er bei einer Drehung von V um A_2 um 180° seine Lage beibehält. Dann wird V abwechselnd in die 90°- und 270°-Stellung gebracht und durch Verschieben des gesamten V auf dem Schlitten S zentriert. Fällt der Vertikalfaden des Justierkreuzes mit dem von F_1 nicht zusammen, so löst man die beiden Schrauben s_7 (Abb. 98) an der Grundplatte des Fernrohrträgers und dreht, bis Deckung erreicht ist. Schrauben wieder fest anziehen.

10. Einstellen von A_2 zum Schnitt mit A_1. V wird in 150°-Stellung gebracht. Falls sich die beiden Vertikalfäden nicht decken, werden die beiden Schrauben s_8 (Abb. 98) an der Grundplatte des V-Trägers gelockert und dieser verschoben,

bis Deckung erreicht ist, wonach die Schrauben wieder fest angezogen werden. Im allgemeinen kommt diese Korrektur nach Zusammensetzen des Instrumentes durch den Mechaniker nicht mehr in Frage.

e) Polarstellen der Krystalle.

Eine der wichtigsten Aufgaben bei der zweikreisigen Messung ist die Polarstellung der Krystalle. Bei der zweikreisigen Messung ist jede Fläche definiert durch die 2 Positionswinkel φ und ϱ.

Eine Zusammenstellung dieser Winkel findet man in der Winkeltabelle von GOLDSCHMIDT [12]. Diese Winkeltabelle setzt eine bestimmte Aufstellung des Krystalles voraus, das heißt die Wahl eines Poles (Polfläche o = Projektionsebene) und eines Nullmeridianes ($\varphi = 0°$). Unter Polarstellung eines Krystalles versteht man die Einstellung der c-Achse des Krystalles genau in der Richtung der Achse des Vertikalkreises des Goniometers; ist diese Richtung die Halbierungslinie des Inzidenzwinkels, so versteht man unter der Ablesung in dieser Stellung am Horizontalkreis die Polstellung des Instrumentes.

Die Reflexe einer Fläche am Krystall, die senkrecht zur c-Achse liegt, müssen beim Drehen von V ruhig im Fadenkreuz stehenbleiben.

Die Goniometer, die die Fa. Rheinheimer & Co. liefert, sind so eingestellt, daß bei einem üblichen Inzidenzwinkel die Ablesung am Horizontalkreis 360° für die Polarstellung des Instrumentes beträgt.

Ehe man mit der Messung beginnt, überzeugt man sich davon, ob dieser Winkel 360° beträgt. Ändert man den Inzidenzwinkel, so ist die Polarstellung des Instrumentes nicht mehr 360°. Die genaue Einstellung dieser Werte kann auf zwei Arten erfolgen:

1. durch Polarstellen einer Fläche mit einheitlichem Reflex, am besten nimmt man dazu das planparallele Glas, das jedem Instrument beigegeben ist.

Man stellt die Flächen nach dem Augenmaß parallel V (also senkrecht zur V-Achse) und bringt durch Drehen um V und H den Reflex ins Fadenkreuz. Dreht man nun V, so beschreibt der Reflex einen Kreis, dessen Mittelpunkt seitlich liegt.

Der Mittelpunkt dieses Kreises ist der Pol des Instrumentes. Man beobachtet nun zunächst, auf welcher Seite der Mittelpunkt dieses Kreises liegt. Liegt er z. B. auf der linken Seite, dann verschiebt man mit dem waagerecht gerichteten Justierschlitten den Reflex um den halben Weg nach rechts und bringt dann durch Drehen des Horizontalkreises den Reflex wieder zur Deckung mit dem Fadenkreuz. Steht keiner der Justierschlitten bei Ausführung obiger Operation waagerecht, so stellt man den, der der Waagerechten am nächsten steht, direkt waagerecht und bringt mit dem nun senkrecht stehenden Justierschlitten den Reflex auf den Horizontalfaden. Hat man nun wieder den Reflex zur Deckung mit dem Fadenkreuz gebracht, so wiederholt man die obige Operation und wird erkennen, daß dieser Kreis nun kleiner geworden ist. Man wiederholt so lange (halber Weg Justierschlitten, halber Weg mit dem Horizontalkreis), bis beim Drehen von V um 360° der Reflex im Fadenkreuz stehenbleibt. Mit diesen beiden Bewegungen hat man das planparallele Glas justiert und gleichzeitig in die Polstellung des Instrumentes gebracht.

2. Bestimmung von der Polstellung des Instrumentes durch Umschlagen. Man neigt dazu das Planparallelglas um einen beliebigen Winkel gegen den Pol. Nun bringt man durch Drehung von V und H den Reflex zur Deckung mit dem Fadenkreuz und liest den Kreis H ab. Jetzt dreht man H über den Pol hinaus, bis der Reflex wieder erscheint. Nach Einstellung dieses Reflexes durch V und H mit dem Fadenkreuz sei nun die Ablesung H_2.

Dann ist:

$$h_1 = h_0 + \varrho,$$

$$h_2 = h_0 - \varrho,$$

$$h_1 + h_2 = 2h_0, \quad \text{demnach} \quad h_0 = \tfrac{1}{2}(h_1 + h_2).$$

Man wiederholt dieselbe Operation unter einem anderen Neigungswinkel des planparallelen Glases.

Es sei nun z. B. die Ablesung h_0 statt $360°$, $357°35'$, so muß man h_0 um $2°25'$ kleiner machen. Man löst die Klemmung des Fernrohres und verschiebt das Fernrohr um den doppelten Winkel, also um $4°50'$ gegen den Collimator, klemmt wieder das Fernrohr fest, bringt nun das Signal wieder zur Deckung mit dem Fadenkreuz, so muß die Polstellung $360°$ sein.

Ist dies nicht der Fall (infolge eines Versehens), so wiederholt man den Vorgang.

Es folgt nun die Polarstellung der Krystalle.

Wir versehen also unter Polarstellung des Krystalles die Stellung so, daß die c-Achse des Krystalles in die Verlängerung der Achse des Vertikalkreises des Instrumentes fällt.

a) Ist die Polfläche vorhanden, so ist dies die einfachste und bequemste Art der Polstellung eines Krystalls. Die Art der Einstellung spielt sich genau so ab, wie oben bei der Bestimmung der Polstellung des Instrumentes.

b) Die Polfläche definiert durch eine zu ihr senkrechte Zone (z. B. Prismenzone).

Man justiert zunächst eine Kante der Prismenzone in bezug auf den Horizontalfaden bei Stellung von einem Justierschlitten ungefähr senkrecht. Nun dreht man V so weit, daß bei Einstellung einer anderen Prismenkante der 2. Justierschlitten nahezu senkrecht steht, und sieht zu, daß jeweils durch Drehen des senkrechten Justierschlittens die Prismenkanten möglichst parallel dem Horizontalfaden stehen. Nun kann die weitere Justierung des Krystalles wie vorher auf S. 124 durch Halbierung des jeweiligen Fehlers erfolgen. Dies ist der wichtigste Fall, denn die normale Projektionsebene ist in allen Systemen senkrecht zur Prismenzone. Im triklinen und monoklinen System existiert die normale Projektionsebene als Fläche nicht, bei manchen Krystallen der anderen Systeme ist sie unbekannt oder doch selten (Quarz). Man stellt in diesem Falle nach der Prismenzone polar.

Nachdem man wie oben angegeben die Kanten der Prismen mit dem Horizontalfaden möglichst parallel gestellt hat, klemmt man den Horizontalkreis bei $90°$ fest und bringt den Reflex von Prismenflächen, die möglichst parallel den beiden Wiegeschlitten stehen, bei Stellung des letzteren senkrecht zur Deckung mit dem Fadenkreuz. Sind Polfläche und Prismen vorhanden und stimmen beide in der Polstellung nicht ganz überein, so hat man sich im allgemeinen nach der Prismenzone zu richten, da dieselbe durch 2 oder mehr Flächen gespannt ist, so hat sie eine größere Stabilität als die Einzelfläche.

Im folgenden sind einzelne Begriffe neu und daher zu definieren.

Ring sei ein System von Flächen gleicher Poldistanz. Der Ring enthalte die Flächen mit der Poldistanz ϱ. Der Ring von $\varrho = 90°$ ist eine Zone des Äquators. Die Ringe sind Kleinkreise der Kugel. Sie erscheinen in gnomonischer wie in stereographischer Projektion auf die Polfläche als konzentrische Kreise um den Pol. Ist der Krystall normal aufgestellt, so erscheinen beim Drehen des Vertikalkreises die Reflexe des Ringes der Reihe nach am Vertikalkreise.

Einstellen einer Fläche bedeutet, die Fläche so zu richten, daß der Reflex im Fadenkreuz erscheint.

$W_1 W_2$ sind die 2 Wiegeschlitten (Zylinderschlitten) des Justierkopfes (Abb. 98).

1. Polfläche definiert durch ihren Winkelabstand $\alpha_1 \alpha_2$ von 2 vorhandenen Flächen a_1, a_2.

Man verklemmt den Krystallträger so, daß W_1 der Fläche a_1 gegenübersteht. Dann klemmt man H bei der Marke α_1 (H_0 ist ja immer 360°) und bringt den Reflex ins Fadenkreuz[1] durch Drehen von V und W_1. Darauf klemmt man H bei α_2 und bringt diesen Reflex durch Drehen von V und W_2 ins Fadenkreuz. Nun klemmt man wieder H bei α_1 und beseitigt den halben Fehler durch V und W_1 für die Fläche α_1. Hierauf wiederholt man diesen Vorgang mit den entsprechenden Schrauben für α_2. Durch einige Wiederholungen gelingt es, auf diese Art den Krystall polar zu stellen.

2. Sind bei obiger Aufgabe noch die beiden Winkel φ_1 und φ_2 gegeben und ist z. B. $\varphi = \varphi_2 - \varphi_1$ zuverlässiger als z. B. $\varphi = 60°$, $90°$, $120°$, $180°$, ... durch Symmetrie des Systems, dann ist die Ausführung folgende:

Klemmen bei ϱ_1 und Einstellen von a_1 durch V und W_1. Die Ablesung sei v_1 an V. Klemmen von V bei $v_1 + \varphi$ und Einstellen von a_2 durch H und W_2. Wiederholen beider Operationen unter jedesmaliger Beseitigung des halben Fehlers. Dann liefert ϱ_2 Übereinstimmung und Kontrolle (Abb. 106.).

3. Polfläche definiert als Pol des Ringes a_1, a_2, a_3, also Polfläche soll von den Flächen a_1, a_2, a_3 um den gleichen Winkel abstehen. Einstellen von a_1, a_2, a_3 durch V und H. Die Ablesungen am Horizontalkreis seien h_1, h_2, h_3. Klemmen von H bei $h' = h_1 + h_3 - h_2$. Einstellen von a_1 durch V und W_1, dann von a_3 durch V und W_2. Beide lassen sich in den Ring h' stellen durch Korrektur des halben

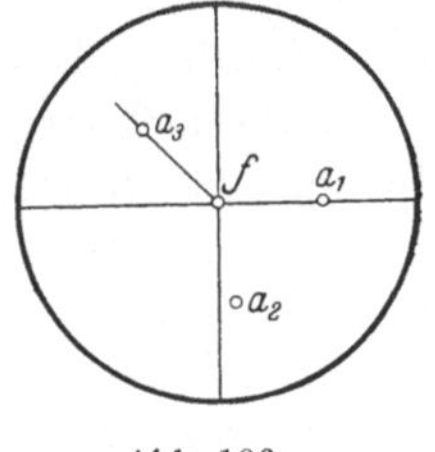

Abb. 106.

Fehlers für a, durch VW_1 für a_2 durch VW_2. Reflex a_2 erscheint noch außerhalb des Ringes. Einstellen von a_2 durch VH. Ablesung an H sei h_2'. Man erhält die zweite Näherung durch Klemmen von H bei $h'' = 2h' - h_2$. Einstellen von a_1, a_2 in Ring h_2 wie oben.

Beispiel: Reguläres, hexagonales, tetragonales, rhombisches System. Drei Flächen derselben Spitze an der Pyramide, Rhomboeder oder Skalenoeder ausgebildet (Abb. 107).

---

[1] Bei Kombination 5 hat das Gesichtsfeld von links nach rechts, also in horizontaler Richtung, eine Breite von ca. 15°.

4. Polfläche definiert durch 2 Flächen a_1, a_2 von gleicher, aber bekannter Poldistanz und eine Fläche a_3 von bekannter Poldistanz. Anheften so, daß W_2 gegenüber a_3. Klemmen von H bei $h_3 = \frac{1}{2}(h_1 - h_2)$. Einstellen a_1, a_2 durch VH. Sie geben die Ablesungen h_1, h_2. Klemmen von H bei $\frac{1}{2}(h_1 + h_2)$. Einstellen von a_1, a_2 in den Ring VW_1, W_2. Dann wieder Klemmen bei h_3. Einstellen von a_3 durch VW_2. Einstellen von a_3 in VW_2. Einstellen von a_1, a_2 durch VH. Ablesen h_1, h_2. Klemmen bei $\frac{1}{2}(h_1, h_2)$ und einstellen a_1, a_2 in den Ring VW_1, W_2. Durch einige Wiederholungen wird erreicht, daß bei Ablesung h_3 für a_3 die Flächen a_1, a_2 in den Ring eingestellt sind.

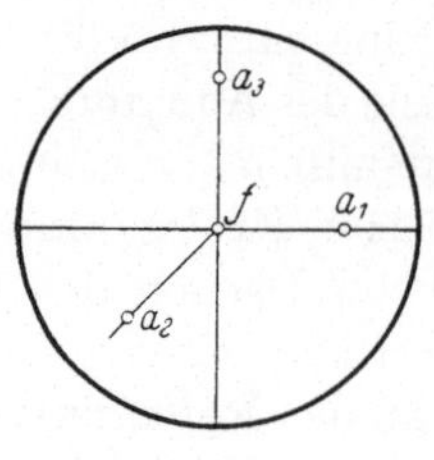

Abb. 107.

Beispiel: Calcit mit zwei zusammengehörigen Skalenoeder oder Rhomboeder und einer Spaltfläche (Abb. 108).

5. Polfläche im Schnitt zweier Zonen Z_1, Z_2. Anheften so, daß die Kanten beider Zonen möglichst parallel V laufen und daß, wenn Z_1 senkrecht steht, Schraube W_1 oben und W_2 seitlich ist. Justieren von Z_1 durch VW_1, so daß bei

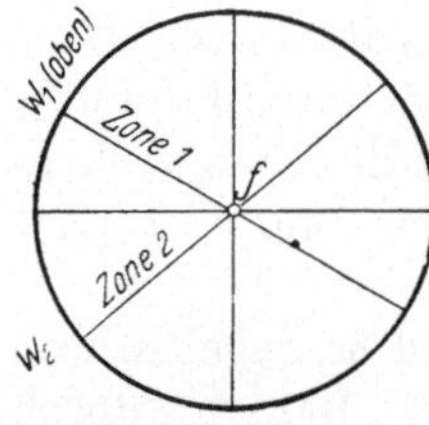

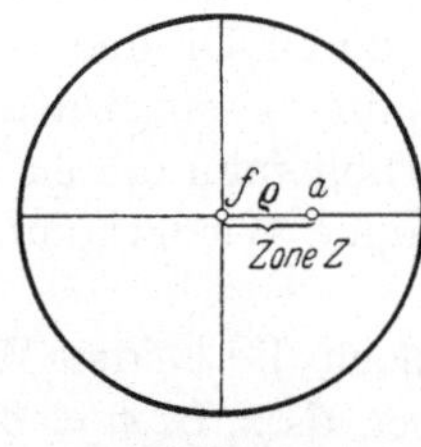

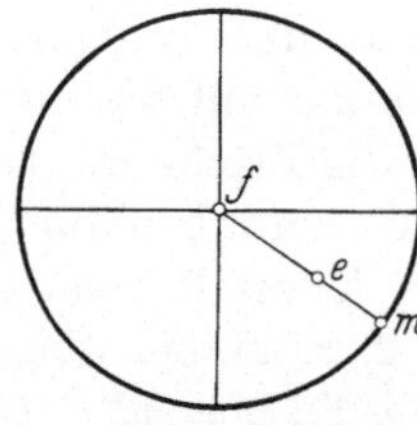

Abb. 108.   Abb. 109.   Abb. 110.

Drehung von H die Reflexe am Horizontalfaden hinwandern. Dann Justieren von Z_2 auf H durch VW_2. So abwechselnd unter Beseitigung des halben Fehlers. Beim Justieren der Zonen wird stets die obere (untere), nicht die seitliche W-Schraube gebraucht (Abb. 109).

6. Polfläche f in Zone Z. Außerdem in Z eine Fläche a von bekannter Poldistanz ϱ. Man befestigt den Krystall so, daß die Zonenkante parallel V, W_1 oben oder unten, wenn Zonenkante senkrecht H. Justieren von Z senkrecht H durch VW_1. Klemmen bei ϱ. Einstellen von a durch W_2 an den Vertikalfaden. Abwechseln beider Operationen unter Korrektur des halben Fehlers[1].

Beispiel: Epidot mit unbestimmten Querdomen und der Hauptspaltfläche (Abb. 110).

Spezialfall. Polfläche f definiert durch eine aufrechte Fläche $m = p \infty$ $(h\,k\,0)$ und eine Fläche e der Zone mf.

Anheften des Krystalles so, daß m senkrecht V_1 Zonenkante parallel V, W, gegenüber m. Klemmen von H bei $90°$. Einstellen des Reflexes von m durch VW_1. Klemmen von V. Einstellen von e durch HW_2. Beide Operationen wiederholt man unter Beseitigung des halben Fehlers, bis m bei $90°$ eingestellt ist und e durch Drehung von H an den Vertikalfaden kommt.

---

[1] Die Aufgabe hat zwei Lösungen, solange nicht bekannt ist, auf welcher Seite von f die Fläche a liegen soll.

Liegt f zwischen m und e, so ist vor Einstellen von e Drehung von V um abgelesene 180° nötig.

Beispiel: Monoklines System $m = \infty 0(100) e = p0(p01)$. Im regulären, tetragonalen und rhombischen System m ein beliebiges $p\infty$, e eine Fläche der Zone $[p\infty:0] = [p10:001]$. Im monoklinen System ist der Fall besonders wichtig, da hier $0(001)$ nicht Polfläche ist, oft dagegen die Zone der Querdomen vorhanden ist, der f angehört.

8. Polfläche definiert durch eine Zone Z, darin 2 Flächen a_1, a_2 von gleicher, aber unbekannter Poldistanz (Abb. 111).

Anheften, daß die Zonenkante parallel VW_1 in der Zonenebene wirkend. Justieren der Zonen Z zu H (Kante vertikal) durch VHW_2 (geschieht das Justieren nach a_1, a_2, so ist dabei umzuschlagen, d. h. V um abgelesene 180° zu drehen, da f zwischen a_1 und a_2 liegt). Einstellen von a_1. Drehen von V um abgelesene 180°. Ist Z richtig justiert, so erscheint a_2 am Horizontalfaden. Korrektur der halben Entfernung des Reflexes vom Fadenkreuz durch W_1 der anderen Hälfte des H. Korrektur der Zonenjustierung durch VHW_2. Wiederholen beider Operationen, bis bei Einstellung von aV_1 um 180° gedreht ist, a_2 am Kreuzpunkt erscheint.

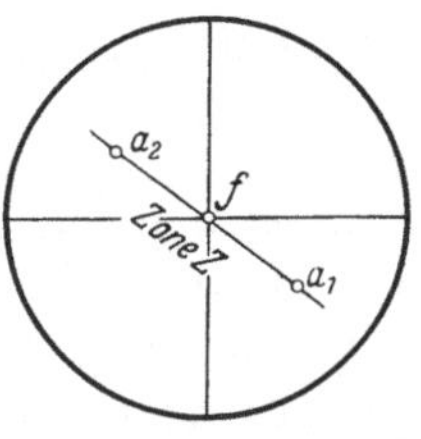

Abb. 111.

Beispiel: Rhombisches, tetragonales und hexagonales System. a_1, a_2 zwei gegenüberliegende Pyramiden oder Domenflächen einer Gesamtform für $f = 0(001)$. Monoklines System a_1, a_2 zwei Flächen desselben $0q(0kl)$ oder $p\infty(hk0)$, wenn $0\infty(010)$ Polfläche sein soll (Abb. 112).

9. Polfläche f in Zone Z. Außerhalb Z eine Fläche a von bekannter Stellung.

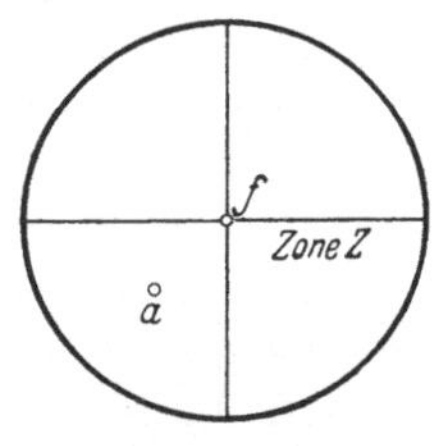

Abb. 112.

Befestigen des Krystalles wie bei 6. Justieren von Z senkrecht H durch VW_1. Klemmen bei ϱ und Einstellen von a durch VW_2. Abwechseln beider Operationen unter Korrektur des halben Fehlers.

Auch diese Aufgabe hat zwei Lösungen.

Nachdem wir jetzt die von GOLDSCHMIDT [*10*] angewandte Art, Krystalle von verschiedener Flächenausbildung polar zu stellen, besprochen haben, möchte ich hier meine praktischen Erfahrungen beim Polarstellen entwickeln.

Zuerst einige allgemeine Regeln: Bevor man zur Messung schreitet, ist es notwendig, daß man sich möglichst über das Krystallsystem und auch, wenn angängig, über die Flächenarten des Krystalls orientiert. Es ist dies ja auch schon für die Skizze des zu messenden Krystalles notwendig. Im Fall dieses nicht gelingen sollte, stellt man zunächst die bestentwickelte Zone senkrecht, d. h. als Prismenzone auf. Man mißt nun den Krystall durch und macht eine gnomonische Projektion. Hier wird man zunächst die Winkel in den einzelnen Zonen graphisch bestimmen und so leicht bei bekannten Mineralien finden, ob man die richtige Aufstellung gewählt oder welches die richtige Aufstellung (Prismenzone) ist.

Zunächst ist es erforderlich, die für den Zweck der Messung (Identifikation eines Minerals), Neubestimmung der Elemente an bekannten Mineralien, neues Vorkommen oder schließlich bei einem bisher unbekannten Mineral die für die

Bestimmung des Krystallsystems der Symbole und Elemente nötige Aufgabe festzustellen.

Dabei hängt natürlich das meiste von der Ausbildung der einzelnen Krystalle auf der Stufe ab.

Der ungünstigste Fall ist der, wo die einzelnen Krystalle derart verwachsen sind, daß es unmöglich ist, einen einzelnen oder auch nur ein kleines Grüppchen herauszulösen.

Man ist dann gezwungen, die ganze Stufe auf das Goniometer aufzusetzen, und im Falle dieselbe zu groß ist, ein Stück von passender Größe abzuschlagen. Man wählt dann einen für die Stufe geeigneten Krystallträger, auf den man dieselbe mit Wachskitt[1] aufkittet. Bei derartigen Stufen benutzt man am besten auf dem Goniometer Kombination 3 (Objektiv $Ob1$ mit Okularlupe E).

Diese Kombination hat den Vorteil, daß die Brennweite der Linse E etwa 7 cm beträgt, so daß also die Gefahr, mit der Stufe an das Fernrohr anzustoßen, bedeutend geringer ist als bei Kombination 4, bei der die Brennweite der Linse E_1 nur etwa 2,5 cm beträgt.

Bevor man die Stufe auf das Goniometer aufsetzt, ist es nötig, daß man schon einen passenden Krystall gefunden hat, da man ja viel mehr Bewegungsfreiheit hat, ehe der Krystall auf dem Goniometer sitzt. Man macht die Stelle, wo der ausgesuchte Krystall auf der Stufe sitzt, am besten dadurch kenntlich, daß man in dessen Nähe mit irgendeiner Wasserfarbe ein kleines Pünktchen angibt. Auf dem Goniometer ist es nun die nächste Aufgabe, diese Stelle zu zentrieren, was nicht immer leicht gelingt. Hat man endlich die richtige Stelle gefunden, so muß man nachsehen, ob es möglich ist, mit den Wiegeschlitten den Krystall in die zur Messung geeignete Orientierung zu bringen. Sollte das nicht der Fall sein, so muß die Stufe wieder von dem Krystallträger abgenommen und in einer passenderen Orientierung aufgekittet werden. Von vielen Mineralien, die in dieser Art auf Stufen aufgewachsen sind, konnten bis jetzt noch nicht die Elemente bestimmt werden.

Das Heraussuchen passender Krystalle, die zur Messung geeignet sind und auf Stufen aufsitzen, erfordert viel Geduld und Aufmerksamkeit.

Das Aufkitten loser Krystalle ist nicht schwierig, wenn dieselben eine gewisse Größe besitzen. Umständlicher wird es, wenn die Krystalle sehr klein sind, was jetzt gerade für solche, die röntgenographisch bestimmt werden sollen, der Fall ist.

Bei derart kleinen und dabei meist empfindlichen Krystallen (Laboratoriumspräparate) verwendet man am besten statt des Wachskittes irgendeinen anderen Klebstoff, da letzterer in kaltem Zustand verwendet wird. Man streicht ein Spürchen Klebstoff auf ein zugespitztes Streichholz und faßt damit den Krystall, den man vorher auf ein am besten schwarzes Papier gelegt hat, in möglichst passender Orientierung. Diese vorläufige, ungefähr richtige Orientierung verbessert man nun, indem man das Streichholz an einem Krystallträger so ankittet, daß das Kryställchen möglichst günstig orientiert ist. Es hat diese Art den Vorteil, daß es nicht nötig ist, den Krystall gegebenenfalls nochmals umzusetzen, was die meisten derartigen Krystalle nicht vertragen.

---

[1] Von der Firma P. Stoe & Co., Heidelberg.

Sollen die Krystalle röntgenographisch bestimmt werden, so ist es leider im allgemeinen nicht möglich, nochmals außer dem Streichholz noch einen Krystallträger zu benutzen, und man muß das Kryställchen schon allein auf den Krystallträger möglichst genau orientiert aufsetzen.

Nun kann der Krystall auf das Goniometer aufgesetzt werden.

Wie schon erwähnt, ist es wichtig, daß der Krystall schon möglichst gut auf dem Krystallträger orientiert aufgesetzt wurde. Nach dem Aufsetzen auf das Goniometer verbessert man noch zunächst nach dem Augenmaß, also ohne Benutzung des Fernrohres die Stellung. Nun erst prüft man durch das Fernrohr diese Stellung, soweit es möglich ist. Das Aufsetzen auf das Goniometer soll so erfolgen, daß eine wichtige Fläche, möglichst eine solche, die man zur Polarstellung benutzen will, parallel einer Wiegeschlittenschraube steht. Die Lage einer solchen Fläche wird durch die Bewegung des dazu senkrecht stehenden Wiegeschlittens am wenigsten beeinflußt. In den meisten der Seite 125 angeführten Fälle ist es möglich, den Krystall schon so ohne Signal ziemlich genau zu orientieren. Bei einem Topas von 10 mm Länge ist es möglich, nur nach dem Augenmaß den Krystall bis auf 7° Fehler zu orientieren. Mit Benutzung des Fernrohres konnte dieser Krystall durch Parallelstellen der Prismenkanten mit dem Horizontalfaden auf 1° 40′ Fehler orientiert werden. Die möglichst genaue Orientierung nach der Oberfläche hat den Vorteil, daß man immer sieht, ob man den Krystall nach der richtigen Seite neigt. Fälle, wo man den Krystall nur mit Hilfe des Signals polar stellen kann, sind nicht häufig. Der wichtigste Fall ist der, wenn an dem Krystall eine gut ausgebildete Basis vorhanden ist. Diese Art der Polstellung wurde Seite 126 beschrieben.

Eine zweite Art, bei der man nur auf die Reflexe angewiesen ist, findet bei Nr. 3 statt. Diese Art der Polstellung ist jedoch nicht eindeutig, da man ja durch drei beliebig gelegene Punkte stets einen Kreis legen kann.

Bei Publikation über den Wittichenit[1] war es nötig, eine Röntgenaufnahme zu machen, so daß die Körperdiagonale senkrecht stand.

Da diese Körperdiagonale senkrecht auf der Grundpyramide (111) steht, wäre es natürlich am einfachsten, diese Grundpyramide in den Pol zu stellen. Da jedoch das Kryställchen sehr klein war (bei einer Länge von 2,4 mm hatte dasselbe über 100 Flächen), so daß es nicht möglich war, die Fläche (111) ohne weiteres zu erkennen, zumal der Polabstand dieser Pyramide 64°06′ beträgt und es deshalb nicht möglich war, ihn von der normalen Aufstellung aus um diesen Winkel zu drehen, da hierzu die Wiegeschlitten nicht ausreichten.

Man setzte das Kryställchen zunächst so auf den Krystallträger, daß eine der 4 Hauptradialzonen eine ungefähre Neigung von 67° gegen die normale Polstellung hatte und daß die Achse dieser Zone senkrecht zu dem Krystallträger stand. Nun wurde der Krystall so auf das Goniometer aufgesetzt, daß die eine Wiegeschlittenschraube parallel dieser Zone stand.

Das Prisma dieser Zone stellt man dann auf $H = 25°54′$ (Abstand von 111).

Damit war die grobe Einstellung beendet. Zur letzten genauen Einstellung wurden die diesem Prismen benachbarten beiden Prismen $M(320)$ und $l(120)$ benutzt. Man berechnet leicht aus dem rechtwinkligen sphärischen Dreieck, in

---

[1] BORCHERT und SCHROEDER: Heidelberger Beiträge z. Mineralogie 1, 112 (1947).

dem die beiden Katheten bekannt sind, für die Flächen M und l die $\varphi\,\varrho$ in dieser Polstellung aus und findet für $M(320)$ $\varphi\,\varrho = 23°49'$; $27°57'$, für $l(120)$ $\varphi\,\varrho = 38°23'$; $31°47'$.

Es genügt natürlich die Berechnung für eines der beiden Prismen, die zweite dient zur Kontrolle.

f) Die Messung von Zwillingen.

Man vermutet einen Zwilling am einspringenden Winkel, obgleich dies Kennzeichen nicht immer richtig ist.

Zwillinge von $d = 01(011)$ nach dem Spinellgesetz haben keinen einspringenden Winkel.

Man stellt die Gruppe nach Krystall I polar und mißt die ganze Gruppe in dieser Aufstellung und macht ein gnomonisches Projektionsbild von der ganzen Gruppe.

Da in diesem gnomonischen Projektionsbild die korrespondierenden Punkte nicht bekannt sind, muß man jeden Punkt p des einen mit jedem Punkt p' des andern verbinden. Gehen drei solcher r-Punkte durch einen Punkt, so ist dieser der Zwillingspunkt U.

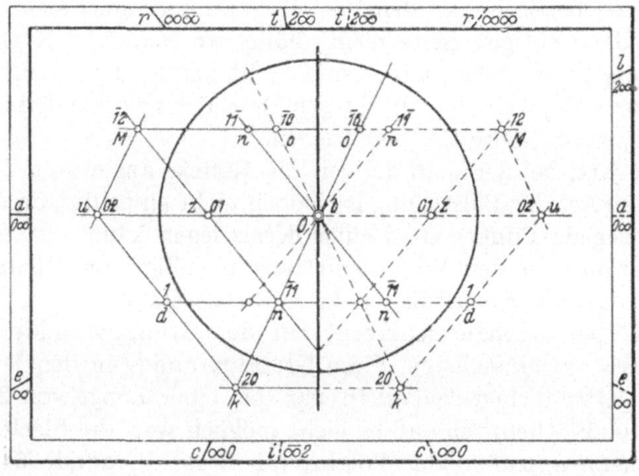

Abb. 113.

Epidotzwilling nach $a = 0(100)$ (Abb. 113). Der Krystall ist nach einer Zone gestreckt, die man zunächst als Prismenzone aufstellt. (Es ist die Zone der Querdomen $[p\,o]$.)

Am freien Ende sieht man einen einspringenden Winkel. Es kommt dabei die Längsfläche $b = 0\infty(010)$ in den Pol, also die Symmetrieebene des monoklinen Systems. Die Projektion auf die Symmetrieebene ist im monoklinen System häufig als Projektionsebene, besonders auch für Krystalle, die nach der Q-Achse gestreckt sind. (Epidot, Kupferlasur.)

Diese Art der Aufstellung entspricht folgender Substitution:

$$S = \frac{p_0\,q_0\,r_0;\qquad \lambda\,\mu\,\nu,}{r_0\,p_0\,q_0;\qquad \nu\,\lambda\,\mu.}$$

Aus hkl wird lkh. Das Transformationssymbol ist nun:

$$p\,q\,(\text{I}) = \frac{1}{q}\,\frac{p}{q}\,(\text{II}), \quad \text{z. B.} \quad 23\,(\text{I}) = \frac{1}{3}\,\frac{2}{3}\,(\text{II}).$$

Das Eintragen der Projektionspunkte geschieht wie üblich, nur sind im Projektionsbild die $+$ - und $-$ - Gebiete zu scheiden (Abb. 84).

Das Symbol in dieser Projektion ist $r\,p$, es ergibt sich aus den Koordinaten, bezogen auf die Achsen RP, gemessen mit den Einheitsmaßen $r\,p$.

Man schreibt das Symbol $r\,p$ nicht $p\,r$:

1. Weil man bei der Vertauschung der Achsen zyklisch vorgeht: $p\,q\,r$, $r\,p\,q$, $q\,r\,p$.

2. Man legt im Polbild die P-Achse horizontal (vom Pol nach rechts).

Die graphische Bestimmung der Elemente geschieht auch hier unmittelbar durch Abmessen, $\mu = \measuredangle\ RP$ durch Messen der Sehne im 10 cm-Kreis.

Umrechnung der Elemente in die normalen Polarelemente $p_0\,q_0\ (r_0 = 1)$ nach der Formel:

$$p_0 : q_0 : r_0\,(= 1) = p_0'' : q_0''\,(= 1) : r_0''\,*.$$

Daraus:

$$p_0 = \frac{p_0''}{r_0''}\quad q_0 = \frac{1}{r_0''}\quad r = \frac{r_0''}{r_0''} = 1\,.$$

Die Berechnung der Elemente aus dieser Aufstellung siehe Kap. IX (Berechnung der Krystalle).

Man erkennt im gnomonischen Bild eine für I und II gemeinsame Zone $[P_0 P']$. In ihr ist der Pol O und der im Unendlichen liegende Punkt $a = 0\,(010)\,(010')$ beiden Individuen gemeinsam. Diese Zone macht man zur Querzone mit der Einheit p_0''.

Eine Zone $[o\,R]$ schneidet diese Querzone $[O\,P]$ unter einem Winkel von $64°\,30'$.

Dies ist der Winkel $\mu = 64°\,30'$.

Diese macht man zur Längsachse $= r_0''$.

Auf der linken Seite findet man eine Zone symmetrisch zu dieser mit dem gleichen Winkel $64°\,30'$.

Dies ist der Winkel $\mu' = 64°\,30'$.

Diese macht man zur Längsachse $= r_0''$, sie liegen symmetrisch in bezug auf die Symmetrielinie SOS, senkrecht zur Zone $0\,\infty\,[010]$. Es liegen also auf dem Projektionsbild je zwei korrespondierende Punkte zu SOS symmetrisch.

SS ist also die gemeinsame Symmetrieebene, ihr Punkt u ist die Zwillingsebene. $u = 0\,\infty\,(a)$. Mithin ist $a = \infty\,0$ normal die Zwillingsebene.

Kopfbild und perspektivisches Bild sind wie immer aus dem gnomonischen Zwillingsbild abzuleiten.

Penetrationszwillinge. Als letztes Beispiel wollen wir noch einen Penetrationszwilling von Fluorit nach $0 = (111)$ behandeln.

Er bietet sowohl bei der Konstruktion des gnomonischen Bildes aus den Winkeln $\varphi\,\varrho$ der Winkeltabelle ohne die Messung am Goniometer als auch bei der Zeichnung manches Neue und Interessante.

Das gnomonische Bild (Abb. 114).

---

* Man bezeichnet die Längenelemente in dieser Aufstellung mit ''.

Man konstruiert die Projektionspunkte für den einen Würfel in normaler Aufstellung. Die Zwillingsebene u soll die Oktaederfläche $(\overline{1}\overline{1}1)$ sein.

Wir suchen nun den zu c_1 korrespondierenden Punkt in bezug auf u; es ist der Punkt c_1'. Beide Punkte stehen von u um den gleichen Winkel $54°44'$ ab; nur ist dabei zu berücksichtigen, daß c_1' die Gegenfläche ist (Fläche und Gegenfläche haben denselben Projektionspunkt). Wir, müssen also vom Pol aus um den Winkel $180° - (2 \times 54°44')\,109°28' = 70°32'$ in der Zone $(111)\,(001)$ nach vorne auftragen und finden so den Punkt $c_1' = (001')$ den zu c_1 korrespondierenden Punkt. Die beiden andern Punkte c_2' und c_3' findet man, indem man den zu dem Punkte c_2 resp. c_3 symmetrischen in bezug auf den Punkt u sucht. c_2' ebenso wie c_3' liegen laut Abbildung $54°44'$ von u entfernt. Man sucht nun in der betreffenden Zone einen Punkt, der um $54°44'$ nach der andern Seite (hier nach rechts) liegt, und findet den Punkt c_2' resp. c_3'.

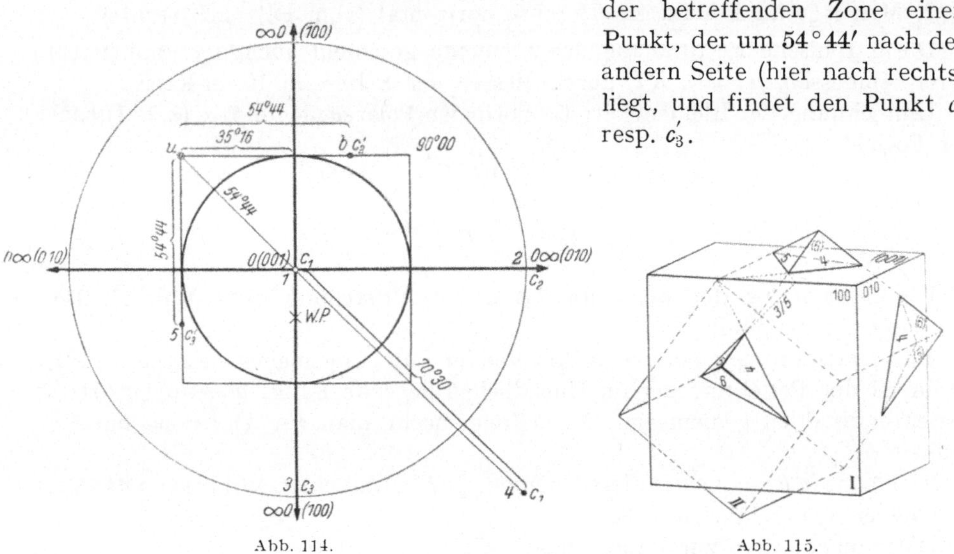

Abb. 114.   Abb. 115.

Damit ist das gnomonische Projektionsbild des Zwillings vollendet.

Es folgt nun die perspektivische Zeichnung[1], ein Kopfbild ist nicht nötig, da im perspektivischen Bild die Verhältnisse dieses Penetrationszwillings klarer zutage treten (Abb. 115).

Man zeichnet zuerst den Würfel, der in Normalstellung konstruiert wurde. Nun konstruiert man auf der oberen Würfelfläche (001) eine dreiseitige Pyramide aus den Projektionspunkten 4, 5, 6*. Am besten zeichnet man zuerst den Grundriß, d. h. die Kanten dieser 3 Flächen mit der oberen Würfelfläche. Man verlängert nun die Kante 4/5. Die Aufgabe ist nun, den Punkt auf dieser Linie zu finden, an dem diese Linie aus der vorderen Würfelfläche (100) heraustritt. Man verlängert die Kante 4/5 mit (101) bis zum Schnitt mit der Kante des Würfels I. Dann sucht man den Schnittpunkt von 4/3 mit der Leitlinie und konstruiert die Linie 3/5; wo diese Linie die verlängerte Kante 4/5 schneidet, ist der gesuchte Punkt.

---

[1] Siehe auch § X.

* Die Projektionspunkte wurden mit durchlaufenden Nummern versehen.

g) Die Messung selbst.

Die Messung ist nun sehr einfach. Nachdem der Krystall auf die oben beschriebene Art polar gestellt ist, wird durch Drehen von V und H eine Fläche nach der anderen zum Spiegeln gebracht und nach Einschlagen der Ocularlupe (Komb. 2) der Reflex auf das Fadenkreuz eingestellt. Die Ablesung vh, ebenso eine Bemerkung über die Güte des Reflexes wird, wie bei § IX (Berechnung der Krystalle) angegeben, in das Journal eingetragen.

Die Eintragung und Berechnung erfolgt, wie § IX angegeben, in geschlossenem Schema. Zwischen je 2 Flächen muß jedesmal ein Abstand für die Rechnung frei gelassen werden.

Von diesem Schema können am Goniometer nur jeweils die Spalten 1, 2, 6, 7 ausgefüllt werden.

Die Güte des Reflexes in Spalte 2 kann nach Belieben dargestellt werden, z. B. durch die Bezeichnungen gut, verwaschen usw. oder durch das Bild des betreffenden Reflexes oder auf irgendeine andere Art.

Ist die Lage der Fläche infolge zu schwachen Glanzes nur aus der Einstellung der Oberfläche auf höchsten Glanz zu bestimmen, so macht man in dem Journal in Spalte 2 (Reflex) am besten eine Null.

Nach dem Messen kann man die Spalte 8 (φ) eintragen. Dazu benötigt man das gnomonische Bild.

Das Eintragen in das gnomonische Bild geschieht am besten mit Hilfe der Sehnen- und Tangententafel [8].

Man macht zuerst 2 Kreise, einen mit einem Radius von 5 cm, das ist der Grundkreis, der angibt, in welcher Höhe diese Projektionsebene über dem Kry-

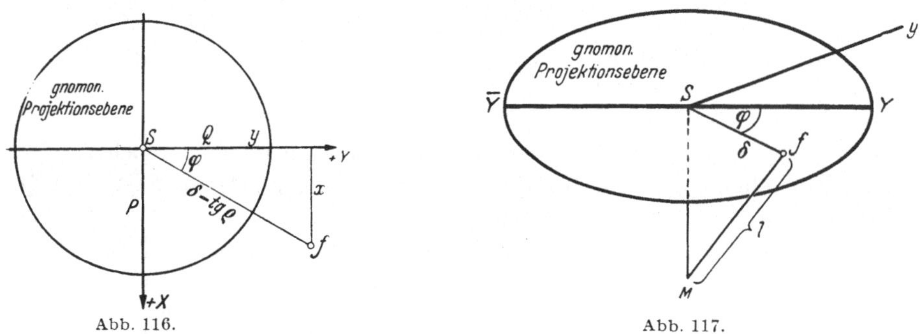

Abb. 116. Abb. 117.

stallmittelpunkt liegt, der zweite Kreis mit einem Durchmesser von 10 cm dient dazu, die Winkel als Sehnen nach der auf der Tabelle angegebenen Gleichung aufzutragen (Abb. 116 und 117).

h) Das zweikreisige Anlegegoniometer (Abb. 118).

Das zweikreisige Anlegegoniometer wurde 1895 von GOLDSCHMIDT konstruiert und sollte vor allem der Demonstration des Prinzips der zweikreisigen Messung dienen sowie zur Messung mittelgroßer Krystalle, die nicht genügend und gut spiegelnde Flächen für das zweikreisige Reflexgoniometer besitzen.

Das Instrument ist besonders auch geeignet zur Demonstration der Beziehung zu geographischen und astronomischen Messungen sowie zur Erläuterung der Normalen zu den Krystallflächen und zu der stereographischen und gnomonischen Projektion.

Mit diesem Instrument ist es möglich, das Krystallsystem, die Formen und Symbole der 6 Krystallsysteme zu bestimmen.

Aus den Messungen kann das Projektionsbild sowie die Bestimmung der Elemente und die Zeichnung des Krystalls gemacht werden.

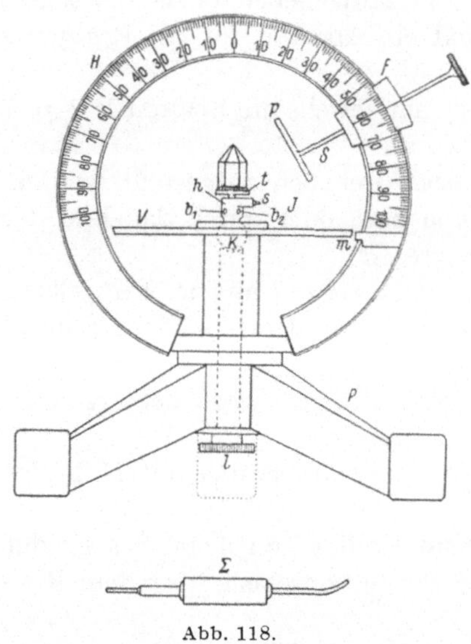

Abb. 118.

Nachdem der Krystall auf dem Krystallträger (Abb. 118) t aufgesetzt wurde, bildet der Kreis H den Äquator, d. h. Horizontalkreis für den Krystall, der Vertikalkreis V ist irgendein Meridian und das O dieses Kreises ist der Pol. Der Stift S ist die Normale zu einer Fläche, zu der p parallel ist.

Vergleicht man dieses Instrument mit dem zweikreisigen Reflexionsgoniometer, so sieht man, daß hier der Vertikalkreis V die gleiche Rolle spielt wie dort der Horizontalkreis und umgekehrt. Man liest an H die Winkel φ ab und an V die Winkel ϱ dort umgekehrt.

Vor dem Messen ist natürlich ebenso wie bei dem Reflexionsgoniometer der Krystall orientiert aufzusetzen. Es soll in der Regel normal geschehen, d. h. so, daß die Prismen senkrecht zu H stehen. Hierbei sind drei Fälle zu unterscheiden.

a) Polfläche f ausgebildet — b) Prismenzone ausgebildet — c) Orientierung anders definiert.

a) *Polfläche ausgebildet.* Man befestigt den Krystall möglichst richtig. f parallel H. Einstellen der Marke an V bei 0°. Das Anlegeplättchen p ist dann parallel H. Nun faßt man das Instrument am Fuß, die Ebene von H dem Beschauer gegenüber und neigt es so, daß f zur Linie verkürzt erscheint, schiebt p durch den Stift S an p dicht heran, aber nicht bis zur Berührung und sieht zu, ob die Trace von f mit der von p parallel ist, d. h. ob zwischen beiden der Hintergrund als feine, gleichmäßig starke Linie durchscheint. Ist dies nicht der Fall, so steckt man den Stift des Schlüssels in das eben quer gerichtete Loch b im Hals des Justierapparats J und neigt, bis die Tracen parallel sind.

Als Hintergrund wählt man ein nach Farbe des Krystalls passendes weißes, schwarzes oder farbiges Papier, das man auf den Tisch legt.

Auch ein Licht oder der helle Himmel ist gut als glänzender Hintergrund. Nun dreht man H um 90° oder man dreht das Instrument in der Hand, so daß man in die Ebene V blickt, vergleicht wieder die Tracen und korrigiert durch Einstecken des Schlüsselstiftes in die zweite Bohrung b_2 von h und durch Neigen. So abwechselnd Korrektur durch b_1 und b_2, bis die Trace von f nach beiden Richtungen parallel p ist. Dann steht f polar.

Etwa vorhandene Prismen sollen dann natürlich bei $\varrho = 90°$, d. h. bei der Marke 90°, an V mit p einstimmen.

b) *Prismenzonen ausgebildet.* Man befestigt den Krystall so, daß die Prismenzone möglichst senkrecht zu H steht und eine Prismenfläche oder Kante gegenüber b. Man stellt das Plättchen p senkrecht, H, d. h. die Marke, an V auf 90° und vergleicht die Trace von m mit p, korrigiert durch den Schlüsselstift in b. Darauf Drehen von H um etwa 90° so, daß eine andere Prismenfläche oder Kante p gegenübersteht. Vergleichen der Tracen und Korrektur der Neigung durch Einstecken des Schlüssels in b und Neigen. So abwechselnd, bis die Tracen beider Prismenflächen und damit alle Flächen der Zone bei der Drehung von H parallel p erscheinen.

Im Gegensatz zum Polarstellen am zweikreisigen Reflexionsgoniometer ist letzteres die bequemste und genaueste Art der Polarstellung an diesem Instrument.

c) Im allgemeinen wird man ja selten in die Lage kommen, einen Krystall in anderer als den beiden oben beschriebenen Arten polar stellen zu müssen.

Im gegebenen Falle verfährt man analog wie bei dem zweikreisigen Reflexionsgoniometer. Nur ist zu beachten, daß die Rollen von V und H vertauscht sind. An Stelle des Einstellens der Reflexe tritt hier das Einstellen auf p durch Vergleichen zweier Tracen.

Nach erfolgter Polstellung erfolgt nun das Messen der Flächenpositionen durch Einstellen parallel der einzelnen Flächen mit p, durch Drehen von V und H und Ablesen an beiden Kreisen.

Die Ablesung von H gibt $= v - v_0$, wobei v_0 die Ablesung für den ersten Meridian ist. Die Ablesung an V liefert unmittelbar die Poldistanz ϱ.

Einstellen einer Fläche a geschieht durch Vergleichen der Tracen in zwei aufeinander senkrechten Richtungen. Man hat danach 2 Beobachtungen: 1. senkrecht V, 2. in Ebene von V. Man faßt das Instrument am Fuß und hält es so, daß die Fläche von V dem Beobachter gegenüber steht, neigt es gegen einen passenden Hintergrund und dreht H so, daß a senkrecht V steht, d. h. zur Linie verkürzt erscheint, hebt p an V und vergleicht (Beobacht. I). Nun dreht man das Instrument in der Hand so, daß man in der Ebene von V blickt, und vergleicht die Trace (Beobacht. II). Korrektur durch Drehen von H. Wiederholung von Beobacht. I und Korrektur durch V, von II und Korrektur durch H. So abwechselnd, bis beide Tracen mit p stimmen. Dann ist a eingestellt. Beim Visieren in Ebene V resp. senkrecht H dreht man die Längsrichtung von p parallel H; beim Visieren senkrecht V richtet man p parallel V.

Die Genauigkeit hängt von der Größe und Ausbildung der Flächen, auch von der Vorsicht im Beobachten und einigermaßen von der Übung ab. Sie beträgt unter günstigen Umständen etwa $+\frac{1}{2}°$.

Beziehung zwischen Fläche, Normale und Projektionspunkt.

Das Plättchen p, das sich an die Fläche anlegt, mit ihr identifizieren läßt, zeigt mit dem Stift S Fläche und Flächennormale. Durch Herausschieben und Zurückschieben von p werden die Ablesungen nicht geändert; das zeigt die Unabhängigkeit der Messungsresultate von der Zentraldistanz der Flächen. Der

Durchstich des Stiftes S mit dem Bügel V (Meridian) gibt den Projektionspunkt der Fläche auf der Kugel, die Kugelprojektion, deren stereographische Abbildung in der Krystallographie gebräuchlich ist. Der gnomonische Projektionspunkt ergibt sich, wenn man durch den höchsten Punkt des V eine Ebene legt, die sich mit H dreht, als Durchstich des Stiftes mit dieser Ebene. Analogie mit geographischer und astronomischer Ortsbestimmung.

Der Vertikalkreis (Bügel) stellt wie beim Globus den Meridian vor, der Nullpunkt den Nordpol (Zenith), der Horizontalkreis den Äquator (resp. Horizont) oder einen Parallelkreis. Der Durchstich des Stiftes durch V gibt den Ort des die Fläche vertretenden Punktes auf der Kugel.

Man sieht die Analogie der Flächenpunkte mit den Punkten auf der Erde oder mit den Sternen an der Himmelskugel.

Mit der Neigung des Stiftes steigt der Flächenpunkt vom Pol auf den Meridian herab. Die Ablesung an V gibt die Nummer des Parallelkreises (ϱ) an, den der Flächenpunkt bei Drehung von H hin wandert.

Eine Fläche nach der anderen passiert den Bügel V, den festen Meridian. Die Zahl an der Marke von H nennt dabei die Nummer des zur Fläche gehörigen Meridians (φ). Denkt man an die Stelle des Stiftes einen in sich zurückfallenden Lichtstrahl (Autocollimation), so stellt der Stift den Stand der Sonne vor. Der feste Meridian, an dem der Stift sitzt, ist, wie sein Name sagt, die Mittagslinie. Alle Flächen, die bei der Drehung von H zugleich den Meridian passieren, haben den gleichen Mittag, das gleiche φ. Alle Flächen, die bei der Drehung von H in gleicher Sonnenhöhe spiegeln, sitzen auf dem gleichen Parallelkreis (Ring), in der gleichen Breite. Die Ablesung an V zeigt an, wie hoch sich die Sonne über den Äquator erheben muß, um senkrecht über dem Ort, der Fläche zu stehen.

Die Symmetrieverhältnisse treten bei der Messung hervor.

Auch die Unterschiede in der Verteilung der Flächenorte gegen die Erd- und Sternorte, wie sie sich in der Messung aussprechen, sind wichtig.

Auf der Erde ist der Äquator Symmetrieebene, Orte gleicher Poldistanz bilden einen Ring gleichen Klimas. Die Zonen der Erde (kalte, gemäßigte, heiße) haben das Wort in die Krystallographie gebracht, sie entsprechen aber außer der Äquatorzone nicht Zonen, sondern Ringen (Parallelkreisen) der Krystallographie. Im Gegensatz zur Krystallographie ist solch ein Ring kontinuierlich, nicht aus diskreten Punkten bestehend. Auch bei den Krystallen kennt man stetig entwickelte Ringe und Zonen; das sind solche, deren Flächen durch Rundung ineinander übergehen (krumme Flächen).

Man hat zwei Arten der Erdmessung:

1. Triangulation, das ist das Bedecken der Erdoberfläche mit einem Netz sphärischer Dreiecke und Ausmessung dieser.

2. Ortsbestimmung nach Länge und Breite.

Erstere Art entspricht der einkreisigen Messung, letztere der zweikreisigen.

VIII. Über graphische Krystallberechnung.

a) Vorteile der graphischen Krystallberechnung.

Graphische Methoden haben einen doppelten Zweck:

1. Kontrolle der Rechnung.

2. Sie stellen ein Bild der mathematischen Operationen dar, die bei der Berechnung angewendet werden.

Fast alle Bestimmungen für die Krystallometrie, wie Feststellung des Krystallsystems, der Elemente und Symbole können graphisch, allerdings weniger genau, festgestellt werden, einige übertreffen dabei an Klarheit und Übersichtlichkeit bei weitem die rechnerischen Methoden, z. B. Bestimmung der Zwillingsgesetze bei Zwillingen usw.

Während für die Zwecke der Identifizierung eine graphische Auflösung öfter genügt, erfordert allerdings die Beschreibung von neuen Krystallen oder die Feststellung bereits bekannter aus besseren Messungen die Berechnung der Achsenelemente aus möglichst vielen gemessenen Winkeln.

Die graphische Rechnung hat den großen Vorteil, daß sie mit einem Schlag einen Überblick über den ganzen Krystall gestattet.

Besonders für alle Fälle, wo es sich bei bekannten Krystallarten um Identifikation der Elemente und Bestimmung der Symbole handelt sowie bei Neubestimmung der Elemente kann das Ausmessen im Projektionsbild zur Kontrolle der Rechnung dienen.

In vielen anderen Fällen wird das graphische Verfahren ebenfalls von großem Nutzen sein, als zur Bestimmung von Flächenwinkeln, zum Eintragen einzelner Flächen auf Grund von Winkelmessungen bei nicht normaler Aufstellung, für den Ausgleich schwankender Positionen auf ihren wahrscheinlichen Ort, für die Diskussion facettierter Flächen, die mehrere Reflexe geben, besonders aber zum Aufsuchen der symmetrischen Flächen eines Zwillings und des Zwillingsgesetzes.

Aus dem gnomonischen Bild ist sofort zu sehen, welche Flächenpunkte gestört und von der Rechnung auszuschließen sind.

Der Beweis für die Genauigkeit der graphischen Bestimmung der Indices erfordert die Nebenstellung der berechneten und der gemessenen Winkel für jede Fläche.

Da man bei der gnomonischen Projektion die Elemente und Symbole bei normaler Aufstellung direkt ablesen kann, so ist mit dem Eintragen in das Projektionsbild in vielen Fällen die Berechnung bereits beendet.

Die graphische Methode verbindet Rechnung und Projektion. Symbole und Elemente müssen dann in engster Beziehung zueinander stehen, so daß die Projektion der unmittelbare graphische Ausdruck der Elemente und Symbole ist.

Um dies zu erreichen, mußte GOLDSCHMIDT gewisse Abänderungen an den Symbolen und Projektionsarten vornehmen.

Auch bei den Elementen kommen zur Lösung graphischer Aufgaben noch drei Hilfswerte dazu:

$$x_0, \; y_0, \; h.$$

Diese legen die Lage des Ausgangspunktes (O) der Projektion zu dem Mittelpunkt des Projektionsbildes S fest (Abb. 119). Da bei der zweikreisigen

Messung die Krystallberechnung nicht wie bei der einkreisigen Messung von Flächenwinkeln, sondern von den Winkelkoordinaten ausgeht, so erfährt diese Berechnung bedeutende Abänderungen und Vereinfachungen. Aus den Werten

$$x = \sin\varphi\,\mathrm{tg}\,\varrho \quad \text{und} \quad y = \cos\varphi\,\mathrm{tg}\,\varrho$$

erhält man unmittelbarer die Lage der betreffenden Flächenpunkte in gnomonischer Projektion.

Als erste Aufgabe ist die graphische Bestimmung des Krystallsystems, der Elemente und der Symbole zu betrachten.

Da gerade diese Aufgabe eine der wichtigsten der ganzen zweikreisigen Messung ist, so soll dieselbe für jedes Krystallsystem eingehend behandelt werden.

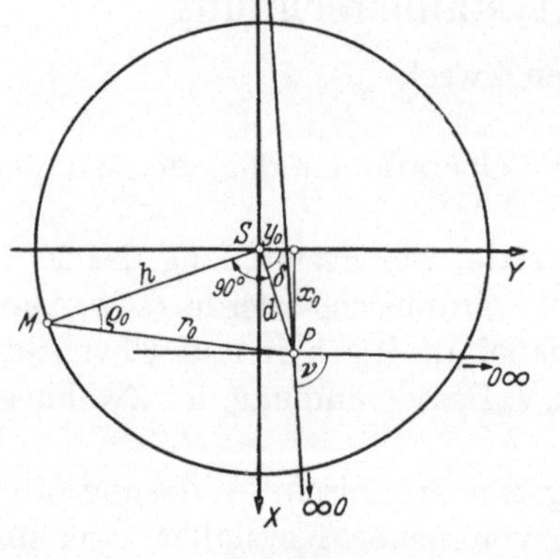

Abb. 119.

Nachdem sämtliche gemessenen Punkte in das Projektionsbild eingetragen wurden, beginnt man mit dem graphischen Ausgleich. Da bei der gnomonischen Projektion das Gesetz der rationalen Abmessungen gegeben ist, so nimmt man ein Dreieck und legt durch Verschieben desselben an dem eisernen Lineal Parallelen zu den Achsen durch die vorhandenen Zonen, die Lage dieser parallelen Zonenlinien soll nun rational sein; dies erreicht man, wenn die Rationalität nicht ganz erfüllt ist, durch den graphischen Ausgleich, d. h. man nimmt den geeigneten Mittelwert für das Einheitsmaß.

b) Graphische Berechnung der Elemente.

Nach diesen Vorbereitungen kann man mit der Bestimmung des Krystallsystems, der Elemente und Symbole auf graphischem Wege beginnen. Das Projektionsbild[1] (Abb. 120) Granat zeigt nun folgendes:

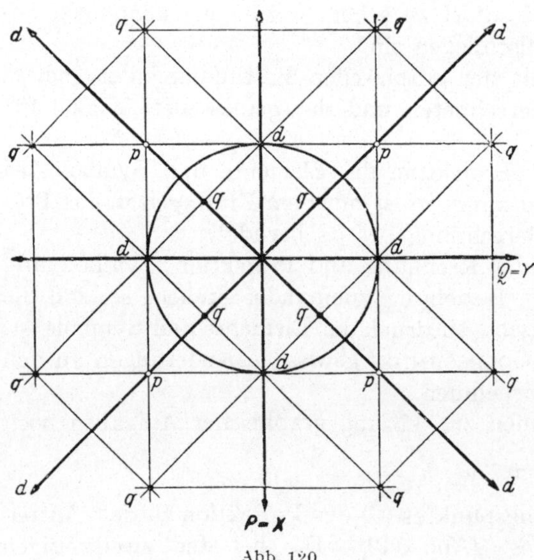

Abb. 120.

1. Der Koordinatenanfang c liegt im Mittelpunkt des Grundkreises mit dem Radius $r = 1$ (Einheit $R = 5$ cm).

2. Die Polarachsen Po und Qo stehen senkrecht aufeinander.

3. Die Einheitsmaße in den Achsenzonen po, qo und ro sind alle drei $= 1$.

Danach haben wir:

$$po = qo = ro = 1.$$

Das sind die Elemente des *regulären* Systems bei normaler

---

[1] Die Oktaederflächen (nicht ausgefüllte Ringel) sind am Krystall nicht ausgebildet.

Aufstellung. In dem Projektionsbild lassen sich die Symbole der einzelnen Flächen direkt ablesen.

Die Einzelflächen (Abb. 82) von Gebiet I $pq \leqq 1$, II p oder $q \geqq 1$, $pq = 1$ haben wesentlich verschiedene φ und ϱ.

Es ist für $p < q < 1$ das Symbol in II $\dfrac{p}{q}\,\dfrac{1}{q}$, in III $\dfrac{q}{p}\,\dfrac{1}{p}$.

Im *tetragonalen* Krystallsystem sind zwei verschiedene Aufstellungen möglich, man kann die eine Aufstellung gegen die andere um 45° drehen, beide Aufstellungen genügen der Symmetrie im tetragonalen System.

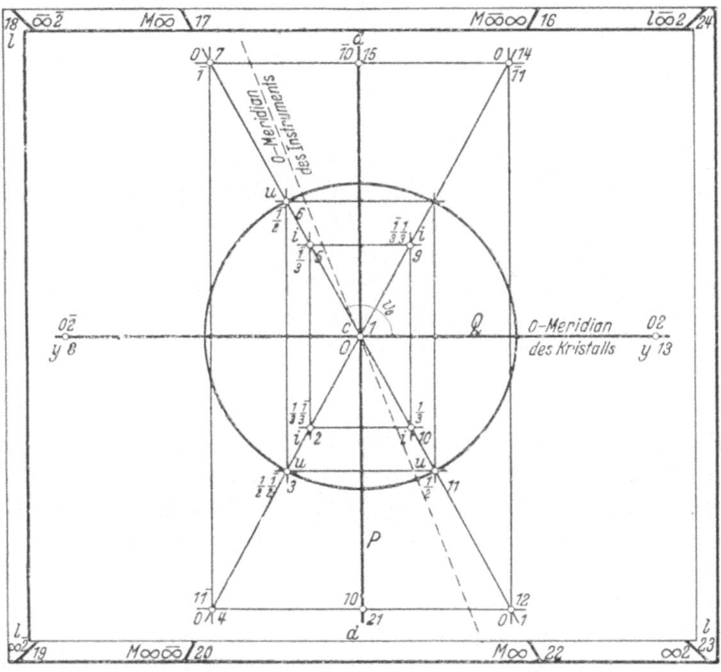

Abb. 121.

Man wird sich bei bekannten Krystallarten dem allgemeinen Gebrauch anschließen und bei Neubestimmung der Elemente, wenn angängig, den röntgenographischen Untersuchungen folgen.

Wir finden hier im Projektionsbild:

$$po = qo, \quad \mp ro = 1, \quad \lambda = \mu = \nu = 90°.$$

Das sind die Kennzeichen für das tetragonale Krystallsystem.

Die graphische Bestimmung po geschieht durch Abmessen der Entfernung in Richtung der Achsen an verschiedenen Stellen und durch den graphischen Ausgleich wie im regulären System.

Alles andere ergibt sich aus dem regulären resp. rhombischen System.

Für das *rhombische* System nimmt man als geeignetes Mineral wieder den Topas (Abb. 121).

Nach dem Auftragen aller Flächenpunkte zieht man unter gleichzeitigem graphischem Ausgleich (s. S. 141) die Zonen. Man nimmt zwei zueinander senkrechte, durch den Pol gehende Zonen als Achsenzonen. Es ist im rhombischen System üblich, den stumpfen Winkel von zwei Grundpyramidenflächen nach vorn zu legen, dadurch bestimmt sich die Lage für Q als Nullmeridian.

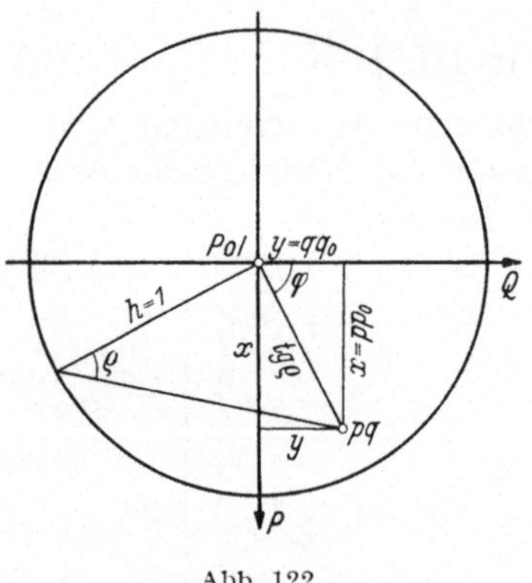

Abb. 122.

Wir wählen als Einheit von po und qo, da das Mineral bereits bekannt ist, die üblichen, in den Winkeltabellen angegebenen Maßeinheiten po und qo (Abb. 122).

Aus dem Projektionsbild ersehen wir folgendes:

$$po \neq qo \neq ro; \quad \lambda = \mu = \nu = 90°,$$

mithin *rhombisches* Krystallsystem.

Da im rhombischen System infolge der Verschiedenheit von po, qo und ro und $\lambda = \mu = \nu = 90°$ die Verhältnisse am anschaulichsten sind, wollen wir uns hier noch etwas eingehender mit diesem Projektionsbild beschäftigen.

Die Einzelflächen in dem ersten Quadranten (vorne rechts) erhalten das Symbol pq, im zweiten Quadranten von links $p\bar{q}$, im dritten Quadranten (hinten links) $\overline{pq}$ und im vierten Quadranten (hinten rechts) $\bar{p}q$.

Jeder gnomonische Punkt besitzt als Durchstichpunkt einer Flächennormale mit der Projektionsebene 3 Koordinaten, P, Q, R mit den Einheiten po, qo, ro.

$ro = 1$ bleibt konstant, so daß man diese Zahl weglassen kann. Man erhält das dreiziffrige Symbol aus dem zweiziffrigen Symbol durch Hinzufügen von 1. Zum Beispiel $21 = 211$.

Die dreiziffrigen Symbole sind identisch mit den Millerschen Symbolen. Sie geben das Verhältnis $h : k : l = p : q : l$.

Da bei den Millerschen Symbolen keine Brüche und nicht die Zahl unendlich benutzt wird, müssen diese, wenn nötig, beseitigt werden. Die Brüche beseitigt man durch Multiplikation mit dem Hauptnenner, die Werte unendlich durch Division, da $\dfrac{1}{\infty} = 0$ ist.

Prismensymbole: Im gnomonischen Bild ist der Prismenpunkt gegeben durch den Winkel φ, d. h. durch das Verhältnis von $p : q$.

$$\frac{p p o}{q q o} = \operatorname{tg}\varphi \text{ gibt die Richtung an.}$$

Man hat daher für den Prismenpunkt das Symbol $\dfrac{p\infty}{q\infty} = \dfrac{p}{q}\infty$.

Man schreibe am besten das zweiziffrige Symbol so, daß $q = 1$ wird.

Es folgt nun das *monokline* System (Abb. 123—125).

In dem gnomonischen Bild erkennen wir, daß hier zum Unterschied der bisherigen

Beispiel.

2 zählige Gdt.	2 zählige $q = 1$	Miller
$p:q$	$p:q\,(q=1)$	$h\,k\,l$
$\frac{3}{2}\infty : 1\infty$	$\frac{3}{2} : 1$	320
$4\infty : 1\infty$	$4 : 1$	410
$1\infty : \frac{1}{3}\infty$	$\frac{3}{4} : 1$	340
$1\infty : 5\infty$	$\frac{1}{5} : 1$	150
$1\infty : 1\infty$	$1 : 1$	110
$0\infty : \ \infty$	$0 : \infty$	010
$\infty : 0\infty$	$\infty : 0\infty$	100

Projektionsbilder der Koordinatenanfang (O) nicht mit dem Pol S zusammenfällt; er liegt auf der Achse $X = P$ in der Entfernung e vom Pol.

Die Achsen Y durch S und Q durch O fallen nicht zusammen. Q ist aber parallel zu Y.

Wir haben hier 3 variable Elemente:

$$p_0, \quad q_0, \quad e = \operatorname{cotg} \mu; \qquad p_0 \mp q_0 \mp r_0; \qquad \lambda = \nu = 90°; \qquad \mu \mp 90°.$$

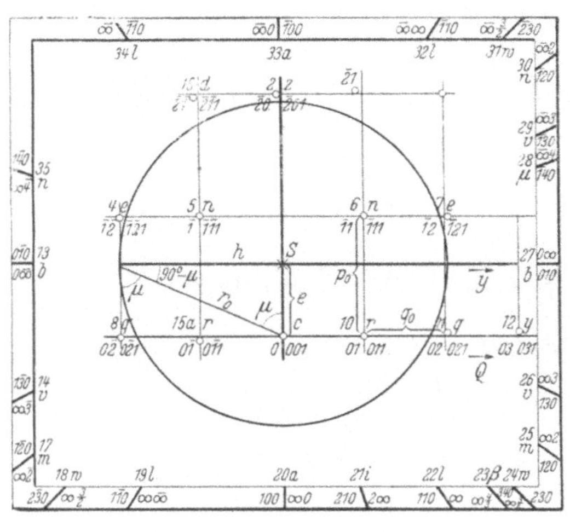

Abb. 123.　　　　　　　　　Abb. 124.

Die Symbole bestimmt man wieder aus den Koordinaten der gnomonischen Projektionspunkte; da der Koordinatenanfang nicht im Pol liegt, ist dies bei der Bestimmung der Werte p_0, q_0 und μ zu berücksichtigen.

Im Projektionsbild haben wir nun die Werte:

Po	$=$	3.65	$p_0' = 0.730$
Qo	$=$	2.43	$q_0' = 0.481$
E	$=$	2.22	$e' = 0.444$
H	$=$	5.00	$h' = 1.00$
R	$=$	5.45	$r_0' = 1.09$
μ	$=$	$66°10'$	

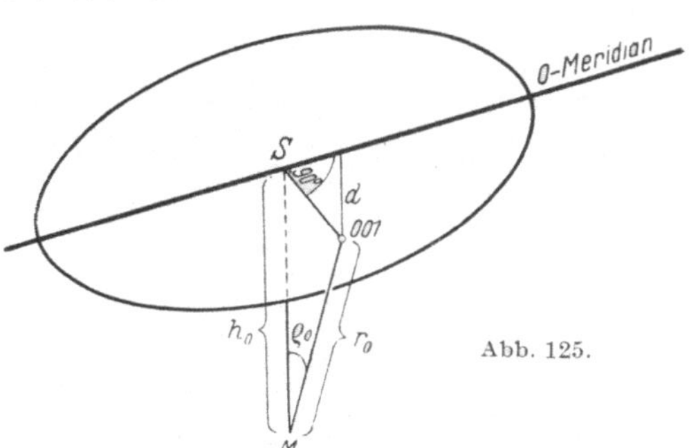

Abb. 125.

Wir nehmen als geeignetes Beispiel Realgar, auf den sich obige Angaben beziehen.

Wobei die großen Buchstaben für Grundkreis $H = 5\,\text{cm}$ gelten, die kleinen mit ' für Grundkreis $h = 1\,\text{cm}$ und die kleinen ohne ' für $r_0 = 1$. Auf letztere beziehen sich die Angaben in den Winkeltabellen.

Hierbei gehören nur zwei Flächen mit ihren Gegenflächen zu einer Gesamtform, nämlich:

$$\left.\begin{array}{cc} pq & p\bar{q} \\ \underline{pq} & \underline{p\bar{q}} \end{array}\right\} \text{positive Formen}$$

mit den Gegenflächen

oder

$$\text{mit den Gegenflächen} \quad \left.\begin{array}{cc} \overline{p}\,\overline{q} & \overline{p}\,q \\ \overline{p}\,\overline{q} & \overline{p}\,q \end{array}\right\} \text{negative Formen.}$$

Die positiven Formen scheiden sich im Projektionsbild von den negativen Formen durch die Querachse Q. Dadurch zerfällt das Projektionsbild in eine vordere $+$- und eine hintere $-$-Hälfte.

Die Wahl der Basis (Koordinatenanfang) entnehmen wir den üblichen Angaben. Danach nimmt man für die Basis

$$c = 0 = 23°\,45'.$$

Es ist deshalb ein Punkt auf der Richtung P der Symmetrielinie mit dem Abstand

$$5\,\mathrm{tg}\,23°\,45' = 2,20 \text{ cm.}$$

Graphische Bestimmung von $\sphericalangle \mu$.

Aus Abb. 123 ist zu ersehen:

$$\frac{h}{R\,o} = \sin\mu; \quad e = \frac{E}{R\,o} = \cos\mu, \quad e' = \frac{E}{H} = \cot g\,\mu.$$

Es ist aus der gnomonischen Projektion zu ersehen:

$$\cot g\,\mu = \frac{E}{H} = \frac{E}{5}.$$

Wenn am Krystall die Basis gut ausgebildet ist, was beim Realgar meist der Fall ist, so ist $\mu = 90° - \varrho_0$ oft der beste Wert.

$R o$ bestimmt man graphisch nach Abb. 123.

Wir finden im gnomonischen Bild für $H = 5$ cm.

$$P\,o = 3,65 \text{ cm};$$
$$Q\,o = 2,425 \text{ cm};$$
$$E = 2,225 \text{ cm};$$
$$R\,o = 5,45 \text{ cm.}$$

Daraus ergibt sich für:

$$\mu = 66°\,10',$$
$$h = 1$$

(Division von H durch 5 cm).

$$e' = 0,445;$$
$$q'_0 = 0,485;$$
$$p'_0 = 0,730;$$
$$r'_0 = 1,09 \text{ bis } \mu = 66°\,10'.$$

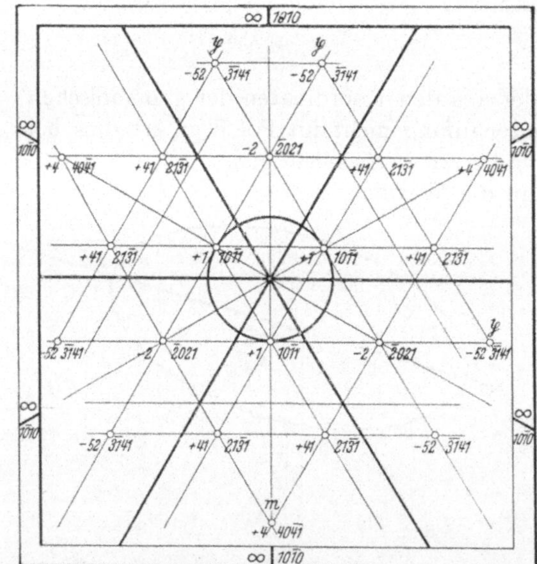

Abb. 126.

für $r_0 = 1$ (Division von r'_0 durch 1,09 cm).

$$p_0 = 0,669; \quad q_0 = 0,446; \quad e' = 0,4054.$$

Wir nehmen einen Krystall aus dem hexagonalen System, und zwar den Calcit (Abb. 126).

Wie bei den anderen Projektionsbildern machen wir auch hier zuerst wieder einen graphischen Ausgleich, indem wir die Abstände der Zonenlinien entsprechend wählen. Als 0-Meridian nehmen wir einen der 6 Meridiane, die durch die Flächen 1.2.3.4.5.6. bestimmt sind.

Auch hier haben wir ebenso wie im tetragonalen System die Möglichkeit, zwischen zwei 0-Meridianen, die voneinander um 30° abstehen, zu wählen. Wir richten uns dabei wieder nach den üblichen Angaben.

In dem Projektionsbild findet man 3 Systeme von Zonen vorherrschend, die sich unter Winkeln von 60° schneiden. Diese Richtungen nimmt man als Koordinatenachsen. Alle 3 Richtungen sind gleichwertig und auf jeder Achse das gleiche Einheitsmaß $po = qo \neq ro = 1$.

Man hat mithin nur ein variables Element (po).

Da außerdem $\lambda = \mu\, 90°$ und $\nu = 60°$, haben wir das hexagonale System vor uns. Der Meridianwinkel φ bezieht sich auf den 0-Meridian des Krystalles. Als Nachbarmeridianwinkel φ bezeichnet man den Meridianwinkel gegen die nächste Achse.

Es ist dann:

$$\varphi_1 = \varphi \pm n \cdot 60°,$$

$$\varphi \gtrless 30°.$$

Wie schon erwähnt, bezieht man im hexagonalen System die Symbole (pq) auf die Hauptachsen oder die Zwischenachsen, man erhält so 2 Symbolreihen G_1 und G_2.

Verknüpft durch die Transformation:

$$p\,q\,(G_1) = p + 2q \cdot p - q\,(G_2),$$

$$p\,q\,(G_2) = \frac{p + 2q}{3} - \frac{p - q}{3}\,(G_1).$$

Im Gegensatz zu der üblichen Aufstellung wurde für den Calcit von GOLDSCHMIDT die Aufstellung G_2 gewählt, die auch in die Winkeltabelle aufgenommen wurde.

Als letztes System nehmen wir nun das *trikline*; auch hier können wir alle Angaben auf diesem graphischen Wege bestimmen (Abb. 78 und 127).

In dem gnomonischen Bild vollzieht man wieder zuerst wie üblich den bekannten graphischen Ausgleich, indem man dabei die guten Flächen bevorzugt. Bei ungünstiger Ausbildung der Krystalle kann diese Bestimmung die arithmetische Bestimmung an Genauigkeit übertreffen. Im gnomonischen Bild (Anortit) bemerken wir folgendes:

Keine Zonenlinie geht durch den Pol S.

Die möglichen Zählachsen stehen nicht senkrecht aufeinander; die Maßeinheiten po, qo, mit denen man die Orte der Projektionspunkte bestimmen kann, sind verschieden unter sich und verschieden von der Einheit ($H = 5$ cm).

Mithin haben wir das trikline System vor uns.

Man wählt als Basis einen wichtigen Punkt möglichst in der Nähe des Poles S und nimmt darauf zwei gut ausgebildete Zonen, die nahezu 90° aufeinanderstehen, als P- und Q-Richtung.

Man mißt nun zunächst im gnomonischen Bild die Längen Po, Qo an möglichst vielen Stellen. Man bevorzugt dabei die besten und nimmt das Mittel.

Diese Werte Po und Qo, die man aus dem gnomonischen Bild nach Division mit p resp. q findet, ergeben durch 5 dividiert po' und qo'.

Um po und qo daraus zu berechnen, braucht man Ro.

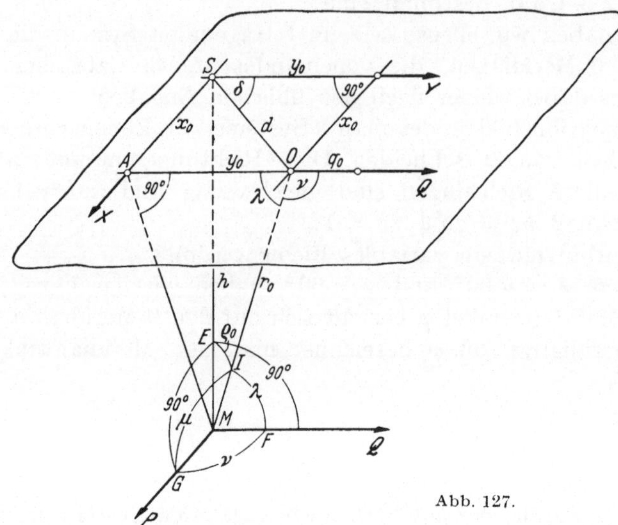

Abb. 127.

Im gnomonischen Bild, s. Abb. 78, sei C der Pol, O der Koordinatenanfang. Man zieht SM senkrecht SP bis zum Schnitt von M mit dem Grundkreis; dann ist $OD = Ro$.

Man mißt hier $Ro = 5{,}61$ cm. Nun kann man po, qo berechnen.

$$po = Po : Ro = 4{,}853 : 5{,}51 = 0{,}865,$$

$$qo = Qo : Ro = 2{,}762 : 5{,}61 = 0{,}492.$$

Nun bestimmen wir die Hilfselemente (Abb. 112).

Die Messung in unserer Projektion ergibt:

$$
\begin{aligned}
Xo &= 2{,}45 \text{ cm, daraus } & xo' &= 0{,}49, & xo &= 0{,}44, \\
Yo &= 0{,}46 \quad ,, & ,, \quad yo' &= 0{,}08, & yo &= 0{,}07, \\
Ro &= 5{,}61 \quad ,, & ,, & ro &= 1, \\
H &= 5 \quad ,, & ,, \quad h &= 1, & h &= 0{,}89, \\
D &= 2{,}51 \quad ,, & ,, & S &= 80°\,50'.
\end{aligned}
$$

Die Bestimmung dieser Hilfselemente empfiehlt sich zur Kontrolle für die spätere arithmetische Berechnung.

Es folgt nun die graphische Bestimmung von λ, μ, ν.

Die Ausmessung eines Winkels geschieht, wie wir S. 113 sahen, am besten so, daß man um den Scheitel einen Bogen mit dem Radius 10 cm beschreibt, mißt die Sehne und sieht den zugehörigen Bogen in derselben Tabelle nach.

$\sphericalangle \nu$ ist in Projektionsbild unmittelbar gegeben als $\sphericalangle + Pe$ oder Pxp oder $180° - \nu = Pxo$.

Nun folgt die graphische Bestimmung von

$$\lambda, \mu.$$

$$\sphericalangle \lambda = \sphericalangle 0 : 0\infty = \sphericalangle PM.$$

Man konstruiere den Winkelpunkt der Zonenlinie PeM. Er fällt nach W_1 (Abb. 128). Nun zieht man W_1, N_1 parallel Pe, dann ist $\sphericalangle PW_1N_1 = \lambda$.

Besser mißt man hier statt λ den Winkel $PW_1S = 90° - \lambda$.

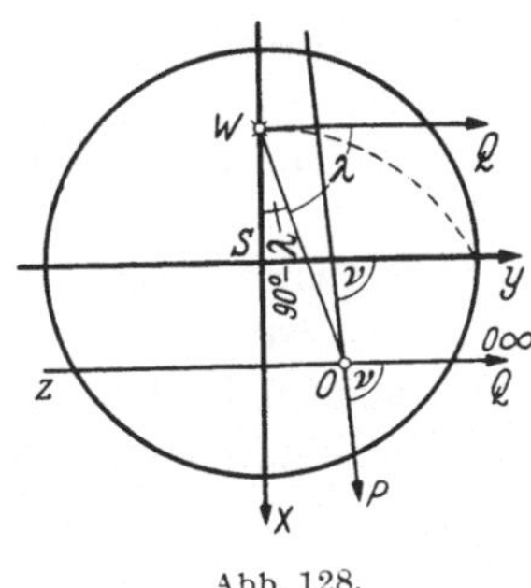

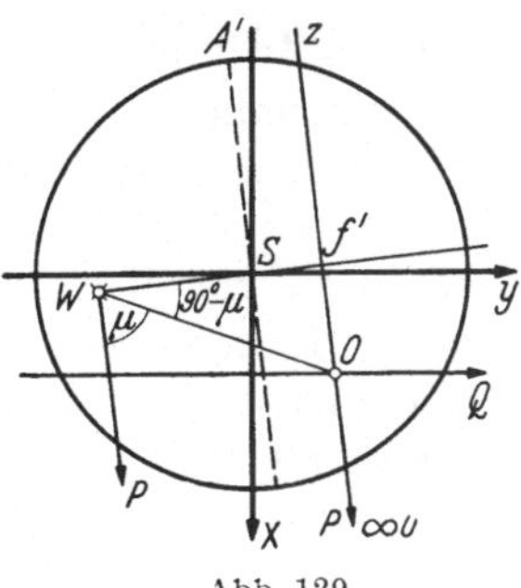

Abb. 128.   Abb. 129.

Man konstruiert den Winkelpunkt der Zonen xPt. Er fällt nach W_2. Zieht nun W_2N_2 parallel Pt, so ist $\sphericalangle PW_2N_2 = \mu$. Auch hier nimmt man statt μ, $\sphericalangle SW_2P = 90° - \mu$ (Abb. 129).

Diese graphische Bestimmung kann man bequem in einer halben Stunde durchführen.

Besonders wichtig und anschaulich ist die graphische Methode bei der Behandlung und Erkennung von *Zwillingen*.

c) Wichtigkeit zur Erkennung von Zwillingen (Zwillingsbildung).

Die Zwillingsverwachsung beruht darauf, daß außer der parallelen noch andere stabile Gleichgewichtslagen bei einer Mineralart möglich sind.

Goldschmidt gibt zwei Definitionen für Zwillinge.

Definition I. Zwilling ist die symmetrische Verwachsung zweier gleicher Individuen.

Definition II. Zwilling ist die Verwachsung zweier gleicher Individuen I und II, so daß I in Stellung von II übergeführt werden kann durch Drehung um 180° um eine Achse (Zwillingsachse). Rhombischer Schnitt und Dauphinéergesetz beim Quarz.

Zur graphischen Bestimmung verwendet man am besten sowohl die gnomonische wie auch die stereographische Projektion, letztere als Handskizze zur Vermittlung der Anschauung.

Es sind hier zunächst einige Begriffe zu erklären.

Symmetriepunkt (Abb. 2, S. 12). S von 2 Punkten ist ein Punkt in Zone aa', von dem a und a' um den gleichen Winkel abstehen. S kann zugleich Symmetriepunkt vieler Flächenpaare bb', cc', ... sein. Durch Drehung um S wird a in a', b in b'... übergeführt.

Symmetriepunkt = Umdrehungspunkt (Zwillingspunkt) $S = U$.

Zwei Individuen I und II seien zu einer Gruppe verwachsen, und es gehören die Flächenpunkte abc zu I, die dazu in bezug auf S im Bild symmetrischen $a'b'c$ zu II.

Dann ist die Gruppe ein Zwilling nach der Definition II.

10*

Danach sagt GOLDSCHMIDT: Zwilling ist ein Krystallpaar mit einem Symmetriepunkt (Umdrehungspunkt) in Polarprojektion

$$S = U.$$

Erkennung eines Zwillings. *Die Definition I* (S. 147) erfordert, daß die beiden Individuen spiegelsymmetrisch zueinander stehen.

Definition II erfordert eine Umdrehungsachse resp. Umdrehungsebene (Zwillingsebene) *u* senkrecht zur Achse.

Man findet durch dieselbe Untersuchung, ob ein Zwilling vorliegt, ob nach Definition I oder II, und welches das Zwillingsgesetz ist. Zuerst messen wir noch Symmetriepunkt *s* und Symmetrielinie *S* im polaren Projektionsbild und deren Beziehung zum Umdrehungspunkt, um deren Beziehung zum Umdrehungspunkt *u* zu erklären.

Symmetriepunkt *s* von 2 Flächenpunkten *a, a'* ist ein Punkt in Zone *aa'*, von dem *a* und *a'* um den gleichen Winkel abstehen. Durch Drehung um *s* wird *a* in *a'* übergeführt.

Symmetriepunkt *s* ist gleich Umdrehungspunkt $s = u$.

Wenn zwei gleiche Krystalle *I* und *II* zu einer Gruppe verwachsen und die Flächenpunkte *abc* (Abb. 2, S. 12) gehören zu I; die dazu in bezug auf Punkt *s* im Bild symmetrischen *abc* zu II, dann ist die Gruppe ein Zwilling nach Definition II.

Nach dieser Darstellung kann man auch Definition II so fassen: Zwilling ist ein Krystallpaar mit einem Symmetriepunkt (Umdrehungspunkt) in Polarprojektion

$$s = u.$$

Symmetrielinie *S* (Abb. 3 S. 12). Wenn es zwischen den Punkten *aa'* eine Zonenlinie gibt, zu der *aa'* symmetrisch liegen, d. h. so, daß wir *aa'* senkrecht *S* und Winkel $a\,\sigma = \sigma\,a$, so ist die Gruppe ein Zwilling nach Definition I. Danach kann man auch definieren: Zwilling ist ein Krystallpaar mit einer Symmetrielinie

$$s = S.$$

Sind an Krystall *I* und *II* Fläche und Gegenfläche vorhanden und gleichwertig, so ist die Umdrehungsebene zugleich Symmetrieebene. Die Untersuchung, ob ein Krystallpaar ein Zwilling, führt man am besten in gnomonischer Projektion aus.

Das gnomonische Projektionsbild wird aus der zweikreisigen Messung der Gruppe hergestellt, wie wenn es ein Einzelkrystall wäre.

Am besten stellt man dabei Individuum *I* normal orientiert polar, d. h. so, daß die Polfläche senkrecht zur Prismenzone steht. Dadurch erhält man die Symbole der Flächen von *I*. Die von *II* erhält man entweder durch besondere Messung von *II* in normaler Polstellung nach *II* oder nach Auffindung von *s* aus dem Korrespondieren der Punkte *I* und *II*.

Wenn der Symmetriepunkt *s* bekannt ist, so stellt man das Krystallpaar polar, indem man, wenn möglich, *s* zur Polfläche macht. Das ergibt das übersichtlichste Projektionsbild, die Symmetrie ist unmittelbar ersichtlich.

Korrespondierende Punkte seien je 2 Punkte gleichwertiger Flächen von *I* und *II*, die in bezug auf *s* oder *S* symmetrisch liegen. Zum Beispiel *a* und *a'*, *b* und *b'* (Abb. 2) resp. *a* und *a'*, *b* und *b'* usw. (Abb. 2).

a und a', b und b' usw. liegen in Zone mit s. s halbiert a, a', b, b'. Die Zonen a, a', b, b' usw. gehen durch s und stehen senkrecht auf S. S halbiert a, a', b, b' usw.

Aufsuchen des Symmetriepunktes s in gnomonischer Projektion.

1. s liegt in Zone mit je zwei korrespondierenden Punktpaaren a, a', b, b', c, c' usw., also im Schnitt aller Zonen durch korrespondierende Punktpaare.

2. s halbiert den inneren und äußeren Winkel zwischen a, a', b, b', c, c' usw.

3. s ist der Ort einer wichtigen typischen Fläche oder der Pol einer wichtigen Zone.

4. Wenn sich ein Punkt a von I mit einem Punkt a von II deckt, so liegt s in a oder 90° von a entfernt.

5. Decken sich zwei Punkte a mit a', b mit b' usw., so liegt s im Pol der Zone a, b usw.

Da man aber vor Auffindung von s nicht weiß, welche Punkte gleichwertig sind, korrespondieren, so verfährt man folgendermaßen:

Man legt das Lineal der Reihe nach an je einen Punkt a, b, c usw. von I und einen a', b', c' von II, zieht die Gerade durch beide; gehen mehrere solcher Geraden durch einen solchen Punkt (vielleicht ein wichtiger Flächenpunkt), so prüft man, ob dieser Punkt ein Symmetriepunkt s ist, indem man untersucht, ob er den inneren oder äußeren Winkel zwischen je zwei so kombinierten Flächen halbiert.

Ist dieses der Fall, so ist dieser Punkt der Symmetriepunkt. Wenn s im gnomonischen Bild gefunden ist, erkennt man korrespondierende Punkte an der Zonengerade $a s a'$ und an der Gleichheit der Winkel $a s = s a'$ oder 180° $- s a'$.

Wenn ein Symmetriepunkt vorhanden, dann sind mithin drei Fälle möglich.

6. $s = u = S$, d. h. s zugleich Umdrehungs- und Symmetrieebene.

Beispiel: Albitgesetz, Analoges Gesetz zu Manebacher Zwilling; ebenso zu Bavenoer Gesetz bei triklinen Feldspäten.

Beziehung der Zwillingsbildung zu der vorhandenen Symmetrie der Krystalle und welche Folgerung kann man daraus ziehen.

Trotzdem die Krystallgestalt mit der vorhandenen Symmetrie im Zusammenhang steht, werden jedoch die 32 Krystallklassen nicht durch die Ausbildung der Krystalle genau ersichtlich gemacht. Die Flächen der ersten Komplikation 100, 111 und 110 sind gleich wahrscheinlich in allen 6 Krystallsystemen. Sie kommen besser zur Entwicklung als die Flächen von Komplikationen höherer Ordnung. Es werden also die wahrscheinlichsten Zwillingsverbindungen nach den Flächen der ersten Komplikation 100, 111 und 110 zu erwarten sein, ebenso nach den 2-, 3-, 4zähligen Zonen, gleichgültig ob diese Elemente Symmetrieelemente sind oder nicht.

GOLDSCHMIDT [11] unterscheidet beim Krystallwachstum: Anheften von freien Partikeln an freie; von freien an unfreie (Fortwachsen). Freie Partikel nennt man solche, die sich einzeln, d. h. selbst flüssig oder gasförmig in Gas oder Flüssigkeit bewegen.

Unfreie solche, die an einem Krystallstück festsitzen. Beim Ansetzen an unfreie Partikel wirken die festsitzenden Nachbarn orientierend auf den Neuankömmling. Sie richten ihn parallel und vergrößern durch ihn das betreffende Krystallstück. Bei freien Partikeln entfällt der Einfluß der festsitzenden Nachbarn. Deshalb ist größere Mannigfaltigkeit beim Anheften möglich.

Bei jeder Zwillingsbildung sind die Embryonalpartikel *I* und *II* die Vertreter der in die Erscheinung getretenen, unserer Untersuchung zugänglichen Individuen *I* und *II*.

Diese Verknüpfung zerfällt in zwei Momente:

1. Anheften durch Einrichten (Parallelstellen) einer Achse (*P*). Dabei ist noch eine Drehung um *P* möglich. Die Achse *P* kann eine Flächennormale oder Zonenachse sein.

Jeder Krystallbau beginnt mit der Verknüpfung von zwei oder mehreren Partikeln zu einer Gruppe.

Die Verknüpfung geschieht, indem diese Partikel auf eine bestimmte Entfernung aneinanderrücken und sich gegeneinander orientiert einstellen.

Dieses Einrichten kann nach Achsen oder Achsenebenen erfolgen. Nach Achsen, indem sich die Achsen der beiden Partikel parallel stellen, oder nach Achsenebenen, indem sich die Ebene von Partikel *I* mit einer solchen von Partikel *II* parallel stellt. Durch die Bindung heben sich die Kräfte auf.

Das Einrichten nach den Achsen kann auf 2 Arten geschehen:

1. Parallelstellen der Achsen führt zum einheitlichen Krystall.

2. Nichtparalleles Einrichten.

Dabei unterscheidet man:

1. Symmetrisches Einrichten führt zur Zwillingsbildung.

2. Unsymmetrisches Einrichten:

a) Heteroaxiales Einrichten — b) Schiefes Einrichten — c) Einachsiges Einrichten — d) Regelloses Einrichten.

Symmetrisches Einrichten. Partikel *II* kommt aus der zu Partikel *I* parallelen Lage in die symmetrische durch Drehung um *Q* um 180°. Die Achsen *Q*1 und *Q*2 richten sich achsial ein. *P*1 und *P*2 symmetrisch zu *SS*, senkrecht zu *Q*1*Q*2. *Q* ist die Zwillingsachse (Abb. 130); die Ebene senkrecht zu *Q* ist die Drehungsebene oder Zwillingsebene. Wächst die Gruppe weiter, indem sich Partikel an *I* und *II* anlegen, so entsteht eine Krystallgruppe, die man Zwilling nennt.

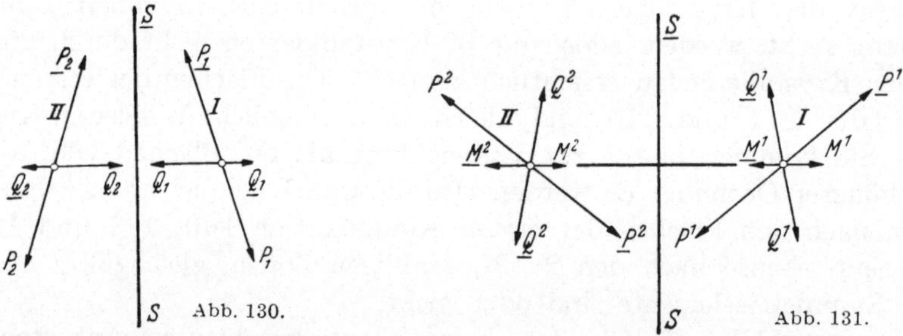

Wenn diese beiden Individuen durch eine Ebene getrennt sind, nennt man die Gruppe einen Juxtapositions-Zwilling. Sind die beiden Individuen durcheinander gewachsen, so nennt man diese Gruppe einen Penetrations-Zwilling.

Symmetrisches Einrichten in der Ebene. Man unterscheidet zwei Fälle:

Q_1 und Q_2 und P_1 und P_2 richten sich symmetrisch. Drehungsachse (Zwillingsachse) ist hier keine der Primärkräfte *P* oder *Q*, sondern eine abgeleitete Kraftrichtung *M*. *M* ist stets eine Richtung einfacher rationaler Ableitung zwischen *P* und *Q*, zunächst die erste Komplikation (Abb. 131).

Symmetrisches Einrichten von 3, 4, 6 usw. Partikeln in der Ebene.

Beispiel: (Cerussit-Viellinge nach $M(110)$ und $r\,3(130)$.

Symmetrisches Einrichten im Raume, so daß die Primärkräfte oder Bindekräfte sich im Raume ausgleichen.

Beispiel: Das Spinellgesetz für zwei Partikel. Kupferkies (Fünfling) für mehr als zwei Partikel.

Ausgleich der Kräfte im Raum beim parallelen oder symmetrischen Verknüpfen zweier freier Partikel.

Das Einrichten findet teils nach Flächen (Flächennormalen, Achsen), teils nach Zonen statt, d. h. so, daß Flächen (Achsen) oder Zonen von II sich mit den gleichen Flächen (Achsen) von I parallel richten.

Zwillingsart I (Flächenzwilling). Es decken sich zwei Zonen, eine Fläche (Abb. 132). Die deckende Fläche Q ist zugleich Drehungsfläche (Zwillingsebene) u. Dabei ist:

$$P^1\,z\,P^2 \qquad \text{Zonen: } [P^1Q^1] = [P^2Q^2] \qquad \text{Zwillingsebene } u = Q^1 = Q^2$$
$$Q^1 = Q^2 \qquad\qquad [Q^1R^1] = [Q^2R^2]$$
$$R^1\,z\,R^2 \qquad\qquad [R^1P_1]\,z\,[R^2P^2]$$

Ausgleich parallel zwischen Q_1Q_2, symmetrisch zwischen P^1P^2 und R^1R^2.

Zwillingsart II (Zonenzwilling). Es decken sich eine Zone, zwei Flächen (Abb. 133). Eine Zone PQ ist gemeinsam. Zwillingsebene u ist der Pol der Zone PQ. Dabei ist:

$$P^1 = P^2 \qquad \text{Zonen: } [P^1Q^1] = [P^2Q^2] \qquad \text{Zwillingsebene: } u \perp [PQ]$$
$$Q^1 = Q^2 \qquad\qquad [Q^1R^1]\,z\,[Q^2R^2]$$
$$R^1\,z\,R^2 \qquad\qquad [R^1P^1]\,z\,[R^2P^2]$$

Ausgleich parallel zwischen $P^1P^2\,Q^1Q^2$, symmetrisch zwischen R^1R^2.

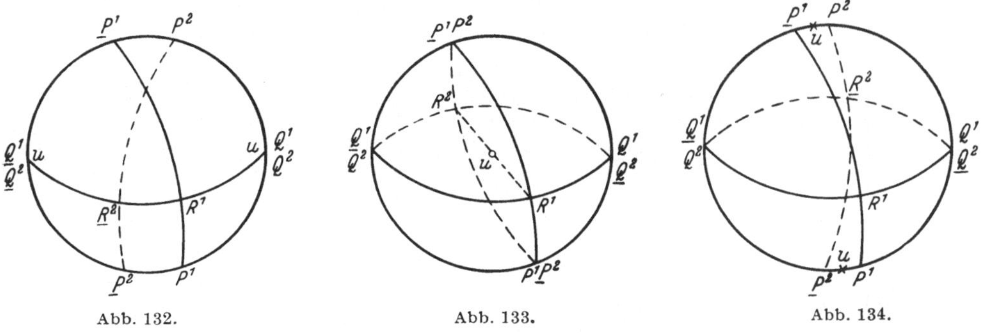

Abb. 132.
Abb. 133.
Abb. 134.

Zwillingsart III. Es decken sich eine Zone und eine Fläche (Abb. 134). Zwillingsebene u in der deckenden Zone PQ senkrecht auf P oder Q (Abb. 134). Dabei ist:

$$P^1\,z\,P^2 \qquad \text{Zonen: } [P^1Q^1] = [P^2Q^2] \qquad \text{Zwillingsebene: } u \text{ in } [PQ] \perp Q$$
$$Q^1 = Q^2 \qquad\qquad [Q^1R^1]\,z\,[Q^2R^2]$$
$$R^1\,z\,R^2 \qquad\qquad [R^1P^1]\,z\,[R^2P^2]$$

Es bedeutet: = deckend, z nicht deckend.

Ausgleich parallel zwischen QQ, symmetrisch zwischen pp und RR.

Tabelle 14. *Zwillingsgesetze der triklinen Feldspate.*

1. Albit-Gesetz.
2. Analog Manebacher Zwilling.
3. Von G. VOM RATH nur für einen Krystall, $3 = 4 = 5$.
5. Von ROSE angegeben, nicht sicher.

6. Rhombischer Schnitt.
7. Analog Manebacher Zwilling (Monoklin).
8. Angegeben von ROSE (Pogg. Ann. 1866, 129).
9. Analog Bavenoer Zwilling (Monoklin).

Nr. STRENG	Beschreibung u = Zwillingsebene v = Verwachsungsebene	Stereographische Projektion $h = \infty\,0$; a = Pol v.$[PM]$; u = Zwillingsebene $M = 0\,\infty$; b = Pol v.$[Ph]$; v = Verwachsungsebene $P = 0$; c = Pol v.$[Mh]$; $[\,]$ = Zone, Zonenebene, Kante	Deckende Fl. u. Z. M = Deck. v. $M^1\,M^2$ $\underline{M}$ = Deck. v $\overline{M^1\,\underline{M^2}}$	Verwachsungs- ebene v
1	$\left.\begin{array}{c}u\\v\end{array}\right\} = M = 0\,\infty$		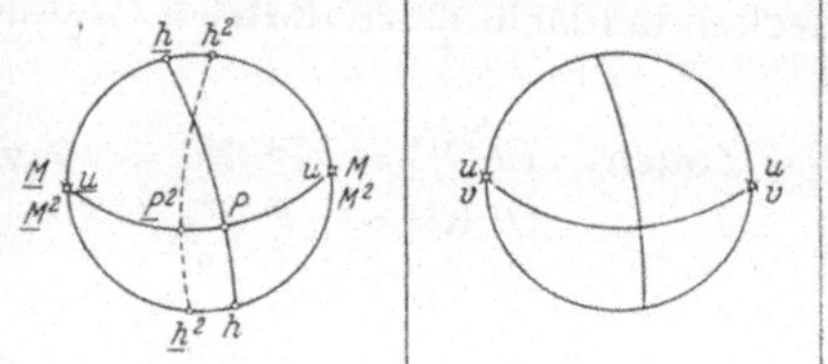 M $[MP]\,[Mh]$	M
2	$u = c = $ Kante $[Mh]$ $v = M = 0\,\infty$ 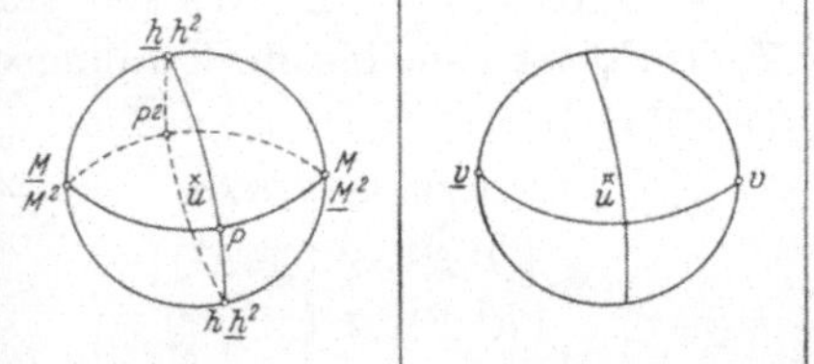		$\dfrac{Mh}{[Mh]}$	M
3 $(4 = 3)$	$u = b = $ Kante $[Ph]$ $v = P = 0$ (ausnahmsweise b bei Durchkreuzungs-Zwillingen) 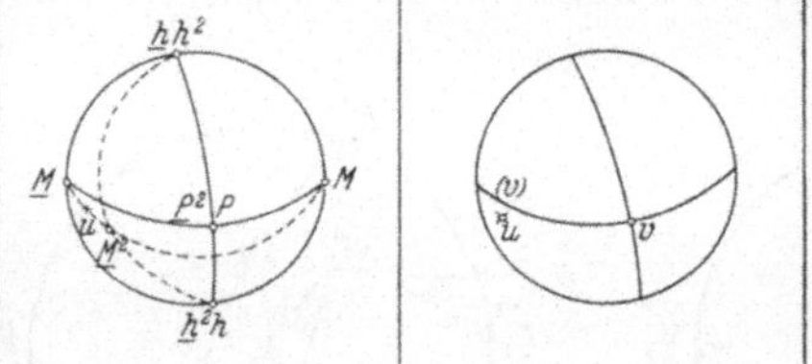		$\dfrac{Ph}{[Ph]}$	P $?\,[Ph]$
5 $(4 = 5)$	$u \perp P$ in Zone $[PM]$ $v = P = 0$ (selten $v = u$)	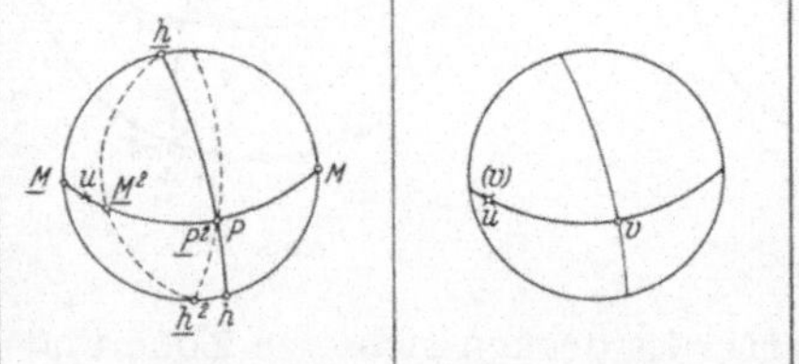	$\dfrac{P}{[PM]}$	P $(\perp P$ in $[PM]$ selten$)$
6	$u = c = $ Kante $[PM]$ $v = P = 0$ 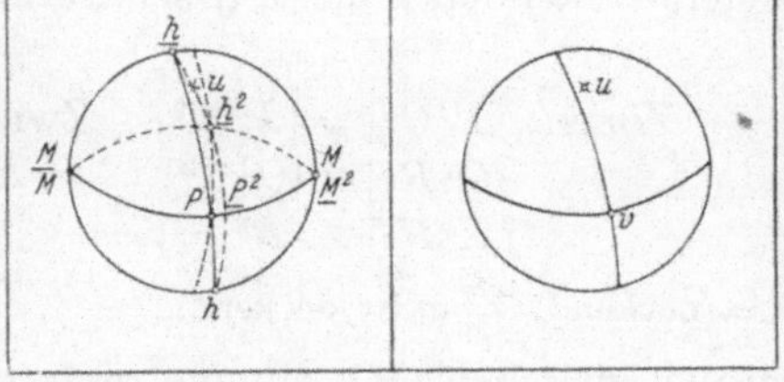		$\dfrac{PM}{[PM]}$	P

Tabelle 14 (*Fortsetzung*).

Nr. STRENG	Beschreibung u = Zwillingsebene; v = Verwachsungsebene	Stereographische Projektion $h=\infty 0$; $a=$ Pol v.$[PM]$　$M=0\infty$; $b=$ Pol v.$[P_ih]$　$P=0$; $c=$ Pol v.$[Mh]$	u = Zwillingsebene v = Verwachsungsebene $[\ ]$ = Zone, Zonenebene, Kante	Deckende Fl. u. Z. $M=$ Deck. v. $M^1\,M^2$　$\underline{M}=$ Deck. v. $\underline{M^1\,M^2}$	Verwachsungsebene v
7	$\left.\begin{array}{c}u\\v\end{array}\right\} = P = 0$			P $[PM]\,[Ph]$	P
8	$u \perp M$ in Zone $[Mh]$ $v = M = 0\infty$			$\underline{M}$ $[Mh]$	M
9	$\left.\begin{array}{c}u\\v\end{array}\right\} = e = 02$			e $[PeM]\,[eh]$	e

Die drei Zwillingsarten trennen sich nur scharf im triklinen System. Als klassisches Beispiel sind hier die triklinen Feldspate zu beschreiben. Die vorstehende Zusammenstellung möge das Vorhergehende beleuchten (Tab. 14).

Gesetzmäßigkeiten im Gesamtbild der Zwillingsgesetze (Abb. 135) der triklinen Feldspate. Beziehungen zwischen Zwillingsebene u und Verwachsungsebene v. Das stereographische Projektionsbild vereinigt alle an den triklinen Feldspaten beobachteten Zwillingsgesetze. Die arabischen Ziffern bezeichnen den Ort u der Zwillingsebene, die römischen den Ort v der Verwachsungsebene; beide zugleich geben die Nummer des Gesetzes nach STRENG (Tab. 14).

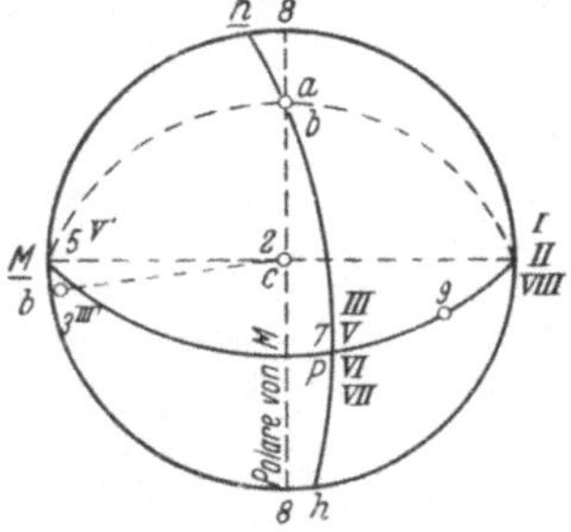
Abb. 135.

A. Bei jedem Zwillingsgesetz trifft u (Zwillingsebene) mit v (Verwachsungsebene) zusammen oder steht 90° ab.

Bei Zwillingsart I Flächenzwilling ist $u = v$.

Bei Zwillingsart II und III ist $u \perp v$.

B. Alle v (außer III′ und V′)[1] sind Flächenorte. Auch bei Gesetz Nr. 3 und 5 sitzt v in der Regel an einem Flächenort P. Ausnahmsweise wird III′ und V′, für deren v ein anderer Ort, nämlich ihr u angegeben.

C. Alle v (außer III)[1] liegen in Zone PM.

D. Alle $u\,v$ liegen in Zone PM oder auf den Polaren (90° abstehend) von P oder M.

E. Zu jedem u gehört ein bestimmtes v (außer bei III′ und V′)[1]. Zu einem v können mehrere u gehören.

F. Außer bei III′ und V′[1] finden sich als v nur die Primärknoten PM und deren Dominante $e = 02$. Die Häufigkeit der Besetzung stimmt mit der Wichtigkeit der Punkte. P ist vierfach besetzt, M dreifach, e einfach.[2]

G. v ist jedesmal eine deckende Fläche n (außer bei III). Sind mehrere Flächen deckend, so ist v jedesmal die wichtigste, z. B. M bei Nr. 3, P bei Nr. 6.

H. Bei den Zwillingsarten I (Nr. 1, 7, 9) haben wir gleichsinniges Einrichten der Verwachsungsebene, ebenso bei parallelem Einrichten. Bei den Arten II (Nr. 2, 3, 6) und III (Nr. 5, 8) haben wir umgekehrtes Einrichten von v. Wir finden bei:

$$
\begin{array}{llllll}
\text{Nr. 1 deckend:} & M^1 & \text{mit} & M^2 & \qquad \text{Nr. 2 deckend:} & M^1 \ \text{mit}\ \overline{M^2} \\
\text{,, 7 ,,} & P^1 & \text{,,} & P^2 & \text{,, 3 ,,} & P^1 \ \text{,,}\ \overline{P^2} \\
\text{,, 9 ,,} & e^1 & \text{,,} & e^2 & \text{,, 6 ,,} & P^1 \ \text{,,}\ \overline{P^2}
\end{array}
$$

$$
\begin{array}{lll}
\text{Nr. 5 deckend:} & P^1 \ \text{mit}\ \overline{P^2} \\
\text{,, 8 ,,} & M^1 \ \text{,,}\ \overline{M^2}
\end{array}
$$

J. Decken sich zwei Flächen eines Zwillings, z. B. $P\,P^2$, so leiten sich alle Verwachsungen, in denen das auch der Fall ist, aus dieser ab durch Drehen um die gemeinsame Flächenachse, z. B. (Tab. 14) 5 und 6 aus 3 durch Drehen um den Punkt $P\,P^2$.

Es ist üblich, jedes Zwillingsgesetz durch die Zwillingsebene (u) und die Verwachsungsebene (v) auszudrücken. Als Drehung um die Achse u ist dabei 180°

---

[1] Die Ausnahmefälle *III′* und *V′* erfordern eine besondere Diskussion, bevor sie in die allgemeinen Schlüsse über Zwillingsbildung hereinbezogen werden können. — *III′* ist von G. VOM RATH angegeben, aber nur für einen Durchkreuzungszwilling oder Vierling. Solche aber folgen in bezug auf die Grenze besonderen Gesetzen, die zu untersuchen sind. Danach ist *III′* von dieser Betrachtung auszuscheiden. — *V′* ist von ROSE für Albit angegeben und erscheint durch die Zuverlässigkeit dieses Beobachters gesichert. Es ist aber möglich, daß *V′* unter dem Einfluß des benachbarten M zustande gekommen ist. (Der Abstand $M\,V′$ beträgt für Albit nur $3\frac{1}{2}$°.) — Danach ist *V′* wahrscheinlich als eine beeinflußte, d. h. nicht von den hier zu suchenden einfachen Gesetzen der Zwillingsbildung beherrschte Fläche anzusehen und daher auszuscheiden.

[2] e ist als Dominante zwischen P und M anzusehen. Sie sollte danach das Symbol 01 erhalten. Dafür sprechen auch andere Umstände: 1. e ist beim Albit die einzige beobachtete Form zwischen P und M. — 2. Beim Anorthit haben wir zwischen $PM : 0\frac{1}{3}, 0\frac{2}{3}, 02, 06, 08$. Beim Orthoklas haben wir zwischen $PM\ 0\frac{2}{3}, 02, 06$. — 01 fehlt. Die Zahlen vereinfachen sich durch Halbieren. Halbiert man die Symbole, so verdoppeln sich die Elemente. — 3. e halbiert nahezu den Winkel PM.

Anmerkung: Betrachtet man den Bavenoer Zwilling als heteroaxiale Verwachsung, so entfällt e als Verwachsungsebene. Beim Bavenoer Zwilling sind dann P und M zugleich Verwachsungsebene. P^1 mit M^2 und M^1 mit P^2.

verstanden. Der durch diese Art der Bezeichnung beschriebene Vorgang ist sicher nicht der genetische; denn man kann nicht annehmen, daß die Partikel sich erst parallel stellen und dann um 180° gegeneinander verdrehen. Über das Wesen von v ist auch nichts ausgesagt.

Die Bezeichnung des Zwillingsgesetzes ist daher nur eine formelle.

Die oben dargelegte Verknüpfung gibt uns ein Mittel zur genetischen Bezeichnung der Zwillingsgesetze durch Angabe der Anheftungsebene, die zugleich Verwachsungsebene ist.

Zum Vergleich gibt GOLDSCHMIDT für die triklinen Feldspate: Tab. 15. (... GOLDSCHMIDT gibt ihr eine kurze Schreibweise...)

Beispiel: STRENGS Feldspatgesetz Nr. 2 (Tab. 14) lautet:

$$u = [Mh], \text{ in Worten: Zwillingsebene die Ebene der Zone } [Mh],$$
$$v = M, \quad \text{in Worten: Verwachsungsebene die Fläche } M.$$

In der oben dargelegten Auffassung des Vorganges der Verknüpfung hat man ein Mittel zur genetischen Bezeichnung der Zwillingsgesetze durch Angabe der Anheftungsebene, die zugleich Verwachsungsebene (V) ist und der sich deckenden Flächen (D) und Zonen.

Beispiel: das obige:

$$\left. \begin{array}{l} v = M \\ D = \underline{M}\,\underline{h}\,[M\underline{h}] \end{array} \right\} \text{ in Worten: } \begin{array}{l} \text{Anheftungsebene die Fläche } M, \\ \text{Deckung der Flächen } M^1 \text{ mit } \underline{M}^2, \\ h \text{ mit } \underline{h}^2 \text{ und der Zone } [M\underline{h}]. \end{array}$$

Beide Arten der Bezeichnung haben ihre Vorzüge; sie können nebeneinander bestehen.

Zum Vergleich sollen hier die zwei Bezeichnungen für die triklinen Feldspate im Auszug aus Tab. 14, S. 152 zusammengestellt werden.

Tabelle 15. *Zwillingsgesetze der triklinen Feldspate.*

STRENG	Formel		Genetisch		Zwillingsart
1	$u = M$	$v = M$	$v = M$	$D = M\,PM\,Mh$	I
2	$u = Mh$	$v = M$	$v = M$	$D = Mh\,Mh$	II
3	$u = Ph$	$v = P$	$v = P$	$D = Ph\,Ph$	II
4	$u = P$ in PM	$v = P$	$v = P$	$D = P\,PM$	III
5	$u = PM$	$v = P$	$v = P$	$D = PM\,PM$	II
6	$u = P$	$v = P$	$v = P$	$D = P\,PM\,Ph$	I
7	$u = M$ in Mh	$v = M$	$v = M$	$D = M\,Mh$	III
8	$u = e$	$v = e$	$v = e$	$D = e\,PeM\,eh$	I

d) Rangordnung.

Im Jahre 1903 entdeckte W. NICOL unter einer großen Zahl oktaedrischer Pyritkrystalle zwei prächtige Zwillinge nach dem Spinellgesetz.

Diese Entdeckung ist von besonderem Interesse gewesen.

Die Ursache der Seltenheit des Spinellgesetzes beim Pyrit sucht GOLDSCHMIDT in der Eigentümlichkeit des Formensystems des Pyrit, das eine Funktion der Partikelkräfte ist, in der pentagonalen Hemiedrie, in Ort und Rangordnung der Hauptflächen und Hauptzonen.

Zwillingsgesetze beim Pyrit kennt man zwei:

I. Zwillingsebene Dodekaeder $d = 01(011)$
II. Zwillingsebene Oktaeder $p = 1(111)$ } Drehung $180°$.

Von diesen ist I sehr gewöhnlich, dagegen II so selten, daß es bis heute nur an diesen beiden Krystallen nachgewiesen werden konnte.

Man fragt sich nun, warum hat d den Vorzug vor p.

GOLDSCHMIDT hat hierzu eine Rangordnung der Zwillingsgesetze festgestellt. Warum hat das Gesetz I den höheren Rang als das Gesetz II?

Gewiß ist im Formensystem das Dodekaeder $d = 01$ nicht wichtiger als das Oktaeder $p = 1$.

Die Hauptformen des Pyrit sind in absteigender Rangordnung:

$$c = 0; \quad p = 1; \quad e = 0\tfrac{1}{2}; \quad d = 01; \quad q = \tfrac{1}{2}.$$

d steht im Rang zurück gegen p und doch sind Zwillinge nach d so häufig, solche nach p so selten.

Lösung des Widerspruchs. Man unterscheidet beim Studium der Zwillinge wie der Krystallformen überhaupt zwei Arten der Behandlung:

1. eine formelle — 2. eine genetische.

Formell sucht man die *Zwillingsebene*, d. h. die krystallonomisch mögliche Fläche, die beiden Individuen gemeinsam ist und die die Eigenschaft hat, daß Individuum *I* durch Drehung um $180°$ um die Normale dieser Ebene mit Individuum *II* gleichgerichtet wird.

Genetisch sucht man die *Verknüpfungsebene*, die Richtung der verknüpfenden Kraft, d. h. die durch Parallelrichtung verknüpfenden Kräfte, die Knoten der Verknüpfung. Es gibt deren beim Zwilling viele. Man nimmt zur Bezeichnung nur einen, den wichtigsten heraus.

Ferner sucht man genetisch die Zonen der Verknüpfung, durch deren Einrichten (Parallelstellen) sich die Verknüpfung der Individuen zum Zwilling vollzieht.

Genetisch ist es nicht nötig, daß Individuum *I* in Stellung *II* durch Drehung um $180°$ übergeführt werden kann.

Hier beim Pyrit ist die Frage eine *genetische*.

Es fragt sich hier, was ist bei diesem Zwilling nach dem Oktaeder das Verknüpfende? Das ist bei unserem Zwilling Gesetz I nicht das Dodekaeder $d = 01$, sondern der Würfel $c = 0$. Die Drehung ist dann nicht $180°$, sondern $90°$. Bei Gesetz II ist das Verknüpfende das Oktaeder $p = 1$. Drehung $180°$ oder $60°$. GOLDSCHMIDT bezeichnet das Gesetz I als Würfelgesetz, Gesetz II als Oktaedergesetz (Spinellgesetz).

Die stärkste Verknüpfung ist die *parallele Verwachsung* der Partikel. Dies hat zwei wichtige Folgen:

1. daß sich Krystalle überhaupt bilden, d. h. daß die Teilchen beim Festsetzen sich parallel richten, wenn nicht eine Störung zu anderer Anordnung zwingt;

2. daß Partikel fester Körper sich in Parallelstellung umlagern, d. h. eine krystalline Struktur annehmen, wenn häufige Erschütterungen oder Erwärmungen die Umlagerung begünstigen.

Eine *regelmäßige Verwachsung* ist daher um so wahrscheinlicher und daher um so häufiger, sie steht im Rang um so höher, je mehr und je stärkere Partikelkräfte gleichgerichtet sind. Als Richtungen der Partikelkräfte sind die Flächennormalen zu betrachten. Fallen zwei Partikelkräfte in den verbundenen Individuen *I* und *II* zusammen, so decken sich die entsprechenden Flächen resp. deren Projektionspunkte.

Obiges gibt uns eine Methode zur Bestimmung der Rangordnung der verschiedenen, bei einer Krystallart beobachteten Verwachsungsarten.

Verfahren zur Bestimmung der Rangordnung zweier Zwillingsgesetze.

Es seien für eine Krystallart, z. B. Pyrit, zwei Individuen *I* und *II* zum Zwilling verwachsen, und zwar nach zwei Gesetzen A und B, und man will beurteilen, welches von beiden das wahrscheinlichere ist, so verfährt man folgendermaßen:

1. Man macht ein gnomonisches Punktbild der beobachteten Formen der Krystallart in Stellung *I*.

2. In das gleiche Bild trägt man die gleichen Punkte für den in Stellung *II*; zunächst nach dem ersten Gesetz.

3. Man sieht zu, welche Punkte und Zonen im gemeinsamen Bild (Zwillingsbild) sich decken.

4. Man macht das gleiche für das zweite Gesetz B und vergleicht nun, ob im Zwillingsbild A sich mehr oder weniger wichtige Punkte und Zonen decken als in B. Decken sich in A mehr und wichtigere Punkte und Zonen als in B, so ist A das wichtigere, im Rang höhere Gesetz.

Zu diesem Verfahren ist im einzelnen zu bemerken:

Ist die Krystallart sehr formenreich, z. B. Calcit, Pyrit, Quarz, so genügt das Einzeichnen der wichtigsten Punkte und der wichtigsten Zonen. Hierbei kann man die publizierten Gesamtbilder solcher Krystallarten zu Hilfe nehmen[1]. Sind nicht zu viele Formen der Art bekannt, so ist es am besten, alle Punkte einzutragen.

Zonenlinien sind auch einzutragen, wo sie nicht differenziert, sondern durch Krümmungen ersetzt sind. Gerade solche Zonen, solche Reflexzüge sind wichtig. Sie zeigen die Ebenen der Kraftwirkung.

Unterscheidung der Punkte von Krystall *I* und *II* geschieht am besten durch Farben. Beim Vieling gibt man jedem Individuum eine andere Farbe. Den Hauptpunkten gibt man etwas größere Ringel, damit sie sich vor den anderen besser hervorheben. Fallen zwei Punkte von *I* und *II* zusammen, so gibt man ihnen zwei konzentrische Ringel, GOLDSCHMIDT nennt solche Punkte *Deckpunkte*. Zonenlinien soll man nicht viele ziehen, da sie sonst das Bild verwirren. Die Anordnung der Punkte in Reihen charakterisiert genügend den Verlauf der Zonen.

Die Wahl der Projektionsebene richtet sich nach dem Zwillingsgesetz. In der Regel ist die Verknüpfungsebene als Projektionsebene zu wählen. Bei solcher Wahl hat das Bild den Vorzug leichtester Ausführung und größter Übersichtlichkeit. Bild II ist dann gleich Bild I nur um einen Winkel um den Pol gedreht.

---

[1] Zum Beispiel GOLDSCHMIDT: Kryst. Projektionsbilder. Berlin: Springer 1887.

Beispiel: Pyritzwilling nach dem Würfel. Man trägt die Hauptformen des Pyrit in die normale gnomonische Projektionsebene, die Würfelfläche, ein, und zwar folgende Formen:

$$c = 0\,(001); \qquad p = 1\,(111); \qquad e = 0\tfrac{1}{2}\,(012); \qquad d = 01\,(011),$$

$$q = \tfrac{1}{2}\,(112); \qquad u = \tfrac{1}{2}1\,(122); \qquad x = \tfrac{1}{3}\tfrac{2}{3}\,(123); \qquad \psi = \tfrac{1}{4}\tfrac{1}{2}\,(124).$$

Diese Formen genügen zur Charakterisierung des Formensystems des Pyrit in den Hauptzügen und für die vorliegenden Schlüsse über die Rangordnung der Zwillingsgesetze.

Die Punkte von *II* ergeben sich aus denen von *I* durch die des Bildes um 90°. Dadurch fallen alle Punkte von *II* in die Felder von *I*.

Die Grenzpunkte fallen bei der Drehung zusammen und bilden Deckpunkte.

Pyritzwilling nach dem Spinellgesetz. Die Verknüpfung wird am verständlichsten bei der Projektion auf die Zwillingsebene $p = 1$, die zugleich Verknüpfungsebene ist.

Auf Grund der Projektionsbilder kann man sagen, welches der vorliegenden Pyritzwillingsgesetze den höheren Rang, d. h. die größere Wichtigkeit hat. Dabei gilt das oben aufgestellte Kriterium:

Eine Verwachsung ist um so höher im Rang, je mehr und je wichtigere Deckpunkte und Deckzonen im gnomonischen Bild gefunden werden.

Wie man sieht, ist bei der pentagonalen Hemiedrie die Verknüpfung zum Zwilling nach dem Oktaeder weit schwächer als nach dem Würfel.

Diese Pyritzwillinge regen noch 2 wichtige prinzipielle Fragen an:

Frage I. Spinellzwillinge, die bisher beim Pyrit fehlten, sind bekannt bei den ebenfalls pentagonal hemiedrischen Mineralien: Glanzkobalt, Speiskobalt, Ullmannit, obwohl diese Mineralien viel seltener sind als Pyrit. Es entscheidet also die pentagonale Hemiedrie allein nicht über die Wahrscheinlichkeit des Spinellgesetzes.

GOLDSCHMIDT gibt die Erklärung an einem Beispiel, das für ein allgemeines gelten kann.

Rangordnung der Knoten. Starke und schwache Hemiedrie. Betrachtet man die verschiedenen holoedrisch-regulären Krystalle, so findet man die Rangordnung der Hauptflächen $c = 0$, $d = 01$, $p = 1$ verschieden.

Beim Steinsalz herrscht der Würfel c, selten das Oktaeder p, das Dodekaeder ist schwach. Man kann schreiben:

$$c > p > d.$$

Beim Spinell ist das Oktaeder die stärkste Form, dann folgt das Dodekaeder, der Würfel ist äußerst selten. Man kann schreiben:

$$p > d > c.$$

Beim Granat herrscht das Dodekaeder, das Oktaeder ist wesentlich schwächer, der Würfel ist selten. Man kann schreiben:

$$d > p > c.$$

In der relativen Stärke der Hauptknoten pcd der verschiedenen holoedrisch-regulären Krystallarten gibt es alle möglichen Übergänge. Das gleiche gilt von den Nebenformen. Je stärker aber der Knoten ist, desto wichtiger ist er als Verknüpfer zum Zwilling.

Ebenso ist es bei der Hemiedrie, z. B. bei der pentagonalen. Hier tritt das Pentagondodekaeder $e = +0\frac{1}{2}$ unter die Hauptformen.

Beim Pyrit ist das Pentagondodekaeder besonders stark; stärker als das Dodekaeder. Im Rang etwa gleich dem Oktaeder, mit dem es gern im Gleichgewicht ausgebildet ist. Man kann schreiben:

$$c > p \geqq e > d.$$

Beim Glanzkobalt ist der Würfel nicht so wichtig als beim Pyrit, das Oktaeder ist wichtiger.

Beim Speiskobalt herrscht entschieden der Würfel, Oktaeder und Dodekaeder sind schwächer, $e = 0$ ist bisher unbekannt.

Man kann nun annehmen: Je wichtiger die Deckflächen im Formensystem einer Krystallart, desto stärker sind sie als Verknüpfer zum Zwilling.

Frage II. Es ist auffallend, daß das Spinellgesetz sich gerade bei solchen Pyriten findet, bei denen das Oktaeder die herrschende Form ist. Es fragt sich:

Besteht ein Zusammenhang zwischen Habitus und Zwillingsbildung?

Dies scheint der Fall zu sein. So findet man bei *Cerussitviellingen* nach $r = \infty 3\,(130)$ die Form r vorzugsweise ausgebildet, das sonst stärkere $m = \infty\,(110)$ zurücktretend. Andere Beispiele sind:

Feldspat nach dem *Karlsbader Gesetz*. Verknüpfer sind die Flächen der Prismenzone $M = 0\infty$, $T = \infty$. Diese Flächen sind vorzugsweise ausgebildet.

Feldspat nach dem *Bavenoer* und *Manebacher Gesetz*. Verknüpfer $P = 0$ und $M = 0\infty$. Diese Flächen herrschen, die Prismen treten zurück.

Der *Habitus* eines Krystalls wird bestimmt durch diejenigen Attraktionskräfte, die sich im speziellen Fall u. a. aus der Kraftsphäre als Hauptflächenbildner abscheiden. Diese Hauptknoten haben ihre Rangordnung nach Wahrscheinlichkeit und Häufigkeit. Es gibt für jede Krystallart nicht nur einen Habitus, sondern viele, abgestuft nach Rang (Häufigkeit und Wahrscheinlichkeit).

Die Verknüpfer zum Zwilling sind im allgemeinen dieselben Primärkräfte, die Hauptflächenbildner. Es fragt sich nun, ob sie als Zwillingsverknüpfer dieselbe Rangordnung haben wie als Flächenbildner. Dies ist nicht streng der Fall.

Zunächst können Flächenbildner nicht Zwillingsverknüpfer sein, wenn sie parallele Verwachsung liefern würden; ferner ist entscheidend für den Rang einer Fläche als Verknüpfer, welche Verknüpfungen (Deckflächen und Deckzonen) sie mit sich bringt. Die Hauptknoten als Zwillingsverknüpfer haben daher eine Rangordnung, die nicht notwendig die gleiche ist, wie die derselben Knoten als Flächenbildner, die den Habitus bestimmen.

So erklärt sich, warum bei Pyritzwillingen das Oktaeder als herrschende Form vom Spinellgesetz begleitet ist.

IX. Arithmetische Berechnung der Krystalle.

a) Hauptaufgabe der rechnenden Krystallographie.

HAUY und WEISS rechneten meist mit algebraischen Rechnungen unter Hinzuziehung der ebenen Trigonometrie. Als nun aber, namentlich durch die französischen Mineralogen, die Koordinaten immer mehr Eingang fanden, waren KUPFER und LEVY ebenso wie WHEWELL die ersten, die sich dieser Methoden bedienten.

Die Hauptaufgaben der rechnenden Krystallographie sind:

1. Berechnung der Winkel von Flächen und Kanten aus gegebenen Indices und Elementen.

2. Berechnung der Indices der Flächen aus ihren Neigungen zu bekannten Flächen und gegebenen Elementen.

3. Berechnung der Krystallelemente.

Diese Aufgaben lassen sich sowohl durch Rechnung als auch durch Konstruktion, also graphisch, lösen. Die graphische Methode bietet mancherlei Vorteile hinsichtlich der Einfachheit, des geringen Zeitaufwandes, der Übersichtlichkeit und der Vermeidung von groben Fehlern. Sie ist jedoch nur im Zusammenhang mit der zweikreisigen Messung zu gebrauchen.

Für die einkreisige Messung auf Grund von gemessenen Flächenwinkeln kann man auf zweierlei Arten vorgehen. Entweder kann man die Aufgaben unter Zugrundelegung eines Achsensystems auf die analytische Geometrie zurückführen, oder sie lassen sich durch Auflösen von sphärischen Dreiecken, wie sie die Kugelprojektion gibt, lösen.

Man kann das Gesetz der Rationalität der Indices auch in folgender Form aussprechen:

Wählt man drei beliebige Flächen eines Krystalls zu Achsenebenen, also drei beliebige Kanten eines Krystalls, die nicht parallel sind, zu Achsen, und eine beliebige vierte Fläche, welche keine der drei Achsen parallel ist, zur *Einheitsfläche*, so haben, auf diese bezogen, die Indices aller anderen Flächen des Krystalls rationale Werte.

Das Verfahren, die Elemente eines Krystalls aus den sogenannten Elementarflächen abzuleiten, ist folgendes:

Es seien in Abb. 136 die Ebenen YOZ, XOZ, XOY, die drei Achsenebenen (001) (010) (100) gemessen worden, die Winkel seien $(010):(001) = A$, $(100):(001) = B$, $(100):(010) = C$. Diese sind die Seiten eines sphärischen Dreiecks, dessen gegenüberliegende Seiten die drei Achsenwinkel $\alpha\beta\gamma$ sind, die aus jenen berechnet werden können. Sind nun außer diesen drei Flächenwinkeln diejenigen gemessen worden, welche die Einheitsfläche mit zweien der Achsenebenen bildet, z. B. der von ABC mit $YOZ = (111):(100)$ und der von ABC mit $XOZ (111):(010)$, so sind diese beiden und der bereits bekannte Flächen-

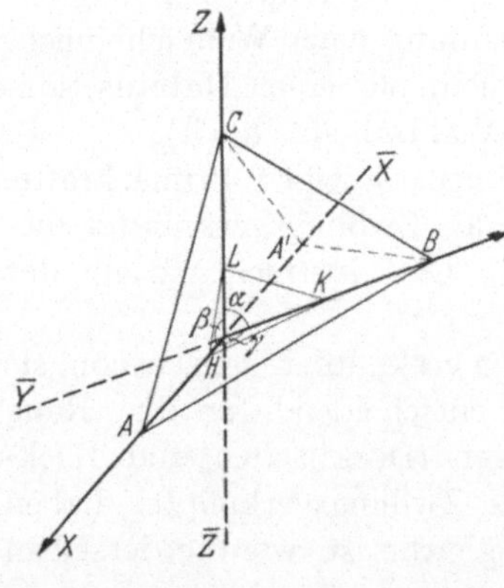

Abb. 136.

winkel $C = (100) : (010)$ ebenfalls die Winkel eines sphärischen Dreiecks, in dem daher 2 Seiten berechnet werden können, nämlich die Winkel, welche die Kanten AC bzw. BC mit der z-Achse bilden. Alsdann sind sämtliche Winkel der ebenen Dreiecke OBC und OAC bekannt und damit die Verhältnisse $OC : OB$ und $OA : OC$ der Parameter der Einheitsfläche.

Durch diese 5 Flächenwinkel, die sogenannten Fundamentalwinkel, sind somit die Elemente des Krystalls bestimmt. Man gibt diese Elemente im allgemeinen so an, daß man einem Wert gewöhnlich die Achse $b = OB$ gleich Eins setzt und die relativen Werte der anderen auf 4 Dezimale berechnet.

Für jede der übrigen Flächen des Krystalls, z. B. für die Fläche HKL der Abb. 136, liefert nun, wenn die Flächenwinkel derselben mit zwei der Achsenebenen gemessen worden sind, eine der obigen analoge Berechnung die Verhältnisse ihrer Parameter OH, OK, OL, und diese können durch Multiplikation mit der entsprechenden Zahl immer auf den h-ten, k-ten, l-ten Teil der Parameter der Einheitsfläche gebracht werden, so daß sich die h-, k-, l-Werte wie ganze Zahlen verhalten. Durch diese Elemente ist also die Gesamtheit der Flächen an dem betreffenden Krystall gegeben, da nur solche Ebenen an demselben auftreten können, die durch ein Symbol (hkl), d. h. durch drei rationale Zahlen bestimmt sind.

Die Hauptsache ist, die Berechnung auf eine möglichst kleine Anzahl von Winkeln zu bringen.

Die Einführung eines brauchbaren zweikreisigen Goniometers durch GOLDSCHMIDT bezeichnet den Beginn einer neuen Epoche der Krystallmessung.

Es ist ein dreidimensionales Instrument und teilt die Messung nicht in eine Anzahl von einzelnen zweidimensionalen Stadien. Jede Erfindung, die Einzelheiten dieser Art entwickelt, ist sein eigener Gedanke.

Die gnomonische Projektion war lange Zeit vergessen, und spätere Untersuchungen brachten viele wertvolle Beiträge, aber GOLDSCHMIDTs Lösung war schon am Anfang vollendet.

Sie ist darauf begründet, daß die gnomonische Projektion im Gegensatz zur stereographischen Projektion aus Projektionspunkten besteht, deren Abstand gleiche Intervalle aufweist, so daß die linearen Abstände zwischen verschiedenen Paaren von Punkten Vielfache voneinander sind. Die zweikreisigen Messungen werden zuerst in ebene Koordinaten umgewandelt und diese wechselweise durch eine Anzahl Additionen und Substraktionen ausgeglichen. Die erhaltenen Durchschnittsgrößen von dem charakteristischen gnomonischen Parallelogramm werden dann in die gebräuchliche Form der krystallographischen Elemente umgewandelt. Alle gnomonischen Ablesungen können dann benutzt werden. Die resultierenden Elemente von einem Krystall sind dann geradeso gut wie die von 3—4 Krystallen durch Messung mit dem einkreisigen Goniometer erzielten.

Bei der einkreisigen Messung kann nur immer eine Zone gemessen werden, so daß also zur Berechnung der Elemente eines triklinen Krystalls im günstigsten Falle die 3 Achsenzonen vorhanden sein müssen, was bei triklinen Krystallen, die im allgemeinen sehr flächenarm sind, nur selten der Fall sein wird. Außerdem muß natürlich die Ausbildung dieser Zonen möglichst gleichmäßig gut sein, um eine genaue Elementbestimmung zu ermöglichen; denn wenn eine dieser Zonen eine ungünstige Ausbildung zeigt, so ist die ganze Elementbestimmung unsicher und ungenau.

Sollten für diese einkreisige Messung nun wirklich diese 3 Achsenzonen zur Verfügung stehen, so sind die Beziehungen der Messungen dieser 3 Zonen zueinander nicht ohne weiteres ersichtlich und nur durch Auflösung mehrerer schiefwinkliger sphärischer Dreiecke möglich.

Diese Einschränkung auf 3 Zonen fällt natürlich bei der zweikreisigen Messung weg, denn hier genügt die Polarstellung nach einer einzigen Zone, besonders da auch bei Errechnung der Elemente aus der Zone [001] : [100] oder [001] : [010] diese nicht allzu schwierig ist.

Es genügt also hier, wenn eine dieser 3 Zonen günstig ausgebildet ist, da damit auch die Position der anderen Flächen möglich ist. Im ungünstigsten Fall können solche Flächen auch graphisch im gnomonischen Projektionsbild bestimmt werden, sowohl mit ihrem Indices als auch mit ihren Winkeln, mit einer Genauigkeit von 10'.

Oft kann man auch bei triklinen Krystallen die besonders bei den triklinen Feldspaten häufige Zwillingsbildung zur Berechnung der Elemente benutzen.

Besonders bei ungünstiger Ausbildung ist die zweikreisige Messung in Verbindung der gnomonischen Projektion äußerst wertvoll, da sie einen vielseitigen Ausgleich bei guter Übersicht der Lage der Einzelformen gestattet.

b) Berechnung im rhombischen, monoklinen, hexagonalen und triklinen System.

Das Gesetz der rationalen Achsenabschnitte macht es theoretisch möglich, alle Flächen eines Krystalls zur Berechnung seiner Elemente zu verwenden[1].

Die Methode, die sich besonders dieser theoretischen Möglichkeit bedient, wurde von GOLDSCHMIDT entwickelt.

Seine Art der Berechnung gründet sich auf die einfachen rationalen Eigenschaften der gnomonischen Projektion.

Wir wollen deshalb nur die Berechnung aus der zweikreisigen Messung berücksichtigen, da die einkreisige Messung wohl kaum noch angewandt wird.

Wir beginnen mit der Berechnung des Topases, weil in dem rhombischen System die Verhältnisse am übersichtlichsten sind, da $p_0 q_0$ und r_0 verschieden sind, während die Winkel $\lambda = \mu = \nu = 90°$ sind. Außerdem sind gut ausgebildete Topaskrystalle nicht allzu schwer zu beschaffen.

α) Berechnung im rhombischen System.

Die Rechnung im rhombischen System ist sehr einfach und wird am besten in untenstehendem geschlossenen Schema A ausgeführt, dabei bediene man sich der Abb. 122 zur Erläuterung.

Wie wir gesehen haben, fallen bei der Messung der Nullmeridian des Instrumentes und der Nullmeridian des Krystalles so gut wie nie zusammen, sie bilden einen Winkel, den wir v_0 genannt haben. Um den Winkel v_0 möglichst genau zu bestimmen, nehmen wir zunächst die Punkte auf den Achsen, denn es ist (Abb. 121).

---

[1] Diese Möglichkeit der Elementbestimmung aus allen Flächen, die uns die Natur der Krystalle bietet, wird nur bei der zweikreisigen Messung erschöpft.

Tabelle 16. Schema A. *Terminalflächen.*
Topas v. THOMAS Mts. (Utah).　$v_0 = 111° 00'$.

Nr.	Reflex	Buchstabe	Symbol GOLDSCHMIDT	Symbol MILLER	v	$H = \varrho$	φ	lg sin φ / lg tg ϱ / lg cos φ	lg x / lg y	$x = p\,p_0$ / $y = q\,q_0$	p_0 / q_0
1	2	3	4	5	6	7	8	9	10	11	12
1	†	c	0	001	—	0 00	—				
2	†	i	$\frac{1}{3}$	113	228 47	34 19	117 47	994 680 / 983 415 / 966 850	978 095 / 950 265	0,6039 / 0,31817	1,80117 / 0,95451
3	†	u	$\frac{1}{2}$	112	228 47	45 36	117 47	994 680 / 000 909 / 966 850	995 589 / 967 759	0,9034 / 0,4741	1,8068 / 0,9482
4	†	0	1	111	228 47	63 56	117 47	994 680 / 031 054 / 966 850	925 734 / 997 904	0,18085 / 0,9529	1,8085 / 0,95529
5	†	i	$\frac{1}{3}$	113	353 07	34 15	242 07	994 640 / 983 307 / 966 994	977 947 / 950 301	0,6018 / 0,31843	1,8054 / 1,95529
6	†	u	$\frac{1}{2}$	112	353 09	45 35	242 09	994 654 / 000 884 / 966 946	995 538 / 967 830	0,90236 / 0,47675	1,80472 / 0,95350
7	†	0	1	111	353 09	63 54	242 09	994 654 / 030 990 / 966 946	025 644 / 997 936	1,805 / 0,9542	1,805 / 0,9542
8	+	y	02	021	291 00	62 18	180 00	027 983	027 983	1,905	0,9525
9	†	i	$\frac{1}{3}$	113	48 51	34 13	297 51	994 654 / 983 252 / 966 946	977 906 / 950 198	0,60125 / 0,31768	1,80375 / 0,95304
10	†	i	$\frac{1}{3}$	113	173 11	34 17	62 11	994 667 / 983 361 / 966 899	978 028 / 950 260	0,60294 / 0,31812	1,80882 / 0,95436
11	†	u	$\frac{1}{2}$	112	173 11	45 35	62 11	994 667 / 000 884 / 966 899	995 551 / 967 783	0,9026 / 0,47625	1,8052 / 0,95250
12	†	0	1	111	173 14	63 56	62 14	994 687 / 031 054 / 966 827	025 741 / 997 881	1,809 / 0,9524	1,809 / 0,9524
13	†	y	02	021	111 03	62 20	0 03	028 045	028 045	1,9067	0,95335
14	†	0	1	111	49 06	63 56	298 06	994 553 / 031 054 / 967 303	025 607 / 998 357	1,8033 / 0,9629	1,8033 / 0,9629
15	†	d	10	101	21 07	61 00	270 07	025 625	025 625	1,804	1,804

11*

In der Querachse $\qquad oQ = \quad 0°, \qquad v_0 = v - 0,$

$$o\overline{Q} = 180°, \qquad v_0 = v - 180°,$$

in der Längsachse $\qquad oP = \quad 90°, \qquad v_0 = v - \quad 90°,$

$$o\overline{P} = 270°, \qquad v_0 = v - 270°.$$

Aus jedem Achsenpunkt können wir einen Wert v_0 erhalten.

Nun bestimmen wir noch das v_0 aus symmetrischen Flächen. Der Wert der halben Winkelsumme dieser symmetrischen Flächen liegt jeweils auf einer Achse. Aus diesen Werten errechnet man dann das v_0 nach Tab. 17.

Aus allen diesen v_0 bildet man dann einen Mittelwert.

Tabelle 17. Berechnung von v_0 *.

Fläche		Topas	Fläche		Topas
$13 = 111° 03 - \quad 0 = v_0$		$v_0 = 111° 03$	$3 = 228° 07$	$290° 58 - 180° = v_0$	
$8 = 291° 00 - 180 = v_0$		$v_0 = 111° 00$	$6 = \underline{353° 09}$		
$21 = 200° 57 - \quad 90 = v_0$		$v_0 = 110° 57$	$581° 56$		$v_0 = 110° 58$
$15 = 381° 07 - 270 = v_0$		$v_0 = 111° 07$	$4 = 228° 47$	$290° 58 - 180° = v_0$	
			$7 = \underline{353° 09}$		
$2 = 228° 47$	$200° 59 - \quad 90° = v_0$		$581° 56$		$v_0 = 110° 58$
$10 = \underline{173° 11}$			$5 = 353° 07$	$380° 59 - 270° = v_0$	
$401° 58$		$v_0 = 110° 59$	$9 = \underline{408° 51}$		
$3 = 228° 47$	$200° 59 - \quad 90° = v_0$		$761° 58$		$v_0 = 110° 59$
$11 = \underline{173° 11}$			$7 = 353° 09$	$381° 07 - 270° = v_0$	
$401° 58$		$v_0 = 110° 59$	$14 = \underline{409° 06}$		
$4 = 228° 47$	$201° 01 - \quad 90° = v_0$		$762° 15$		$v_0 = 111° 07$
$12 = \underline{173° 14}$			$9 = \quad 48° 51$	$111° 01 - 0 = v_0$	
$402° 01$		$v_0 = 111° 01$	$10 = \underline{173° 11}$		
$2 = 228° 47$	$290° 57 - 180° = v_0$		$222° 02$		$v_0 = 111° 01$
$5 = \underline{353° 07}$			$12 = 173° 14$	$111° 07 - 0 = v_0$	
$581° 54$		$v_0 = 110° 57$	$14 = \underline{\quad 49° 00}$		
			$222° 14$		$v_0 = 111° 07$

Durchschnittswert von $v_0 = 111° 00'$.

Von der Genauigkeit dieses Mittelwertes hängt dann die Genauigkeit aller Werte ab.

Die so erhaltenen Werte v_0 liefern uns dann nach der Gleichung

$$\varphi = v - v_0$$

die Werte für unsere weitere Rechnung.

Nach dieser Subtraktion von v_0 hat man also gewissermaßen den Krystall so gedreht, daß der Nullmeridian des Instrumentes mit dem Nullmeridian des Krystalles zusammenfällt.

---

* Bei der Berechnung von v_0 ist zu berücksichtigen, daß bei Winkel $v < v_0$ (aus dem Projektionsbild bestimmt) 360° zu addieren sind. Da die Werte für φ nicht größer als 180° werden sollen, so nimmt man die Werte über 180° negativ, also an Stelle von 299° 28' setzt man 60° 32'. Es ist dies für die weitere logarithmische Rechnung bequemer.

Es folgt nun die Berechnung p_0 und q_0 nach den Formeln:

$$x = p\,p_0, \qquad x = \sin\varphi\,\mathrm{tg}\,\varrho,$$
$$y = q\,q_0, \qquad y = \cos\varphi\,\mathrm{tg}\,\varrho.$$

Wir rechnen nun in der Seite 163 gegebenen Tabelle 16 weiter. Wir fanden darin schon Kol. 1 und 2, ferner durch Messung Kol. 6 und 7, aus dem Projektionsbild Kol. 4 (pq) und endlich Kol. 8 = Kol. 6 (v) — $v_0 = \varphi$.

Da bei den heutigen zweikreisigen Goniometern der Fa. Stoe & Co. der Horizontalkreis so eingestellt ist, daß bei dem üblichen Incidenzwinkel die Polstellung (Ablesung am Horizontalkreis) 360° beträgt, erübrigt sich die Kol. 8 in früheren Publikationen, da ja $h = \varrho$ ist.

Der weitere Gang der Rechnung ergibt sich aus dem Schema A und B.

Man berechnet krystallographische Rechnungen am besten mit fünfstelligen Logarithmen, die vollkommen genügen. Beim Logarithmus einer negativen Zahl schreibt man minus über die Kennziffer.

Die berechneten Mittelwerte von p_0 und q_0 schwanken. Man nimmt einen Mittelwert, indem man die Messungen nach Reflex und Projektion ordnet.

Alle unsicheren Messungen läßt man weg. Aus den anderen, den guten, wählt man die besten aus und berechnet:

$$a = \text{Mittel aus den besten,}$$
$$b = \text{Mittel aus allen guten,}$$
$$\tfrac{1}{2}(a + b) = \text{bestes Mittel.}$$

Man kann auch p und q durch Rechnung aus den Terminalflächen bestimmen durch Division von

$$\frac{p\,p_0}{p_0} \quad \text{und} \quad \frac{q\,q_0}{q_0}.$$

Doch hat dies geringeren Wert, da ja p und q als einfache rationale Zahlen im gnomonischen Bild genügend sicher bestimmt sind.

Die Berechnung von $\dfrac{p_0}{q_0}$ aus den Prismen (Tab. 18).

p_0 und q_0 kann natürlich aus den Prismen nicht bestimmt werden, sondern nur das Verhältnis $\dfrac{p_0}{q_0}$.

$$\frac{p_0}{q_0} = \frac{q}{p}\,\mathrm{tg}\,\varphi.$$

Tabelle 18. *Schema B. Prismen.*

Nr.	Reflex	Buch-stabe	Symbol $\frac{p}{q}\infty$		v	$H = \varrho$	φ	$\lg \mathrm{tg}\,\varphi$ $= G\,\frac{p\,p_0}{q\,q_0}$	$\frac{p\,p_0}{q\,q_0}$	$\frac{p}{q}$	$\frac{p_0}{q_0}$
			GOLD-SCHMIDT	MILLER							
1	2	3	4	5	6	7	8	9	10	11	12
					° ′	° ′	° ′				
16	⊹	M	∞	110	48 50	89 57	297 50	027 738	1,894	1	1,894
17	+	M	∞	110	353 15	89 58	242 15	0,27891	1,9005	1	1,9005
18	+	l	$\infty\,2$	120	334 26	90 00	223 26	997 624	0,94675	$\tfrac{1}{2}$	1,89350
19	†	l	$\infty\,2$	120	247 35	90 00	136 35	997 598	0,9462	$\tfrac{1}{2}$	1,89924
20	†	M	∞	110	228 40	89 56	117 40	0,28045	1,907	1	1,907
22	†	M	∞	110	173 45	90 00	62 45	028 816	1,941	1	1,941
23	+	l	$\infty\,2$	120	154 30	90 00	43 30	997 725	0,9490	$\tfrac{1}{2}$	1,8980
24	+	l	$\infty\,2$	120	67 42	89 52	316 42	997 421	0,9424	$\tfrac{1}{2}$	1,8848

Für jede Prismenfläche ist die Richtung gegeben durch φ, wobei $\operatorname{tg}\varphi = \dfrac{p\,p_0}{q\,q_0}$.

Sind die Prismen gut ausgebildet und geben bessere Messungen als die Terminalflächen, so kann man die Resultate aus den Prismen den Resultaten der Terminalflächen in folgender Weise angleichen.

Man bildet:

$$\left.\begin{array}{l} \dfrac{p_0}{q_0} \text{ aus den Terminalflächen } = A \\[2ex] \dfrac{p_0}{q_0} \text{ aus den Prismen } \qquad = B \end{array}\right\} \dfrac{p_0}{q_0} \text{ bester Wert.}$$

Dann nimmt man:

$$p_0 + q_0 = S \text{ (aus Terminalflächen)}$$

$$\dfrac{p_0}{q_0} = C \text{ (bester Wert)},$$

folglich:

$$\left.\begin{array}{l} p_0 = \dfrac{S\,C}{C+1} \\[2ex] q_0 = \dfrac{S}{C+1} \end{array}\right\} \text{ ausgeglichen.}$$

Die so ausgeglichenen $p_0 + q_0$ vergleicht man mit den $p_0 + q_0$ aus den Terminalflächen und bildet bei wesentlicher Differenz einen besten Wert.

Diese Rechnung entfällt bei Topas, da hier die Terminalflächen viel besser sind als die meist ungünstig ausgebildeten Prismen.

Berechnung der Linearelemente:

$$a : 1 : c$$

aus den Polarelementen:

$$p_0 : q_0 : 1\,,$$

$$\left.\begin{array}{l} p_0 = \dfrac{c}{a} \\[2ex] q_0 = c \end{array}\right\} \text{ daraus } \quad \begin{array}{l} a = \dfrac{q_0}{p_0}\,, \\[2ex] c = q_0\,. \end{array}$$

Für unseren Topas ist also:

$$a = \dfrac{q_0}{p_0} = 0.5285\,.$$

β) Berechnung im monoklinen System.

Dem Gebrauche GOLDSCHMIDTs folgend, wählen wir als zweites Beispiel einen monoklinen Krystall, am besten einen Realgar, der (Abb. 123—125) allerdings etwas schwieriger zu erhalten ist als der Topas.

Wir haben hier beim Realgar das gleiche Schema für unsere Messungen wie beim Topas mit Ausnahme von Kol. 11 und 12 (Tab. 16 und 18, S. 163 und 165.)

Zunächst berechnen wir wieder v_0 nach demselben Schema wie im rhombischen System, nur haben wir hier infolge des Wegfalles der Symmetrieebenen parallel der Zone [001] und [100] weniger Bestimmungen für v_0 (Tab. 19).

Aus den gefundenen Durchschnittswerten bildet man einen Mittelwert v_0. Diesen subtrahiert man wieder von dem V (Kol. 6) und findet so wieder $\varphi = v - v_0$ (Kol. 8).

Wir berechnen nun zunächst aus den gefundenen $\varphi\varrho$ die Elemente der Projektion, bei denen also $h = 1$ ist ($r_0 > 1$).

Tabelle 19. *Berechnung von v_0.*

Fläche		Realgar		Fläche		Realgar	
$27 =$	$53°\,37 -$	$0° = v_0$	$v_0 = 53°\,37$	$18 =$	$188°\,22$	$143°\,39 - 90° = v_0$	
$13 =$	$233°\,41 - 180° = v_0$		$v_0 = 53°\,41$	$24 =$	$98°\,57$		
$20 =$	$144°\,09 - 90° = v_0$		$v_0 = 54°\,09$		$287°\,19$	$v_0 = 53°\,39$	
$33 =$	$323°\,34 - 270° = v_0$		$v_0 = 53°\,34$	$28 =$	$392°\,48$	$323°\,35 - 270° = v_0$	
$9 =$	$143°\,40 - 90° = v_0$		$v_0 = 53°\,40$	$35 =$	$254°\,23$		
$2 =$	$323°\,38 - 270° = v_0$		$v_0 = 53°\,38$		$647°\,11$	$v_0 = 53°\,35$	

Tabelle 19. *Berechnung von v_0.*

$$27 = 53°\,37 - 0° = v_0 \qquad v_0 = 53°\,37$$
$$13 = 233°\,41 - 180° = v_0 \qquad v_0 = 53°\,41$$
$$20 = 144°\,09 - 90° = v_0 \qquad v_0 = 54°\,09$$
$$33 = 323°\,34 - 270° = v_0 \qquad v_0 = 53°\,34$$
$$9 = 143°\,40 - 90° = v_0 \qquad v_0 = 53°\,40$$
$$2 = 323°\,38 - 270° = v_0 \qquad v_0 = 53°\,38$$

$$\begin{array}{l} 10 = 95°\,49 \\ 15 = 190°\,36 \\ \hline 286°\,25 \end{array} \quad 143°\,12 - 90° = v_0 \qquad v_0 = 53°\,12$$

$$\begin{array}{l} 11 = 77°\,39 \\ 8 = 209°\,24 \\ \hline 287°\,03 \end{array} \quad 143°\,31 - 90° = v_0 \qquad v_0 = 53°\,31$$

$$\begin{array}{l} 22 = 110°\,14 \\ 19 = 177°\,02 \\ \hline 287°\,16 \end{array} \quad 143°\,48 - 90° = v_0 \qquad v_0 = 53°\,38$$

$$18 = 188°\,22 \\ 24 = 98°\,57 \\ \hline 287°\,19 \qquad 143°\,39 - 90° = v_0 \qquad v_0 = 53°\,39$$

$$28 = 392°\,48 \\ 35 = 254°\,23 \\ \hline 647°\,11 \qquad 323°\,35 - 270° = v_0 \qquad v_0 = 53°\,35$$

$$14 = 206°\,51 \\ 26 = 80°\,33 \\ \hline 287°\,24 \qquad 143°\,42 - 90° = v_0 \qquad v_0 = 53°\,42$$

$$17 = 196°\,28 \\ 25 = 90°\,50 \\ \hline 287°\,18 \qquad 143°\,39 - 90° = v_0 \qquad v_0 = 53°\,39$$

$$34 = 290°\,15 \\ 32 = 357°\,06 \\ \hline 647°\,21 \qquad 323°\,40 - 270° = v_0 \qquad v_0 = 53°\,40$$

Mittel aus den besten Werten $= 53°\,39$.
Mittel aus allen Werten $ = 53°\,39$.
Mithin $v_0 = 53°\,39$.

Wenn bei Neubestimmung der Elemente die Krystalle nicht sehr gut sind, mißt man, wenn vorhanden, eine möglichst große Anzahl von Krystallen und nimmt von diesen die besten Flächen zur Rechnung.

Man berechnet zunächst nach Schema 2 für die Terminalflächen x' und y'[1].

Bei x' und p ist auf das Vorzeichen $\pm\cdot$ zu achten; für y' und q ist dasselbe belanglos. Das Vorzeichen $(\pm)$ für p ist aus Kol. 4 zu ersehen. Das Vorzeichen x' gibt $\sphericalangle\,\varphi$ (Kol. 8).

Berechnung von e' aus den Werten $x' = e' + p\,p_0'$ (Kol. 11).

Für alle Punkte brauchen wir 2 Gleichungen, um aus der Formel

$$x' = e' + p\,p_0'$$

die beiden Unbekannten x' und p_0' zu berechnen.

Man nimmt 2 gute Flächen $p_1 q_1$ und $p_2 q_2$ zusammen, setzt $p_1 q_1$ in die obere Gleichung ein und eliminiert p_0' und erhält so e' (Tab. 20).

Tabelle 20.

Fläche	$\bar{2} = 2p_0' - e' = 1{,}038$		$\bar{2}\ p_0' - e' = 1{,}038$		$0{,}4432$		
,,	$5 = \bar{p}_0' - e' = 0{,}2974$		$2(p_0' - e') = 0{,}5948$				
,,	$\bar{2} = 2p_0' - e' = 1{,}038$		$\bar{2}\ p_0' - e' = 1{,}038$		$0{,}44078$		
,,	$4 = p_0' - e' = 0{,}29861$		$2(p_0' - e') = 0{,}59722$				
,,	$\bar{2} = 2p_0' - e' = 1{,}038$		$\bar{2}\ p_0' - e' = 1{,}038$		$0{,}4480$		
,,	$6 = p_0' - e' = 0{,}2950$		$2(p_0' - e') = 0{,}5900$				
,,	$\bar{2} = 2p_0' - e' = 1{,}038$		$\bar{2}\ p_0' - e' = 1{,}038$		$0{,}4366$		
,,	$7 = p_0' - e' = 0{,}3007$		$2(p_0' - e') = 0{,}6014$				

Mittelwert $e = 0{,}444$

---

[1] Alle Elemente der Projektion ($h_0 = 1$) erhalten zum Unterschied gegen die Polarelemente ($r_0 = 1$) einen Strich.

Man berechnet für alle Paare guter Flächen e' und nimmt aus diesen einen Mittelwert. Diesen subtrahiert man von x' und erhält so pp_0'.

Durch Division von pp_0' und qq_0' mit p resp. q (Kol. 4) erhält man p_0' und q_0' (Kol. 12). Nun nimmt man das Mittel aus p_0' und q_0'. Aus der Zone $0q$ und der Zone $1q$ kann man durch Elimination von e' auch p_0' berechnen.

Es ist:

Tabelle 21.

$$
\begin{array}{llll}
\text{Fläche} \quad 6 = \bar{p}p_0' - e' = 0{,}2950 & \\
\quad\ \ ,, \quad\ 10 = \qquad\ + e' = 0{,}4387 & 0{,}7337 \\[4pt]
\quad\ \ ,, \quad\ \ 7 = \bar{p}p_0' - e' = 0{,}3007 & \\
\quad\ \ ,, \quad\ 11 = \qquad\ + e' = 0{,}3810 & 0{,}6817
\end{array}
\qquad
\begin{array}{ll}
\text{Fläche} \quad 5 = \bar{p}p_0' - e' = 0{,}29743 & \\
\quad\ \ ,, \quad\ 15 = \qquad\ + e' = 0{,}4367 & 0{,}7413 \\[4pt]
\quad\ \ ,, \quad\ \ 4 = \bar{p}p_0' - e' = 0{,}29861 & \\
\quad\ \ ,, \quad\ \ 8 = \qquad\ + e' = 0{,}4379 & 0{,}73651
\end{array}
$$

Mittelwert $p_0' = 0{,}73717$.
Der Wert 0,6817 wurde weggelassen.

Wir haben jetzt die Mittelwerte für:

$$e' = 0{,}4440\,,$$
$$p_0' = 0{,}73717$$

gefunden.

Nun bestimmen wir den Wert $\dfrac{p_0'}{q_0'}$ aus den Prismen. Wir können hier das Verhältnis $\dfrac{p_0'}{q_0'}$ bestimmen; doch werden wir nachher noch einen Weg kennenlernen, um diesen Wert in die Bestimmung von p und q einzuführen.

Wir berechnen $\dfrac{p_0'}{q_0'}$ nach der Formel:

$$\operatorname{tg}\varphi = \frac{p\,p_0'}{q\,q_0'} = \frac{p\,p_0}{q\,q^0}\,, \qquad \frac{p^0}{q^0} = \frac{p_0'}{q^1} = \frac{q}{p} = \operatorname{tg}\varphi\,.$$

Wir finden als Mittelwert:

$$\frac{p_0'}{q_0'} = 1{,}5168\,.$$

Ausgleich von $p_0'\,q_0'$ der Terminalflächen durch $\dfrac{p_0'}{q_0'} : \dfrac{p_0}{q_0}$ der Prismen.
Es sei:

$$
\left.
\begin{array}{l}
\dfrac{p_0'}{q_0'} = A \ \text{aus Terminalflächen} \\[10pt]
\dfrac{p_0'}{q_0'} = B \ \text{aus Prismen}
\end{array}
\right\}
\quad \text{bester Wert:}\ \frac{p_0'}{q_0'} = C\,.
$$

Dieser Ausgleich kommt in Frage, wenn B gleich gut oder besser als A ist. Ist bei Terminalflächen q_0' besser als p_0' (was beim Realgar meist der Fall ist), so korrigiert man p_0 nach der Formel:

$$p_0 = C\,q_0\,.$$

Andernfalls

$$q_0 = \frac{p_0}{C}\,.$$

Nun setzt man:

$$p_0 + q_0 = S \ \text{(aus Terminalflächen)},$$

$$\frac{p_0}{q_0} = C \ \text{(bester Wert)},$$

so folgt:

$$p_0 = \frac{SC}{C+1},$$

$$q_0 = \frac{S}{C+1}.$$

Aus e' berechnen wir noch den Winkel nach der Formel:

$$\cotg\mu = e',$$

$$\mu = 66°04',$$

$$\cotg\mu = 0,4438.$$

Tabelle 22. *Realgar von Allchar (Macedonien). Schema A. Terminalflächen.*

Nr.	Reflex	Buch-stabe	Symbol GOLD-SCHMIDT	Symbol MILLER	v	$H=\varrho$	φ	tg sin φ lg tg ϱ lg cos φ	lg x' lg y'	$x'=p\,p_0'+e'$ $y'=q\,q_0'$	p_0' q_0'
1	2	3	4	5	6	7	8	9	10	11	12
1	+	r	$0\bar{1}$	$0\bar{1}1$	190 36	34 10	139 57	980 852 983 171 988 394	964 023 971 565	0,4367 0,5196	$v_0 =$ (0,5196)
2	†	z	$\bar{2}0$	$\bar{2}01$	323 38	46 04	90 01	001 617	0,01617	1,038	
5	†	n	$\bar{1}$	$\bar{1}11$	265 09	29 39	$\overline{148}\,30$	971 809 975 529 993 077	947 338 968 606	0,29743 0,48535	0,48535
6	†	n	$\bar{1}1$	$\bar{1}\bar{1}1$	22 23	29 37	$\overline{31}\,16$	971 519 975 470 993 184	946 989 968 654	0,2950 0,4859	0,4859
7	+	e	$\bar{1}2$	$\bar{1}21$	36 35	45 42	$\overline{17}\,04$	946 758 001 061 998 044	947 819 999 105	0,3007 0,9796	0,4898
8	+	q	$0\bar{2}$	$0\bar{2}1$	209 24	46 50	155 45	961 354 002 781 995 988	964 136 998 769	0,4379 0,9720	0,4860
9	†	v	0	001	143 40	23 47	90 01	964 415	964 415	0,4407	0,4407
10	†	r	01	011	95 49	33 10	42 10	982 691 981 528 986 993	964 219 968 521	0,4387 0,4844	0,4844
11	†	q	02	021	77 39	46 45	21 00	955 433 002 655 997 015	958 088 999 607	0,3810 0,9924	0,4862
12	+	y	03	031	70 30	55 45	16 51	946 220 016 693 998 094	962 913 014 787	0,4257 1,4056	(0,470)
15	+	d	$\bar{2}1$	$\bar{2}11$	296 32	48 50	$\overline{117}\,07$	994 943 005 829 965 878	000 772 971 707	1,018 0,5213	(0,5213)
16	+	d	$\bar{2}\bar{1}$	$\bar{2}\bar{1}1$	348 39	48 52	$\overline{65}\,00$	995 728 005 880 692 595	001 608 968 475	1,038 0,4839	(0,4839)

Tabelle 23. *Realgar von Alchar (Macedonien). Schema B. Prismen.*

Nr.	Reflex	Buch-stabe	Symbol GOLD-SCHMIDT	Symbol MILLER	v	$H = \varrho$	φ	$\lg \mathrm{tg}\,\varphi$	$\dfrac{p\,r_0}{q\,q_0}$	$\dfrac{p}{q}$	$\dfrac{p_0}{q_0}$
1	2	3	4	5	6	7	8	9	10	11	12
13	†	b	$0\overline{\infty}$	$0\overline{1}0$	233 41	90 00	$\overline{179}$ 58				
14	†	v	$\infty\overline{3}$	130	206 51	89 57	153 15	970 247	0,50404	$\tfrac{1}{3}$	1,51212
17	†	m	$\infty\overline{2}$	120	196 28	90 00	142 49	988 000	0,7586	$\tfrac{1}{2}$	1,5172
18	†	w	$\infty\overline{\tfrac{3}{2}}$	230	188 22	90 00	134 43	000 430	1,010	$\tfrac{2}{3}$	1,5150
19	†	l	$\infty\overline{\infty}$	$1\overline{1}0$	177 02	90 00	123 33	018 114	1,518	1	1,518
20	+	a	$\infty 0$	100	144 09	90 02	90 30				
21	+	i	2∞	210	125 14	90 00	71 35	047 785	3,005	2	1,5025
22	†	l	∞	110	110 14	90 00	56 35	018 059	1,516	1	1,516
23	+	β	$\infty\tfrac{4}{3}$	340	102 33	90 00	48 54	005 931	1,146	$\tfrac{3}{4}$	1,5284
24	†	w	$\infty\tfrac{3}{2}$	230	98 57	90 00	45 18	000 455	1,011	$\tfrac{2}{3}$	1,5165
25	†	m	$\infty 2$	120	90 50	90 00	37 11	988 000	0,7586	$\tfrac{1}{2}$	1,5172
26	-+-	v	$\infty 3$	130	80 33	90 06	26 54	970 529	0,50733	$\tfrac{1}{3}$	1,52199
27	†	b	0∞	010	53 37	90 00	0 02				
28	-+-	μ	$\infty 4$	140	32 48	90 06	20 51	958 077	0,38086	$\tfrac{1}{4}$	1,52344
29	+	v	$\infty 3$	130	26 47	90 04	$\overline{26}$ 52	970 466	0,50661	$\tfrac{1}{3}$	1,51983
30	†	m	$\infty 2$	120	16 30	90 02	$\overline{37}$ 07	987 895	0,75675	$\tfrac{1}{2}$	1,51350
31	†	w	$\infty\tfrac{3}{2}$	$\overline{2}30$	8 18	90 00	$\overline{45}$ 21	000 531	1,0123	$\tfrac{2}{3}$	1,5184
32	†	l	$\overline{\infty}\,\infty$	$\overline{1}10$	357 06	90 00	$\overline{56}$ 33	018 004	1,5137	1	1,5137
33	+	a	$\infty 0$	100	323 34	89 57	$\overline{90}$ 05				
34	†	l	$\overline{\infty}$	$\overline{110}$	290 15	90 00	$\overline{123}$ 24	018 087	1,5166	1	1,5166
35	-+-	μ	$\infty 4$		254 23	89 56	159 16	957 810	0,37853	$\tfrac{1}{4}$	1,51412

Nun folgt die Berechnung der Polarelemente ($r_0 = 1$) aus obigen Elementen der Projektion ($h = 1$).

Es ist ferner:

$$\frac{p_0}{q_0'} = \frac{q_0}{q_0'} = \frac{e}{e'} = \frac{h}{r_0} = \sin\mu .$$

Daraus folgt:

$$p_0 = p_0' \sin\mu ; \qquad p_0 = 0{,}73717 \sin 66°\,04' = 0{,}6738 ,$$

$$q_0 = q_0' \sin\mu ; \qquad q_0 = 0{,}4861 \sin 66°\,04' = 0{,}4442 ,$$

$$e = e' \sin\mu ; \qquad e = 0{,}444 \sin 66°\,04' = 0{,}4057 .$$

Für r_0 ist $h = \sin\mu$.

Umgekehrt ist r_0' für $h = 1$

$$r_0' = \frac{1}{\sin\mu} ,$$

also $r_0' = 1{,}0939$.

Berechnung des Achsenverhältnisses $a : b : c$ und Winkel β aus den Polarelementen p_0, q_0, r_0 und Winkel μ.

Aus dem allgemeinen Satz (siehe S. 33)

$$p_0 = \frac{c}{a}, \qquad q_0 = c \sin\beta, \qquad \mu = 180° - \beta.$$

Daraus:

$$a = \frac{q_0}{p_0 \cdot \sin\beta} = \frac{q_0'}{p_0}; \qquad c = \frac{q_0}{\sin\beta} = q_0'; \qquad \beta = 180° - \mu.$$

γ) Berechnung im hexagonalen System.

Da die Berechnung im hexagonalen System infolge der sich unter 60° resp. 120° schneidenden horizontalen Achsen etwas von den anderen Systemen abweicht, gebe ich hier eine solche, wie sie GOLDSCHMIDT [14] beim Vanadinit veröffentlichte.

Berechnung der Elemente und Symbole.

A. *Gegeben:* $\varphi\varrho$. *Gesucht:* pq oder $p_0 q_0$.

Für die allgemeinen Formen ist:

$$p\,p_0 = \frac{\sin(60° - \varphi_1)\,\mathrm{tg}\,\varrho}{\sin 60°},$$

$$q\,p_0 = \frac{\sin\varphi_1\,\mathrm{tg}\,\varrho}{\sin 60°}.$$

Dabei ist φ_1 das φ des in den ersten Sextanten rechts verlegten Punktes, d. h. die Differenz von φ gegen das nächste Vielfache von 60° Abb. 137, Schema Kol. 7.

Zum Beispiel:

$$\varphi = 100°54'; \qquad \varphi_1 = 120° - 100°54' = 19°06',$$
$$\varphi = 19°60'; \qquad \varphi_1 = 190°00'.$$

Für domatische Pyramiden ist $\varphi_1 = 0$, daher:

$$p\,p_0 = \mathrm{tg}\cdot\varrho,$$
$$q\,p = 0.$$

Für Pyramiden p ist $\varphi_1 = 30°$, daher:

$$p\,p_0 = q\,p_0 = \frac{\mathrm{tg}\,\varrho}{\sqrt{3}}.$$

Für Prismen $\dfrac{p}{q}$ ist:

$$\frac{p}{q} = \frac{\sin(60° - \varphi_1)}{\sin\varphi_1}.$$

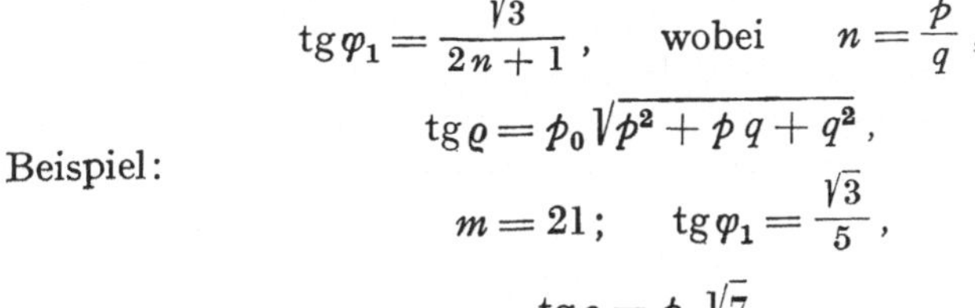

Abb. 137.

B. *Gegeben*: pq und $p_0 q_0$. *Gesucht*: $\varphi_1 \varrho$.

$$\mathrm{tg}\,\varphi_1 = \frac{\sqrt{3}}{2n+1}, \qquad \text{wobei} \qquad n = \frac{p}{q},$$

$$\mathrm{tg}\,\varrho = p_0 \sqrt{p^2 + p\,q + q^2},$$

zum Beispiel:

$$m = 21; \qquad \mathrm{tg}\,\varphi_1 = \frac{\sqrt{3}}{5},$$

$$\mathrm{tg}\,\varrho = p_0 \sqrt{7}.$$

C. *Berechnung der linearen Elemente* c_{10} resp. c_1 aus den polaren p_0.

Ableitung der Formeln. Die Formeln A ergeben sich aus Abb. 138. Darin ist nach dem Sinussatz der ebenen Trigonometrie

$$\frac{p\,p_0}{\mathrm{tg}\,\varrho} = \frac{\sin\,(60° - \varphi_1)}{\sin 60°}\,,$$

$$\frac{q\,p_0}{\mathrm{tg}\,\varrho} = \frac{\sin\varphi_1}{\sin 60°}\,.$$

Die Formeln B folgen ebenfalls aus Abb. 138

$$\mathrm{tg}\,\varphi_1 = \frac{\tfrac{1}{2}\,q\,p_0\sqrt{3}}{p\,p_0 + \tfrac{1}{2}\,q\,p_0} = \frac{q\,\sqrt{3}}{2p + q} = \frac{\sqrt{3}}{2n + 1} \qquad \text{für} \qquad \frac{p}{q} = n\,,$$

$$\mathrm{tg}^2\varrho + (p\,p_0 + \tfrac{1}{2}\,q\,p_0)^2 + (\tfrac{1}{2}\,q\,p_0\sqrt{3})^2 = p_0^2\,[p^2 + p\,q + \tfrac{1}{4}\,q^2 + \tfrac{3}{4}\,q^2]\,.$$

Berechnung von v_0.

Hierzu benutzt man die Symmetrie der Krystalle ebenso wie in den anderen Systemen mit Symmetrieebenen, nur mit dem Unterschied, daß die horizontalen Symmetrieebenen Abstände von 30° resp. 60° oder deren Vielfache haben.

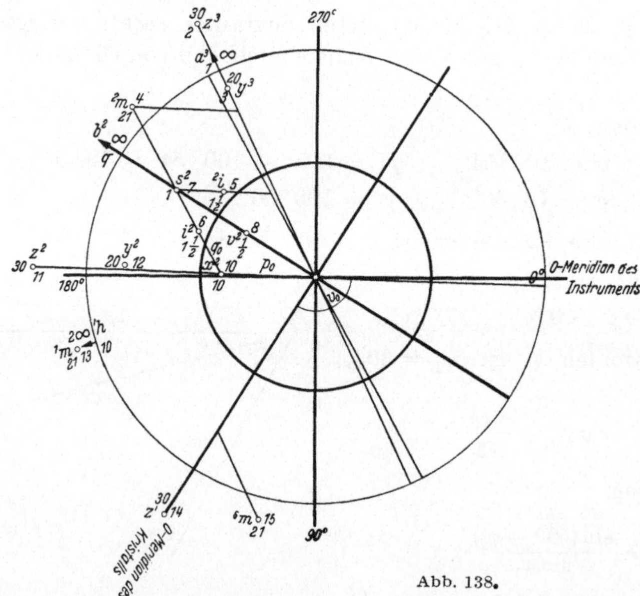

Abb. 138.

Bei unserem Beispiel, Vanadinit, Tab. 24, ist der erste Meridian durch Fläche Nr. 14 mit $v = 121°43'$ gelegt (Abb. 138).

Unter den Winkeln v sind solche, die fast genau um Vielfache von 30° von 121°43' abstehen. Der Abstand sollte dem System nach genau ein Vielfaches von 30° sein.

Das Mittel aus den Minuten dieser v den 121° zugefügt, gibt den ausgeglichenen Wert: $v_0 = 121°44'$.

Tabelle 24. *Vanadinit v. Hillsboro, New Mexiko.* $v_0 = 121° 42'$. $\lg p_0 = 991505$.

Nr.	Reflex	Buchstabe	Symbol GOLDSCHMIDT	Symbol BRAVAIS	v	$H = \varrho$	$60° - \varphi_1$ $\varphi = v - v_0$ φ_1	$\lg \sin(60° - \varphi_1)$ $\lg \operatorname{tg} \varrho$ $\lg \sin \varphi_1$	$\lg p\, p_0$ $\lg q\, p_0$	$p\, p_0$ $q\, p_0$	p_0 p_0	$\lg p$ $\lg q$	p q
1	2	3	4	5	6	7	8	9	10	11	12	13	14
1	ausgez.	a	$\infty 0$	$10\bar{1}0$	241 44	90 00	120 02	—	—	—	—	—	—
2	,,	z	30	$30\bar{3}1$	241 44	67 49	120 02	038960	038960	2,4525	0,8175	047455	2,9823
3	schw.	y?	20	$20\bar{2}1$	241 44	61 06	120 02	025804	052804	1,8116	(0,9058)	034299	2,2028
4	ausgez.	m	21	$21\bar{3}1$	222 36	65 17	40 54 100 54 19 06	981607 033696 951484	021550 991427	1,6427 0,8209	0,8213 0,8209	030045 999922	1,9972 0,9982
5	schw.	i	$1\frac{1}{2}$	$21\bar{3}2$	222 39	47 26	40 57 100 57 19 03	981651 003693 951374	991591 961314	0,8240 0,4103	0,8240 0,8206	000086 969809	1,0020 0,4990
6	ausgez.	i	$1\frac{1}{2}$	$21\bar{3}2$	200 46	47 25	40 56 79 04 19 04	981636 003668 951411	991551 961326	0,8232 0,4104	0,8232 0,8209	000046 969821	1,0011 0,4991
7	gut	s	1	$11\bar{2}1$	211 51	54 57	30 09 90 09 29 51	970093 015397 969699	991737 991343	0,8267 0,8193	0,8267 0,8193	000232 999838	1,0053 0,9963
8	,,	v	$\frac{1}{2}$	$11\bar{2}2$	211 49	35 22	30 07 90 07 29 53	970050 985113 969743	961410 961103	0,4113 0,4084	0,8226 0,8168	969905 969598	0,5001 0,4965
9	,,	b	∞	$11\bar{2}0$	211 40	90 00	89 58	—	—	—	—	—	
10	,,	x	10	$10\bar{1}1$	181 33	39 37	59 51	991791	991791	0,8277	0,8277	000286	1,0060
11	ausgez.	z	30	$30\bar{3}1$	181 44	67 58	60 02	039323	039323	2,4730	0,8243	047818	3,0073
12	schw.	y	20	$20\bar{2}1$	182 39	58 55	60 57	022037	022037	1,6610	(0,8305)	030532	2,0199
13	ausgez.	m	21	$21\bar{3}1$	162 35	65 20	40 53 40 53 19 07	981592 033796 951520	021635 991563	1,6457 0,8234	0,8228 0,8234	030130 000058	2,0012 1,0014
14	dop.	z	30	$30\bar{3}1$	121 43	67 59	0 01	039323	039323	2,4731	(0,8243)	047818	3,0073
15	ausgez.	m	21	$21\bar{3}1$	102 42	65 26	41 00 19 00 19 00	981694 033996 951264	021937 991507	1,6572 0,8224	0,8286 0,8224	030432 000002	2,0152 1,0000
16	schw.	h	2∞	$21\bar{3}0$	162 01	90 06	40 19 40 19 19 41	981091 — 952740	—	—	—	$\operatorname{tg}\dfrac{p}{q}$ 028351	$p:q$ 1,921

Ad Kol. 7. $v - v_0$. Hierzu muß v_0 (die Ablesung am φ-Kreis für den ersten Meridian) bekannt sein. Zur Entscheidung hierüber dient eine vorhergehende graphische Diskussion aus den $v\varrho$ des gnomonischen Bildes oder aus den ϱ und der Winkeltabelle. Zum Beispiel $\varrho = 39°26'$ zeigt eine Fläche $x = 10$ an. Durch sie und den Pol c oder um Vielfache von 60° weiter kann man den ersten Meridian legen.

Man legt beim Vanadinit den ersten Meridian durch den Pol und eine x, y, z oder a, d. h. man macht dessen $\varphi = 0$. Den genauen Wert von v_0 findet man dann durch die oben angegebene Ausgleichsrechnung.

Ad Kol. 12'.

$$\lg p\, p_0 = \lg \sin(60° - \varphi_1) + \lg \operatorname{tg} \varrho + \lg \frac{1}{\sin 60°} = \lg \sin(60° - \varphi_1) + \lg \operatorname{tg} \varrho + 0{,}06247,$$

$$\lg q\, p_0 = \lg \sin \varphi_1 + \lg \operatorname{tg} \varrho + \lg \frac{1}{\sin 60°} = \lg \sin \varphi_1 + \lg \operatorname{tg} \varrho + 0{,}06247.$$

Im Symbol $p\,q$ Kol. 4 sind die Zahlen p und q gegeben, man erhält daher das Element $p_0 = p\,p_0 : p$ und $p_0 = q\,p_0 : q$. Bei guter Ausbildung der Krystalle schwanken diese Werte innerhalb mäßiger Grenzen. Man bildet das Mittel aus allen p_0 unter Ausscheidung der unzuverlässigen Werte. Als Maßstab für die Güte der Flächen diene Kol. 2.

Als Mittel ergibt sich bei unserem Beispiel $p_0 = 0{,}8225$.

Setzt man an Stelle des polaren Elementes p_0 das lineare[1], so ist:

$$c_1 = \frac{3}{2}\, p_0; \qquad c_{10} = \frac{\sqrt{3}}{2}\, p_0.$$

Spezialfälle.

Bei Pyramiden p_0, d. h. φ für $= \pm 60°$, $120°$, $180°$, schreibt man in Kol. 8: nur $\lg p_0 = \lg \operatorname{tg} \varrho$, in Kol. 10: $p\,p_0\,q\,p_0 = 0$, in Kol. 11: p_0, in Kol. 12: $\lg p$; in Kol. 13: p.

Bei Prismen $\frac{q}{p} \infty$, d. h. für ϱ etwa 90°, schreibt man in Kol. 9 oben: $\lg \sin(60° - \varphi_1)$, unten: $\lg \sin \varphi_1$, in Kol. 13: $\lg \frac{p}{q} = \lg \sin(60 - \varphi_1) - \lg \sin \varphi_1$, aus Kol. 9, in Kol. 14: $\frac{p}{q}$.

Die $\varphi\varrho$ der Prismen sind im hexagonalen System unabhängig von den Elementen. Bei Benutzung der Tabelle 25, der Winkeltabelle, kann hier nach Kol. 8 jede Rechnung entfallen.

Berechnung der Elemente p_0 erfolgt durch Bildung des Durchschnittswertes aus Kol. 12.

$$p_0 = 0{,}8225.$$

δ) Berechnung im triklinen System.

Wir wollen als Beispiel für einen triklinen Krystall, wie es auch immer GOLD-SCHMIDT tat, den Anorthit wählen, denn die Auswahl bei den triklinen Mineralien, die sich gut zur Elementbestimmung eignen, ist nicht eben groß.

Aus der Messung des Krystalls haben wir folgende Daten erhalten, die hier in dem nachstehenden Schema eingetragen sind.

---

[1] Betrifft c_1 und c_{10}, siehe S. 57.

Berechnung der Elemente aus den Winkeln.

Diese Berechnung besteht aus 2 Teilen:
1. Berechnung aus den Terminalflächen.
2. Berechnung aus den Prismen.

Wir beginnen mit der Berechnung aus den Terminalflächen.

Aus Abb. 127 ist ersichtlich:

$$x = x_0\, p\, p_0 \sin\nu, \qquad y = y_0\, q\, q_0\, p\, p_0 \cos\nu.$$

Diese Relationen sind für alle Maßeinheiten gültig.

Wir hatten bei der graphischen Bestimmung der Elemente (S. 146) folgende Maßeinheiten eingeführt (siehe auch Abb. 139):

$P_0 Q_0 R_1$ für $H = 5$ cm abgemessen im Projektionsbild,

$p_0' q_0' r_0'$ für $h = 1$ cm auf dem Radius des Grundkreises als Einheit,

$p_0 q_0$ für $r = 1$ reduziert auf das Längenelement $r = 1$.

Ebenso:

$$x_0' y_0' \quad x' y' \quad \text{für} \quad h = 1,$$
$$x_0 y_0 \quad x y \quad \text{für} \quad r_0 = 1.$$

Zunächst benutzen wir die Formeln:

$$\left.\begin{aligned} x' &= x_0'\, p\, p_0' \sin\nu \\ y' &= y_0'\, q\, q_0'\, p\, p_0' \cos\nu \end{aligned}\right\} \text{ für } h = 1.$$

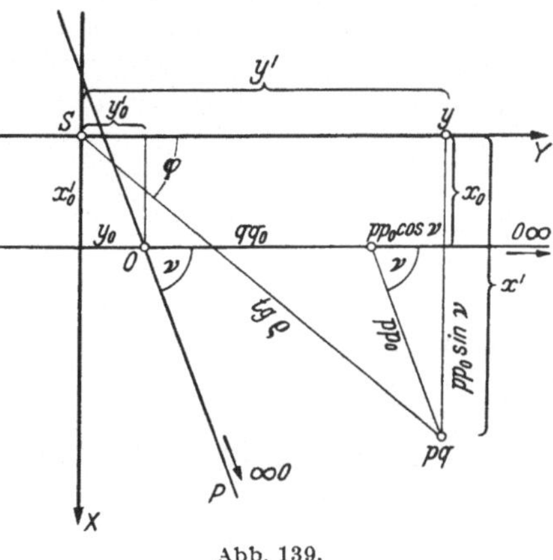

Abb. 139.

Dies sind die Werte, die sich im Projektionsbild Abb. 140 nach Reduzierung des Grundkreises auf 1 ergaben.

Wir können nun x' und y' nach der Formel:

$$x' = \sin\varphi\, \mathrm{tg}\,\varrho, \qquad y' = \cos\varphi\, \mathrm{tg}\,\varrho$$

berechnen.

Wir führen diese Aufgabe Kol. 12, 13, 14 in Tabelle 25 aus.

x' und y' sind jetzt durch diese Rechnung bekannt, außerdem durch graphische Bestimmung aus unserem Projektionsbild p und q. Wir berechnen zunächst aus der Formel:

$$x' = x_0' + p\, p_0' \sin\nu,$$

die 2 Werte x_0' und $p_0' \sin\nu$ und

$$y' = y_0' + q\, q_0' + p\, p \cos\nu,$$

die 3 Werte y_0', q_0' und $p_0' \cos\nu$.

Diese 5 Werte sind die 5 unabhängigen Elemente, die wir für das trikline System brauchen.

Wir können aus ihnen alle nötigen Umformungen vornehmen, als: x_0, y_0, p_0, q_0, ν für $r_0 = 1$.

Dies sind die Polarelemente (Abb. 127).

Außerdem die Umformung in die Linearelemente:

$$a : 1 : c; \qquad \alpha, \beta, \gamma.$$

Berechnung von $x_0'\, p\, p_0 \sin\nu$.

Tabelle 25. *Anorthit. Berechnung von* $x^v y^v$; $x' y'$.　　$v_0 = 116° 06'$.

Nr.	Buchstabe	Symbol GOLDSCHMIDT	Symbol MILLER	Reflex	gemessen v	gemessen $h = \varrho$	$\varphi = v - v_0$	lg sin v / lg tg ϱ / lg cos v	lg sin v tg ϱ / lg cos v tg ϱ	$x^v = \sin v\,\mathrm{tg}\,\varrho$ / $y^v = \cos v\,\mathrm{tg}\,\varrho$ [*]	lg sin φ / lg tg ϱ / lg cos φ	lg sin φ tg ϱ / lg cos φ tg ϱ	$x' = \sin\varphi\,\mathrm{tg}\,\varrho$ / $y' = \sin\varphi\,\mathrm{tg}\,\varrho$ [*]
1	2	3	4	5	6	7	8	9	10	11 [*]	12	13	14 [*]
1	M	0∞	010	ausgez.	116 08	90 00	0 00	—	—	—	—	—	—
2	f	$\infty 3$	130	,,	145 35	90 00	29 29	—	—	—	—	—	—
3	l	∞	110	,,	174 09	90 00	58 03						
4	T	$\infty\bar{\infty}$	$\bar{1}10$	gut	233 41	89 58	117 35	—	—	—	—	—	—
5	z	$\infty\bar{3}$	$\bar{1}30$	,,	265 11	89 58	149 05	—	—	—	—	—	—
6	M	$0\bar{\infty}$	$0\bar{1}0$	ausgez.	296 07	89 57	$\bar{1}$79 59	—	—	—	—	—	—
7	n	$0\bar{2}$	$0\bar{2}1$	ausgez.	270 41	48 32	154 35	999997 005370 807650	005367 813020	$\bar{1}$,1315 0,0135	963266 005370 995579	968636 000949	0,4857 $\bar{1}$,0221
8	P	0	001	,,	196 38	26 14	80 32	945674 969266 998144	914940 967410	$\bar{0}$,1411 $\bar{0}$,4722	999404 969266 921610	968670 890876	0,4862 0,0811
9	l	02	021	,,	138 23	52 00	22 17	982226 010719 987367	992945 998086	0,8500 $\bar{0}$,9569	957885 010719 996629	968604 007348	0,4853 1,1844
10	r	06	061	gut	124 14	73 45	8 08	991738 053540 975017	045278 028557	2,8365 $\bar{1}$,9300	915069 053540 999561	968609 053101	0,4854 3,3963
11	p	$\bar{1}1$	$\bar{1}11$	ausgez.	76 46	37 00	$\bar{3}9$ 20	998831 987711 935968	986542 923679	0,7335 0,1725	980197 987711 988844	967908 976555	$\bar{0}$,4776 0,5828
12	o	$\bar{1}$	$\bar{1}11$	,,	338 36	35 12	137 30	956215 984845 996898	941060 981743	$\bar{0}$,2574 0,6568	982968 984845 986763	967813 971608	$\bar{0}$,4766 $\bar{0}$,5201
13	x	$\bar{1}0$	$\bar{1}01$	gut	29 48	25 33	$\bar{8}6$ 18	969633 967947 993840	937580 961787	0,2376 0,4148	999909 967947 880978	967856 848925	$\bar{0}$,4770 0,0308
14	q	$\tfrac{2}{3}0$	$\bar{2}03$	schw.	42 59	9 16	$\bar{7}3$ 07	983365 920691 986425	904056 907116	0,0979 0,1178	$\times$	$\times$	$\times$
15	y	$\bar{2}0$	$\bar{2}01$	ausgez.	25 23	55 12	$\bar{9}0$ 43	963213 015800 995591	979013 011391	0,6168 1,3000	999997 015800 809718	015797 825518	$\bar{1}$,4387 $\bar{0}$,0180
16	w	$\bar{2}4$	$\bar{2}41$	gut	82 46	69 05	$\bar{3}3$ 20	999653 041774 910006	041424 951777	2,5956 0,3294	973997 041771 992194	015768 033965	$\bar{1}$,4377 2,1860
17	v	$\bar{2}\bar{4}$	$\bar{2}\bar{4}1$	deutl.	329 02	69 15	$\bar{1}47$ 04	971142 042151 993322	013292 035473	$\bar{1}$,3581 2,2633	$\times$	$\times$	$\times$
18	b	20	201	schw.	201 21	67 34	85 15	956118 038421 996912	994539 035333	$\bar{0}$,8818 $\bar{2}$,2559	$\times$	$\times$	$\times$

[*] Die Vorzeichen wurden aus den v resp. φ bestimmt.

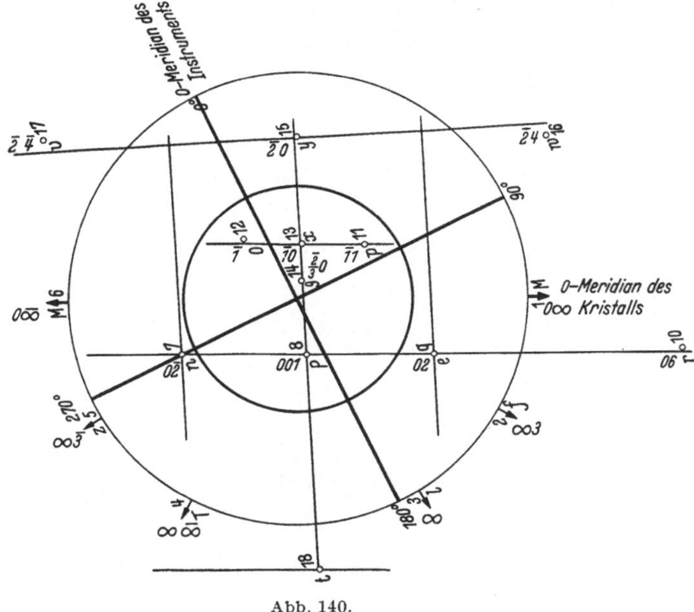

Abb. 140.

Zunächst ordnen wir diese Werte nach den graphisch bestimmten Symbolen Tab. 25, Kol. 3 und fassen die mit gleichen p zusammen. Die zugehörigen x' entnehmen wir der Tab. 25, Kol. 14, aus ihnen bilden wir einen Mittelwert.

Nr.	Buch-stabe	Symbol	p	$x' = x_0' + p\,p_0'\sin\nu$
7	n	$0\bar{2}$	0	0,4857
8	P	0	0	0,4862
9	e	02	0	0,4853
10	r	06	0	0,4853
				Mittel: 0,4856 $= x_0'$
11	p	$\bar{1}1$	$\bar{1}$	$\bar{0}$,4776
12	0	$\bar{1}$	$\bar{1}$	$\bar{0}$,4766
13	x	$\bar{1}0$	$\bar{1}$	$\bar{0}$,4770
				Mittel: $\bar{0}$,4771 $= x_0' - p_0'\sin\nu$
15	y	$\bar{2}0$	$\bar{2}$	$\bar{1}$,4387
16	w	$\bar{2}4$	$\bar{2}$	$\bar{1}$,4377
				Mittel: $\bar{1}$,4382 $= x_0' - 2p_0'\sin\nu$

Wir haben jetzt so viele Bestimmungsgleichungen, als wir solche Gruppen von p haben.

Aus je 2 derselben kann man die Unbekannten berechnen.

$$\begin{aligned}
x_0' = \quad p_0'\sin\nu &= 0{,}4771 \,\big|\, 2\\
x_0' - 2p\ \sin\nu &= 1{,}4382 \,\big|\\
\hline
\overline{2}\,x_0' + 2p_0'\sin\nu &= 0{,}9542\\
x_0' - 2p_0'\sin\nu &= 1{,}4382\\
\hline
x_0' \qquad\qquad &= 0{,}4840
\end{aligned}$$

Je nach der Güte dieser Gruppen wird man den besseren eventuell ein größeres Gewicht beilegen.

Die Zone $0q$ gibt unmittelbar den Wert:

$$x_0' = 0{,}4856.$$

Aus den beiden andern Gleichungen:

$$x_0' = 0{,}4840.$$

Da der erste Wert von Flächen mit ausgezeichneten Reflexen stammt, legen wir ihm das doppelte Gewicht bei.

Mithin: $\quad x_0' = \tfrac{1}{3}(2 \cdot 0{,}4856 + 0{,}4840) = 0{,}4851.$

Durch Einsetzen von x_0' in die Gleichung:

$$x' = x_0' + p\,p_0'\sin v.$$

Zum Beispiel:

$$
\begin{aligned}
p_0'\sin v = {} & 0{,}4851 + 0{,}4776 = 0{,}9627\\
= {} & 0{,}4851 + 0{,}4766 = 0{,}9617\\
= {} & 0{,}4851 + 0{,}4770 = 0{,}9621\\
= {} & \tfrac{1}{2}(0{,}4851 + 1{,}4387) = 0{,}9619\\
= {} & \tfrac{1}{2}(0{,}4851 + 1{,}4387) = 0{,}9614
\end{aligned}
\right\}
\quad \text{Mittel: } p_0'\sin v = 0{,}9619.
$$

Wir haben nun der Wert $p\sin$ sowie den Wert x gefunden.

$$p_0'\sin v = \text{im Mittel } 0{,}9619,$$
$$x_0' = \text{im Mittel } 0{,}4851.$$

Es folgt nun die Berechnung von y_0', $q_0'p_0'\cos v$ aus dem y' nach der Formel:

$$y' = y_0' + q\,q_0' + p\,p_0'\cos v.$$

Wir nehmen wieder die Werte mit gleichen p zu je einer Gruppe zusammen:

Tabelle 26.

Nr.	Buchstäbe	Symbol	$y' = y_0' + q\,q_0' + p\,p_0' \cdot \cos v$	y_0' eingesetzt	y_0' und q_0' eingesetzt
7	n	$0\bar{2}$	$\bar{1}{,}0221 = y_0' + 2q_0'$	$\bar{1}{,}1031 = -2q_0'$	—
8	P	0	$0{,}0811 = y_0'$	—	—
9	e	02	$1{,}1844 = y_0' + 2q_0'$	$1{,}1033 = 2q_0'$	—
10	r	06	$3{,}3963 = y_0' + 6q_0'$	$3{,}3152 = 6q_0'$	—
11	p	$\bar{1}1$	$0{,}5828 = y_0' + q_0' - p_0'\cos v$	$0{,}5017 = q_0' - p_0'\cos v$	$0{,}0497 = p_0'\cos v$
12	0	$\bar{1}$	$0{,}5201 = y_0' - q_0' - p_0'\cos v$	$\bar{0}{,}6011 = -q_0' - p_0'\cos v$	$0{,}0496 = p_0'\cos v$
13	x	$\bar{1}0$	$\bar{0}{,}0308 = y_0' + 0 - p_0'\cos v$	$\bar{0}{,}0502 = 0 - p_0'\cos v$	$0{,}0502 = p_0'\cos v$
15	y	$\bar{2}0$	$\bar{0}{,}0180 = y_0' + 0 - 2p_0'\cos v$	$0{,}0990 = 0 - 2p_0'\cos v$	$0{,}0990 = 2p_0'\cos v$
16	w	$\bar{2}4$	$2{,}1860 = y_0' + 4q_0' - 2p_0'\cos v$	$2{,}1049 = 4q_0' - 2_0'p\cos v$	$0{,}1610 = 2p_0'\cos v$

Beispiel:

$$
\begin{aligned}
13 = 0{,}0308 = {} & \; y_0' \quad 0 - p\,\cos v \;\Big|\; 2\\
15 = \bar{0}{,}0180 = {} & \; y_0' \quad 0 - 2p\,\cos v \;\Big|
\end{aligned}
$$

$$
\begin{aligned}
2 \times 13 = 0{,}0616 = {} & 2y_0' + 0 - 2p_0'\cos v\\
15 = \bar{0}{,}0180 = {} & \; y_0' + 0 - 2p_0'\cos v
\end{aligned}
$$

$$0{,}0796 = y_0'$$

Da y_0' in jeder Gleichung vorkommt, ist es am sichersten bestimmt. Man berechnet also zuerst y_0' und setzt es in die Gleichung ein. Dann folgt die Berechnung von q_0' und setzt es ein, dadurch erhält man endlich $p_0' \cos v$.

Berechnung von y_0'		Berechnung von q_0'		Berechnung von $p\cos$	
aus 8	$y_0' = 0,0811$	aus 7	$q_0' = 0,556$		
„ 7, 9	$= 0,0811$	„ 9	$= 0,5517$	aus 11	$p_0' \cos v = 0,0497$
„ 7, 10	$= 0,0825$	„ 10	$= 0,5525$	„ 12	$= 0,0496$
„ 9, 10	$= 0,0784$	„ 11, 12	$= 0,5514$	„ 13	$= 0,0502$
„ 13, 15	$= 0,0796$	„ 12, 16	$= 0,5512$	„ 15	$= 0,0495$
„ 11, 12, 16	$= 0,0835$	„ 11, 16	$= 0,5507$	„ 16	$= 0,0505$
Mittel:	$y_0' = 0,0810$	Mittel	$q_0' = 0,5515$	Mittel	$p_0' \cos v = 0,0499$

Damit haben wir die 5 Elemente für den Anorthit in der ersten Form.

$$x_0' = 0,4851 \qquad q_0' = 0,5515 \qquad p_0' \sin v = 0,9619$$
$$y_0' = 0,0810 \qquad\qquad\qquad p_0' \cos v = 0,0499$$

Es folgt die Berechnung p_0' und v aus $p_0' \sin v$ und $p_0' \cos v$.

$$\mathrm{tg}\, v = \frac{p_0' \sin v}{p_0' \cos v} = \frac{0,9619}{0,0499} ; \qquad v = 87° 01,6'.$$

Um die noch fehlenden beiden Winkel λ und μ zu berechnen, ist es bequemer, die h als Einheit durch die r_0 als Einheit zu ersetzen; dies geschieht, indem man diese Elemente $(h_0 = 1)$ mit h/r_0 multipliziert.

Es ist aber wie aus Abb. 127 ersichtlich

$$\frac{h}{r_0} = \cos \varrho_0 = y_0 \quad \text{für} \quad r_0 = 1,$$
$$\cos \lambda = 0,0727, \quad \lambda = 85° 50'.$$

Nun ist aber:

$$x_0 = y_0 \, \mathrm{tg}\, \delta = \cos \lambda \, \mathrm{tg}\, \delta.$$

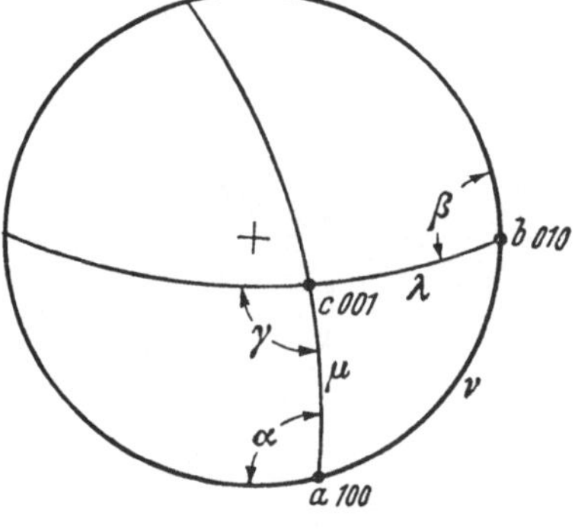

Abb. 141.

Aus den rechtseitigen sphärischen Dreiecken IFE und IEG folgt:

$$\left.\begin{aligned}\cos \varrho_0 &= \frac{\cos \lambda}{\cos \delta}\\[1ex] \sin \varrho_0 &= \frac{\cos \mu}{\cos (v - \delta)}\end{aligned}\right\} \quad \frac{\cos \mu}{\cos \lambda} = \frac{\cos (v - \delta)}{\cos \delta} = \frac{\cos v \cos \delta + \sin v \sin \delta}{\cos \delta}$$
$$= \cos v + \sin v \, \mathrm{tg}\, \varrho,$$

$$\cos \mu = \cos \lambda \cos v + \cos \lambda \sin v \, \mathrm{tg}\, \delta = y_0 \cos v + x_0 \sin v$$
$$= 0,0727 \cos 87°01' + 0,4353 \sin 87°01' = 0,4385,$$
$$\mu = 63°59'.$$

Damit sind sämtliche Elemente für den Anorthit bekannt.

Wir wollen nun noch aus diesen Polarelementen die Linearelemente bestimmen.

Zum besseren Verständnis füge ich noch die Abbildungen 141 und 142 aus dem ausgezeichneten Buche von Dana [35] bei.

Abb. 141 zeigt die Beziehungen der Elemente der gnomonischen Projektion zu den Polarelementen.

Das Bild bedarf keines weiteren Kommentars.

Abb. 142 gibt die Verhältnisse der Winkelbeziehungen in der stereographischen und der gnomonischen Projektion wieder.

Die Fundamentalgleichung zwischen den linearen und polaren Elementen lautet:

$$p_0 : q_0 : r_0 = \frac{\sin \lambda}{a_0} : \frac{\sin \mu}{b} : \frac{\sin \nu}{c_0},$$

woraus folgt:

$$\frac{p_0}{r_0} = \frac{\sin \lambda}{a_0} \cdot \frac{c_0}{\sin \nu}; \qquad \frac{q_0}{r_0} = \frac{\sin \mu}{b_0} \cdot \frac{c_0}{\sin \nu}.$$

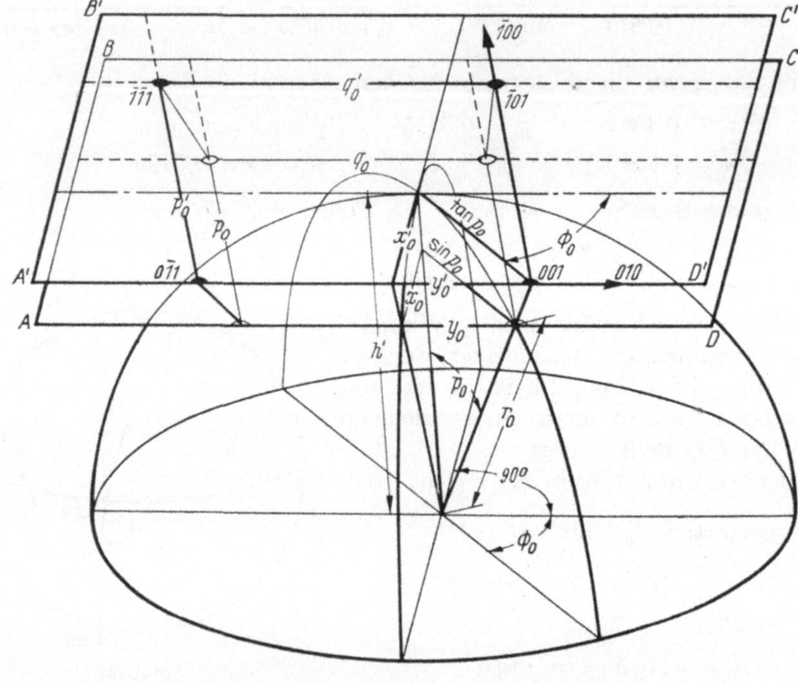

Abb. 142.

Nun setzt man: $r_0 = 1$ und $c_0 = 1$, so findet man a_0 und b_0 nach folgenden Formeln:

$$a_0 = \frac{\sin \lambda}{p_0 \cdot \sin \nu} = \frac{\sin 85^\circ 50'}{0,8643 \sin 87^\circ 01'} = 1,1555,$$

$$b_0 = \frac{\sin \mu}{q_0 \sin \nu} = \frac{\sin 63^\circ 59'}{0,4949 \sin 87^\circ 01'} = 1,8184,$$

$$a_0 : b_0 : c_0 = 1,1555 : 1,8184 : 1,$$

$$a : 1 : c = 0,6354 : 1 : 0,5500.$$

Die Berechnung von α, β, γ ist nichts anderes, als die Berechung der Winkel eines schiefwinkligen sphärischen Dreiecks, in dem die Seiten gegeben sind.

Dazu dient folgendes Schema:

Zur Kontrolle diene der Sinussatz:

$$\sin \alpha : \sin \beta : \sin \gamma = \sin \lambda : \sin \mu : \sin \nu.$$

Tabelle 27. *Schema zur Berechnung von* α, β, γ *aus* λ, μ, v.

	1	2	3	4	5	6	7	8	9
1	λ	$\sigma - \lambda$	$\lg\sin(\sigma - \lambda)$	$24 - 31$	$\lg\sin\lambda$	$52 + 53$	$41 - 61$	$\lg\sin\dfrac{\alpha}{2} = \dfrac{7^1}{2}$	α
2	μ	$\sigma - \mu$	$\lg\sin(\sigma - \mu)$	$24 - 32$	$\lg\sin\mu$	$51 + 53$	$42 - 62$	$\lg\sin\dfrac{\beta}{2} = \dfrac{7^2}{2}$	β
3	v	$\sigma - v$	$\lg\sin(\sigma - v)$	$24 - 33$	$\lg\sin v$	$51 + 52$	$43 - 63$	$\lg\sin\dfrac{\gamma}{2} = \dfrac{7^3}{2}$	γ
4	σ	$\lg\sin\sigma$			$\sigma = \frac{1}{2}(\lambda + \mu + v)$				

Beispiel: Anorthit

	1	2	3	4	5	6	7	8	9
1	$85°\,50'$	$32°\,35'$	973121	967565	999885	995301	972264	986132	$93\ \ 13'$
2	$63°\,59'$	$54°\,26'$	991033	985457	995360	999826	985631	992816	$115°\,54'$
3	$87°\,01'$	$31°\,24'$	971685	966109	999941	995245	970864	985432	$91°\,18'$
4	$118°\,25'$	994424							

Zusammenstellung:

Elemente der Projektion:

$$p_0' = 0{,}9632 \qquad x_0' = 0{,}4851 \qquad v = 87°\,01'$$
$$q_0' = 0{,}5515 \qquad y_0' = 0{,}0810 \qquad h = 1$$

Polarelemente: Hilfselemente:

$$p_0 = 0{,}8643 \qquad \lambda\,\mu\,v = 85°\,50';\ 63°\,59';\ 87°\,01' \qquad x_0 = 0{,}4353 \qquad \delta = 80°\,31'$$
$$q_0 = 0{,}4949 \qquad r_0 = 1 \qquad\qquad\qquad\qquad\qquad y_0 = 0{,}0727$$

Linearelemente:

$$a_0 = 1{,}1554 \qquad \alpha\,\beta\,\gamma = 93°\,13';\ \ 115°\,54';\ \ 91°\,18'$$
$$b_0 = 1{,}8184 \qquad c_0 = 1 \qquad a:1:c = 0{,}6354:1:0{,}5500$$

Berechnung für Messung mit $b = 0\infty$ (010) als Pol.

Hat man bei der Messung irrtümlich die Fläche 0∞ (010) im Pol, so kann
man auch mit dieser Aufstellung die Elemente berechnen.

Man legt den Nullmeridian in die Richtung der Prismenzonen und erhält so
den Wert für v_0.

Aus den Winkeln vh erhält man:

$$\varphi'' = v - v_0.$$

Hieraus berechnen sich die Koordinaten in normaler Aufstellung:

$$x = \cotg\varphi''; \qquad y = \frac{1}{\sin\varphi''\,\mathrm{tg}\varrho''} \qquad \text{für} \quad h = 1.$$

Von hier ab ist die Rechnung wieder dieselbe.

Es sind die Koordinaten eines Punktes pq in Aufstellung $b = 0\infty(010)$.

$$x'' = \sin\varphi''\,\mathrm{tg}\,\varrho''; \qquad y = \cos\varphi''\,\mathrm{tg}\,\varrho''.$$

Wünscht man nun normale Aufstellung, soll also $b = 0$ nicht im Pol stehen,
sondern bei $\varphi = 0$ und $\varrho = 90$, so hat man bei Vertauschung der rechtwinkligen
Achsen:

$$x'\,y''1\ (\text{Aufst. } b) \text{ wird zu } y''1x''\ (\text{Aufst. } c) = \frac{y_{/}'}{x''}\cdot\frac{1}{x''}\cdot 1\ (\text{Aufst. } c) = x\,y\,1\,(c).$$

Das heißt es ist:

$$x = \frac{y''}{x''} = \frac{\cos\varphi''\,\mathrm{tg}\,\varrho''}{\sin\varphi''\,\mathrm{tg}\,\varrho''} = \mathrm{cotg}\,\varphi''$$

$$y = \frac{1}{x''} = \frac{1}{\sin\varphi''\,\mathrm{tg}\,\varrho''} = \frac{\mathrm{cotg}\,\varrho''}{\sin\varphi''}\,.$$

Bestimmung von v_0 im triklinen System.

Um aus den Werten von v die Werte von φ zu berechnen, müssen wir für jeden Ksystall im allgemeinen eine Ausgleichsrechnung vornehmen.

Diese Rechnung muß sehr genau und sorgfältig durchgeführt werden, da ja von ihr die Werte von φ abhängig sind.

In allen Krystallsystemen, mit Ausnahme des triklinen, gibt es bei normaler Aufstellung immer symmetrische Flächen, die man auf die Achsen beziehen und nach Abzug von 90°, 180° oder 270° auf den Nullmeridian reduzieren kann.

Dies fehlt im triklinen System; doch kann die Bestimmung von v_0 hier auf andere Weise ausgeführt werden.

1. Aus 0∞ und $0\overline{\infty}$. — 2. Aus der Winkeltabelle. — 3. Aus den Querparallelzonen der Terminalflächen. — 4. Aus den Prismen mit der Zonenformel.

Bestimmung von v_0 aus den Endflächen (Abb. 143).

Die Genauigkeit der Bestimmung von v_0 hängt von der Position der beiden kombinierten Flächen und der Güte ihres Reflexes sowie von dem Abstand der Flächenpunkte ab. Ist dieser Abstand groß, so können auch weniger gute Positionen gute v_0-Werte liefern, ist dieser Abstand klein, so werden die Werte für v_0 unsicher.

Auch hier nehmen wir wieder den Anorthit als Beispiel (s. Tab. 25).

Die erste Aufgabe dabei ist die Berechnung von x^v und y^v aus den durch Messung bestimmten Winkeln v und ϱ.

Tabelle 28. *Berechnung von v_0 aus den besten $x^v\,y^v$ der Zonen $_0q$, $\overline{1}q$ und den dazu parallelen Zonen.*

$$\text{Formel: } \mathrm{tg}\,v_0 = \frac{x_2^v - x_1^v}{y_2^v - y_1^v}\,.$$

Nr.	Güte	Buchstabe	$\dfrac{x_2^v - x_1^v}{y_2^v - y_1^v}$	lg	lg tg v_0	v_0
7 : 8	ausgez. : ausgez.	$n : P$	$\bar{0},9904$	999 581		
			0,4857	986 637	$\bar{0},30944$	116° 08′
7 : 9	ausgez. : ausgez.	$n : e$	$\bar{1},9815$	029 699		
			0,9704	998 695	$\bar{0},31004$	116 06
7 : 10	ausgez. : gut	$n : r$	$\bar{3},9680$	0,59857		
			1,9435	0,28859	$\bar{0},30998$	116 06
8 : 9	ausgez. : ausgez.	$P : e$	$\bar{0},9911$	999 612		
			0,4847	968 547	$\bar{0},31065$	116 04
8 : 10	ausgez. : gut	$P : r$	$\bar{2},9776$	0,47386		
			1,4578	0,16370	$\bar{0},31016$	116 05

Vorstehend ist das Schema zur Berechnung der x^v- und y^v-Werte gegeben.

$$x^v = \sin v \, \mathrm{tg}\, v,$$

$$y^v = \cos v \, \mathrm{tg}\, \varrho.$$

Zur ferneren Erläuterung bediene man sich der Abb. 143.

Beispiel zur Berechnung von v_0 aus den Zonen $_0q$:

$$x^v = \sin v \, \mathrm{tg}\, \varrho \qquad \frac{x_2^v - \lambda_1^v}{y_2^v - y_1^v} = \mathrm{tg}\, v$$

$$y_1 = \cos v \, \mathrm{tg}\, \varrho$$

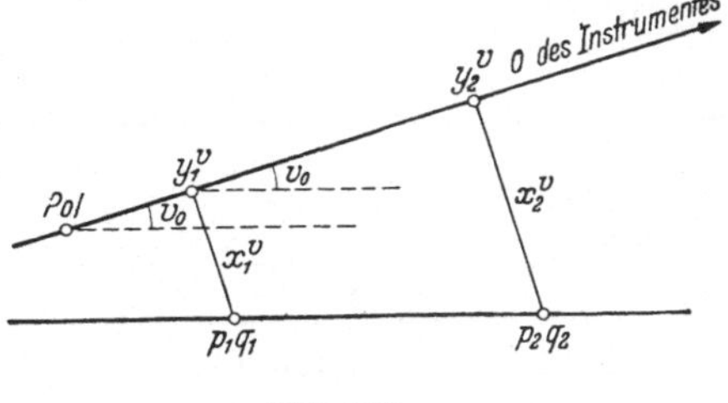

Abb. 143.

Man kombiniert je 2 Flächen einer Zone und nimmt aus allen Werten den Durchschnitt (Tab. 28, S. 182).

Berechnung v_0 aus den Prismen.

Zur Bestimmung von v_0 aus den Prismen verwertet man die Zonenformel, sie lautet:

Aus den Symbolen von drei tautozonalen Flächen und ihren gegenseitigen Winkeln kann man den Winkel zu einer vierten Fläche dieser Zone berechnen, wenn deren Symbol bekannt ist.

$$\frac{\sin (1,\,3)}{\sin (2,\,4)} \cdot \frac{\sin (1,\,4)}{\sin (2,\,4)} = \frac{p_3 - p_1}{p_3 - p_2} \cdot \frac{p_4 - p_1}{p_4 - p_2} .$$

Durch einfache Umformung dieser Form ergibt sich (Abb. 144):

$$\mathrm{cotg}\,(2,4) = Q, \qquad \mathrm{cotg}\,(2,3) + (Q-1)\,\mathrm{cotg}\,(1,2).$$

Hierbei ist

$$Q = \frac{p_3 - p_2}{p_3 - p_1} \cdot \frac{p_4 - p_1}{p_4 - p_2} = \frac{q_3 - q_2}{q_3 - q_1} \cdot \frac{q_4 - q_1}{q_4 - q_2} .$$

Werden die Symbole der Prismen auf die Form ∞q gebracht, so vereinfacht sich die Formel, wenn

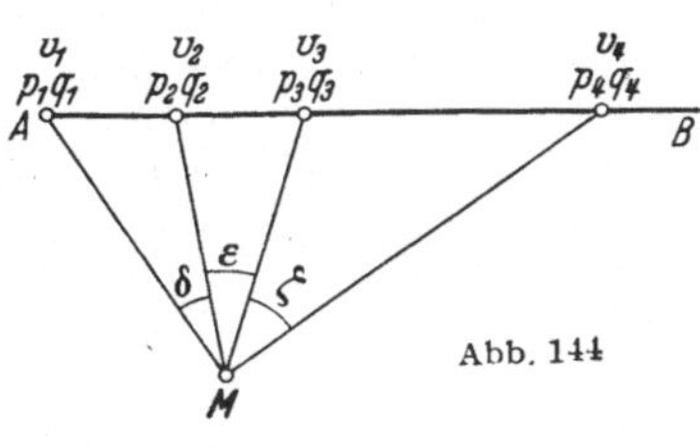

$$\sphericalangle (2,4) = v_0 - v_2 \qquad (4 = 0\infty)$$

$$\sphericalangle (2,3) = v_3 - v_2,$$

$$\sphericalangle (1,2) = v_2 - v_1.$$

Es wird:

$$\mathrm{cotg}\,(v_0 - v_2) = Q\,\mathrm{cotg}\,(v_3 - v_2) - (1 - Q)\,\mathrm{cotg}\,(v_2 - v_1),$$

worin

$$Q = \frac{q_3 - q_2}{q_3 - q_1} .$$

Bestimmung von v_0 im triklinen System.

Beispiel: Wir nehmen als Beispiel wieder die Messungen an unserem Anorthitkrystall.

Tabelle 29.

Buchstabe	Symbol	q_3 q_2 q_1	v_3 v_2 v_1	Q $1-Q$	$v_3 - v_2$ $v_2 - v_1$	cotg ε cotg δ	Q cotg $(1-Q)$ cotg	Diff.$=$cotg $(v_0 - v_2)$ $v_0 - v_3$ v_0
1	2	3	4	5	6	7	8	9
z	$\infty\bar{3}$	$\bar{3}$	265° 09′	$\frac{1}{2}$	31° 30′	1,6313	0,8156	0,5216
T	$\infty\bar{\infty}$	$\bar{1}$	233 38	$\frac{1}{2}$	59 32	0,5882	0,2940	62° 27,2′
l	∞	1	174 06					296° 05′
T	$\infty\bar{\infty}$	$\bar{1}$	233 38	$\frac{1}{2}$	30 32	1,6949	0,8474	$\bar{0}$,0545
h	$\infty 0$	0	203 02	$\frac{1}{2}$	29 00	1,8040	0,9020	93° 07,3′
l	∞	1	174 06					296° 13,3′
ζ	$\infty\bar{2}$	$\bar{2}$	253 40	$\frac{3}{5}$	79 34	0,1841	0,1105	$\bar{0}$,6242
l	∞	1	174 06	$\frac{3}{5}$	28 34	1,8367	0,7347	121° 58,3′
f	$\infty 3$	3	145 32					296° 04,3′
z	$\infty\bar{3}$	$\bar{3}$	265 09	$\frac{1}{3}$	31 30	1,6314	0,5438	0,5218
T	$\infty\bar{\infty}$	$\bar{1}$	233 38	$\frac{2}{3}$	88 06	0,0330	0,0220	62° 26,7′
f	$\infty 3$	3	145 32					296° 05,2′

Bemerkungen zu diesem Schema:

Kol. 4 sind die Winkel v aus der Messung,

$$\text{Kol. 5} \quad Q = \frac{q_3 - q_2}{q_3 - q_1},$$

Kol. 7 ist Numerus aus Kol 6,

Kol. 8 ist Kol. 5 mal Kol. 7.

Berechnung von v_0 aus dem Prismen (Zusatz).

Durch 2 Terminalflächen ist eine Zone bestimmt, die im Schnitt mit der Prismenzone eine krystallonomisch mögliche Fläche definiert. Diese Fläche hat das Symbol ∞q, wo

$$q = \frac{q_2 - q_1}{p_2 - p_1},$$

wenn $p_1 q_1$ und $p_2 q_2$ die beiden die Zonen bestimmenden Flächen sind. Aus Abb. 142 und 144 ergibt sich:

$$x_1^v = \sin v_1 \, \mathrm{tg}\, \varrho_1, \qquad\qquad x_2^v = \sin v_2 \, \mathrm{tg}\, \varrho_2,$$
$$y_1^v = \cos v_1 \, \mathrm{tg}\, \varrho_1, \qquad\qquad y_2^v = \cos v_2 \, \mathrm{tg}\, \varrho_2,$$

daher

$$\mathrm{tg}\, v = \frac{x_2^v - x_1^v}{y_2^v - y_1^v} \quad \text{für Prisma } \infty q,$$

worin

$$q = \frac{q_2 - q_1}{p_1 - p_2}$$

ist.

Die so durch ihr Symbol ∞q und v bestimmten Prismen können mit anderen berechneten oder gemessenen Prismen kombiniert und mit Hilfe vorstehend abgeleiteter Zonenformel zur Berechnung von v_0 verwertet werden.

X. Zeichnen der Krystalle.

a) Allgemeines.

Unter Krystallskizze versteht man die Freihandzeichnung eines Krystalls nach dem Augenmaß.

Die Skizze bildet die Unterlage zu allen Aufzeichnungen und Beobachtungen. Sie soll möglichst naturgetreu sein, so daß sie sich kaum von der auf Grund der Messung konstruierten Zeichnung unterscheidet.

Man macht am besten ein Kopfbild. Die Prismen erscheinen darin als Gerade, die Prismenkanten als Punkte.

Beifolgend der Entwurf zu einer Skizze eines Topases (Abb. 145)

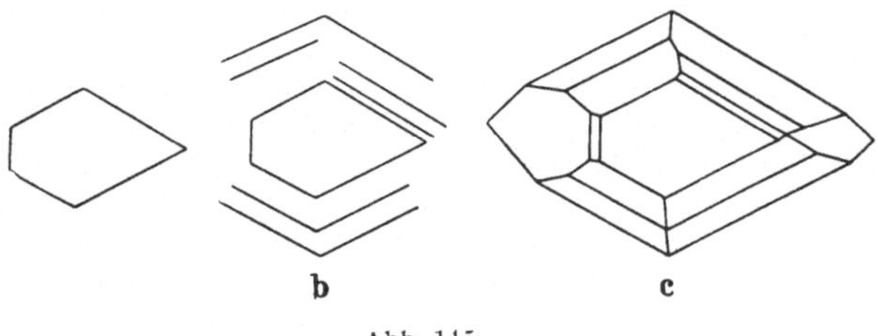

Abb. 145.

Nach Vollendung der Skizze werden die einzelnen Flächen mit Nummern versehen.

Vor allem ist es dabei wichtig, aus der Skizze die jeweilige Fläche am Krystall auf dem Goniometer zu erkennen.

Einen Krystall zeichnen heißt, seine Kanten in bestimmter Weise auf eine Ebene projizieren.

Eine Kante kann projiziert werden:

1. als Schnittgerade zweier Ebenen, Konstruktion auf Grund eines vorher gezeichneten Achsenkreuzes. Diese Art der Krystallzeichnung wird wohl heute nicht mehr ausgeübt.

2. als Zonenachse, Konstruktion auf Grund der Zonenbeziehungen einer gnomonischen Projektion. Das ist die heute übliche Art der Krystallzeichnung, die auch im nachfolgenden ausschließlich verwendet wird.

3. als Verbindungslinie zweier Ecken. Diese Art der Zeichnung ist wohl wenig geübt und wurde von NIES [27] eingeführt. Sie wird unten kurz erläutert.

b) Kopfbilder und perspektivische Bilder mit Hilfe von Leitlinie und Winkelpunkt aus der gnomonischen Projektion nach GOLDSCHMIDT.

Ein perspektivisches Bild eines Krystalls ist eine Parallelprojektion der Kanten auf eine bestimmte Ebene, die Bildebene. Ist die Bildebene parallel mit der Projektionsebene, so nennt man das Bild ein Kopfbild oder eine orthogonale Projektion. Liegt die Bildebene geneigt, so nennt man diese Krystallzeichnung ein perspektivisches Bild.

Von der überaus schwerfälligen und starren Art der Darstellung des perspektivischen Bildes auf Grund der Zeichnung des entsprechenden Achsenkreuzes wollen wir absehen, da diese Art der Zeichnung von Krystallen vollständig veraltet und durch weit einfachere, bessere Methoden ersetzt worden ist.

GOLDSCHMIDT [9] hat eine Methode angegeben, wie man aus dem gnomonischen Projektionsbild irgendeine Krystallzeichnung unter jeder Neigung und jeder Drehung der Bildebene sowohl einfache Krystalle als auch jede Art von Zwillingen und Viellingen (Abb. 146 u. 147) herstellen kann. Wegen dieser hervorragenden

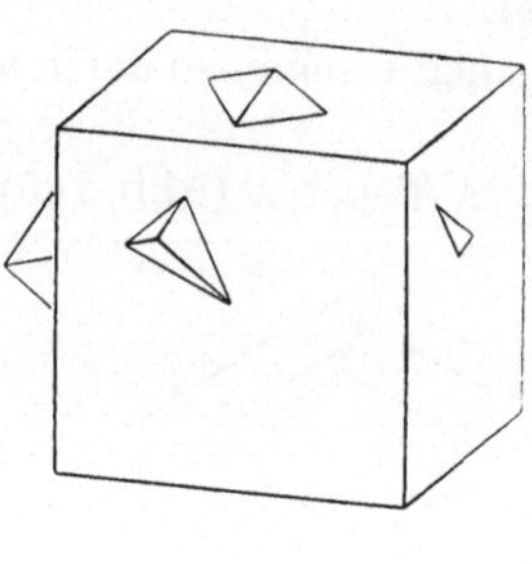

Abb. 146.

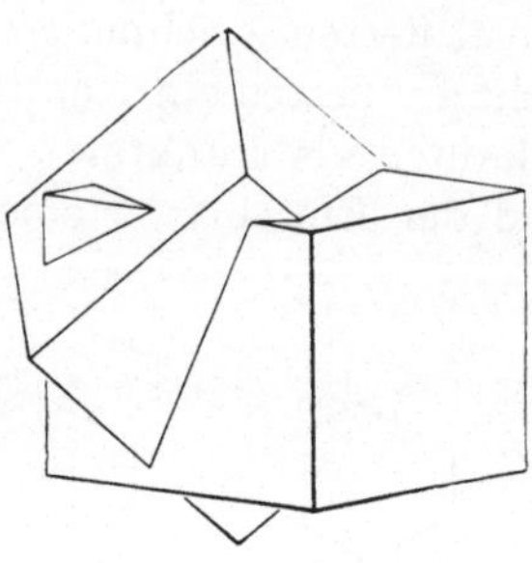

Abb. 147.

Eigenschaft dieser Darstellungsart wollen wir uns ausschließlich mit dieser beschäftigen und dieselbe möglichst ausführlich behandeln.

Je nachdem die Bildebene zur Projektionsebene liegt, haben wir, wie wir oben sahen, 2 Arten von Bildern.

1. Kopfbilder (orthogonale Projektion oder Horizontalbilder).

2. Perspektivische Bilder.

Die Konstruktion des Kopfbildes beruht auf folgendem Satz:

Die Richtung der Kante zwischen 2 Flächen eines Kopfbildes steht senkrecht auf der Verbindungslinie (Zonenlinie) der Projektionspunkte der beiden Flächen.

Von welchem Punkt man bei der Zeichnung ausgeht und in welcher Reihenfolge man beim Zeichnen der einzelnen Kanten vorgeht, ergibt sich leicht von Fall zu Fall. Im allgemeinen wird man dieses Bild auf Grund der Skizze, die man für die Messung verwandt hatte, zeichnen.

Da aus diesem Kopfbild die Abmessung des perspektivischen Bildes abgeleitet werden, wollen wir die Ausführung beider Bilder an einer Zeichnung erläutern (siehe Skizzen der Krystalle).

Zur Konstruktion der perspektivischen Bilder verwendet GOLDSCHMIDT Leitlinie und Winkelpunkt (Abb. 148)[1].

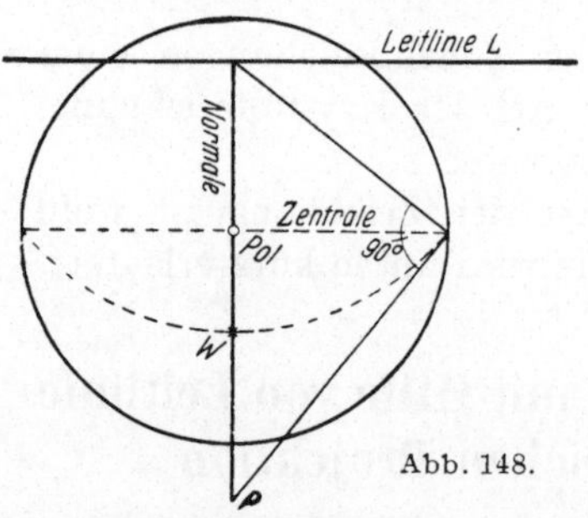

Abb. 148.

Die Leitlinie ist die Trace der Bildebene mit der Projektionsebene, der Winkelpunkt ist der um die Leitlinie als Scharnier heraufgeklappte Krystallmittelpunkt. Der Projektionspunkt der Bildebene liegt auf der Zentralen um 90° von der Leitlinie. Hierauf ergeben sich folgende Beziehungen:

---

[1] Es ist der stereographische Pol der Leitlinie.

1. Bildebene parallel zur Projektionsebene, dabei liegt die Leitlinie im Unendlichen, der Winkelpunkt im Projektionsmittelpunkt. Dies ist die Lage von Bildebene und Projektionsebene bei der Zeichnung eines Kopfbildes.

2. Leitlinie geht durch den Pol der Projektionsebene, Winkelpunkt liegt auf dem Grundkreis.

Hierbei liegt die c-Achse in der Bildebene.

3. Bei allen anderen perspektivischen Bildern liegt die Leitlinie zwischen 1 und 2, also zwischen Pol und Unendlich. .

Der Winkelpunkt entsprechend zwischen Pol und Grundkreis.

Abb. 149 zeigt diese angegebenen Verhältnisse.

Liegt ein Projektionspunkt auf der Leitlinie, so wird die betreffende Fläche auf der Zeichnung zur Linie verkürzt.

Abb. 150. Ist Z die Zonenlinie durch die beiden Projektionspunkte F und G,

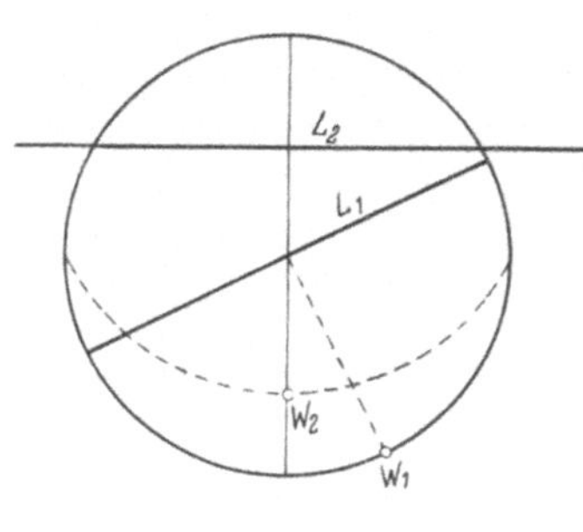

Abb. 149.

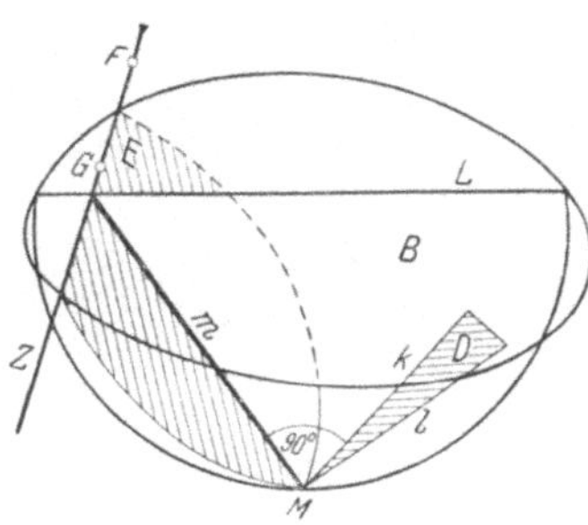

Abb. 150.

A deren Schnitt mit der Leitlinie L, W der Winkelpunkt von L, so ist k senkrecht auf AW die gesuchte Kantenrichtung.

Beweis: In dem perspektivischen Bilde ist B die Bildebene, L die Leitlinie, also die Trace (Schnittlinie) von Bildebene mit Projektionsebene, E die Zonenebene der beiden Projektionspunkte (Flächenpunkte) FG.

Z ist die Trace der Zonenebene mit der Projektionsebene. E und B gehen durch den Krystallmittelpunkt M. m ist die Schnittlinie zwischen B und E. Eine Gerade l senkrecht zu E ist die Kante (Achse) der Zone Z. Diese Kante soll in die Bildebene B projiziert werden. Man muß nur eine Ebene D senkrecht zu B durch l legen. Sie schneide B in k, so ist k die gesuchte Projektion der Kante l in B.

Nun ist aber k senkrecht zu m

$$\cos 90^\circ = 0 = \cos b \cdot \cos c.$$

Somit: $\cos b = 0$ oder $\cos c = 0$ resp. $b = 90^\circ$ oder $c = 90^\circ$.

Jedoch ist $c = 90^\circ$ auszuschließen, denn dies würde behaupten $l \perp B$; $E \parallel B \cdot k$ würde sich zum Punkt verkürzen, hätte also überhaupt keine Richtung, somit ist:

$$b = 90^\circ \quad \text{resp.} \quad k \perp m.$$

Wir werden uns hauptsächlich mit der Zeichnung von nichtidealisierten Bildern beschäftigen, da idealisierte Zeichnungen nur wenig verwandt werden.

Wir wollen nun an Hand einer Zeichnung die Konstruktion sowohl des Kopfbildes als auch des projektivischen Bildes erklären.

Da die Kanten der Prismenzonen senkrecht zur Leitlinie verlaufen, kleben wir[1] unser Zeichenpapier so an das gnomonische Projektionsbild an, daß der Rand desselben senkrecht zur Leitlinie verläuft. (Abb. 151 zeigt diese Anordnung[2].)

Man zeichnet zuerst das Kopfbild, aus dem wie angegeben, das perspektivische Bild abgeleitet wird.

Wie wir schon erwähnten, findet man die Lage einer Kante im Kopfbild, indem man das Lineal an die beiden betreffenden Projektionspunkte (die Zonen-

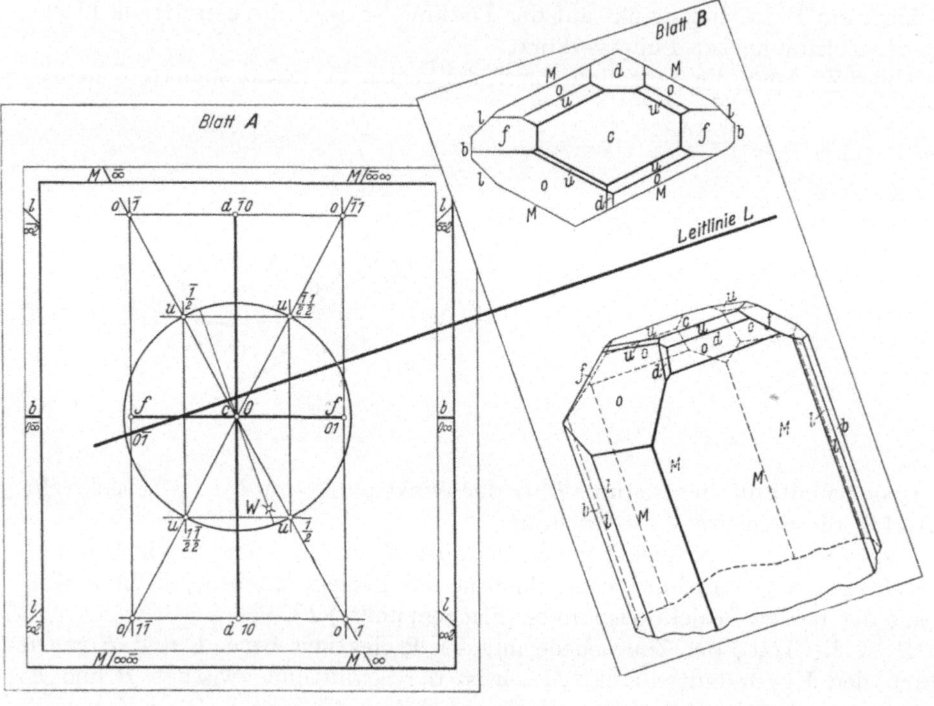

Abb. 151.

linie) anlegt, senkrecht dazu ist die gesuchte Kante. Man beginnt mit der Basis, und wenn keine vorhanden ist, mit den dem Pol am nächsten liegenden Flächen. Da im Kopfbild die Prismenflächen zur Linie verkürzt werden, so schneiden dieselben alle angrenzenden Flächen gerade ab.

Ist der Krystall an beiden Enden ausgebildet, so zeichnet man zuerst für das untere Kopfbild den Umriß des oberen Kopfbildes und dann erst die unteren Endflächen hinein. Für das nun folgende perspektivische Bild legt man die Leitlinie so, wie aus der Abb. 151 zu ersehen; wenn nicht andere Gründe eine Änderung der Lage der Leitlinie wünschenswert erscheinen lassen.

---

[1] Am besten durch ein mit Leim bestrichenes Papier, auf das man das Projektionsbild neben dem Zeichenbogen festklebt.

[2] Es sind jedenfalls keine Reißnägel zu verwenden, da diese beim Zeichnen sehr störend wirken.

Wir beginnen auch hier mit dem oberen Ende des Krystalls, indem wir, wie wir schon erwähnten, unser eisernes Lineal an die beiden betreffenden Projektionspunkte anlegen und den Schnitt dieser Richtung mit der Leitlinie markieren. Nun legen wir das Lineal an diesen Schnittpunkt und den Winkelpunkt, senkrecht zu dieser Richtung ist die gesuchte Kante.

Da die Länge dieser Kante aus dem Kopfbild senkrecht zur Leitlinie projiziert wird, legt man eine Parallele zur Leitlinie an das untere Ende des Zeichenbogens, an diese legt man jeweils das Lineal an und nimmt vom Kopfbild den betreffenden Punkt in das perspektivische Bild, ohne jedoch diese Linie auszuziehen (s. Abb. 151).

Alle vorderen Flächen liegen vor der Leitlinie, die hinteren Flächen dahinter. Flächen auf der Leitlinie werden zur Linie verkürzt; je weiter dieselben von der Leitlinie entfernt liegen, desto größer werden dieselben, liegen sie 90° von der Leitlinie entfernt, so erscheinen diese Flächen in ihrer vollen Größe.

Am besten, wenn man an Hand von Abb. 151 selbst eine Zeichnung ausführt.

Als Maßstab für die Größe der einzelnen Flächen dient die Skizze des Krystalls, die man für die Messung (Freihandzeichnung) gezeichnet hat, und man muß also auf diese Zeichnung die größte Sorgfalt verwenden.

c) Zeichenmethode von A. Nies durch Ausrechnung der Koordinaten der Eckpunkte der Flächen.

In einem Buche gibt A. Nies [27] eine kurze Krystallbeschreibung auf Grund des verschiedenen Grades der Symmetrie.

In erster Linie gibt er eine neue Methode des Krystallzeichnens.

Das Wesentliche seiner Methode besteht darin, daß die Eckpunkte der Krystallformen durch ihre 3 Koordinaten in bezug auf die Krystallachsen ausgerechnet und aufgetragen werden; diese Eckpunkte werden dann durch Gerade verbunden. Das Auftragen der Koordinaten geschieht auf quadriertem Papier. Die Koordinaten werden abgezählt, nicht gemessen.

Die Beispiele des Buches zeigen, wie man auch komplizierte Formen, Kombinationen, Hemieder, Zwillinge und Viellinge auf diese Art leicht zeichnen kann.

Die Bildebene legt Verfasser in die Ebene der b- und c-Achse und erhält dadurch die Abschnitte auf diesen sowie die Winkel zwischen ihnen in natürlicher Größe. Beim monoklinen System legt er die Bildebene in die Symmetrieebene.

Zur Berechnung der Ecken ist es nötig, die Zentraldistanz der Flächen einzuführen. Dies geschieht so, daß er die Naumannschen Zeichen resp. die Weissschen Symbole mit einem gemeinsamen Faktor multipliziert, indem er der Form in Klammer diesen Faktor beifügt, z. B. $m\overset{\smile}{P}n(d = \tfrac{2}{3})$, das soll bedeuten: Die Abschnitte, die das Symbol anzeigt, sollen $\tfrac{2}{3}$fach genommen werden. $dh = \tfrac{2}{3}\,na \cdot \tfrac{2}{3}\,b : \tfrac{2}{3}\,mc$. Für die Einzelflächen schreibt er Symbole in der Form $A_n B C_m$ resp. $A_{dn} B_d C_{dm}$, die bedeuten, daß die Abschnitte der Flächen auf den Achsen $ABC = dna, db, dmc$ sind.

Die Einführung von Symbolen mit Berücksichtigung des Zentraldistanz ist wichtig.

Die Ausrechnung der Koordinaten xyz der Eckpunkte ist durchaus elementar. Verfasser bedient sich für seine Hauptformel einer Determinante, doch setzt er nicht die Kenntnis der Determinantenlehre voraus. Er benutzt sie nur, um das Resultat unmittelbar und einfach anschreiben zu können. Er zeigt, wie die Determinante auszurechnen ist und gibt neben ihr in jedem einzelnen Fall die expliziten Formeln.

Schneiden sich drei Flächen $F_1 F_2 F_3$ in einer Ecke und sind die reziproken Achsenabschnitte (MILLERsche Symbole) von $F_1 = h_1 k_1 l_1$, von $F_2 = h_2 k_2 l_2$, von $F_3 = h_3 k_3 l_3$, die Zentraldistanzen $d_1 d_2 d_3$, so dient zur Berechnung der Koordinaten xyz des Eckpunktes der drei Flächen die Determinante:

$$\Delta = \begin{vmatrix} h_1 & k_1 & l_1 \\ h_2 & k_2 & l_2 \\ h_3 & k_3 & l_3 \end{vmatrix} \quad \text{mit den Unterdeterminanten} \quad \begin{matrix} \alpha_1 \beta_1 \gamma_1 \\ \alpha_2 \beta_2 \gamma_2 \\ \alpha_3 \beta_3 \gamma_3 \end{matrix}$$

Dann ist:

$$x = \frac{d_1 \alpha_1 + d_2 \alpha_2 + d_3 \alpha_3}{\Delta}\;; \qquad y = \frac{d_1 \beta_1 + d_2 \beta_2 + d_3 \beta_3}{\Delta}\;; \qquad z = \frac{d_1 \gamma_1 + d_2 \gamma_2 + d_3 \gamma_2}{\Delta}\,.$$

Verfasser behandelt im einzelnen die Gesamtformen mit Flächen gleicher Zentraldistanz für die sechs Krystallsysteme, ihre Hemiedrien und Tetartoedrien, dann Kombinationen von Flächen mit ungleicher Zentraldistanz für die sechs Systeme. Das folgende Kapitel gibt die Zeichnung von regelmäßigen Verwachsungen Zwillingen und Drillingen.

XI. Krystallmodelle.

a) Herstellung der Netze aus der gnomonischen Projektion durch Verlegen jeder Fläche in die Zeichenebenen.

Die Flächen eines jeden Krystalls lassen sich in einer Ebene ausbreiten, man nennt dies ein Krystallnetz. Die Konstruktion solcher ist auf verschiedene Arten möglich.

Man kann die ebenen Winkel, d. h. die Kantenwinkel berechnen und daraus die einzelnen Flächen eines Krystalls konstruieren, sollten die Flächen eines Krystalls mehr als 3 Kanten haben, so müssen noch eine oder mehrere Diagonale genommen werden.

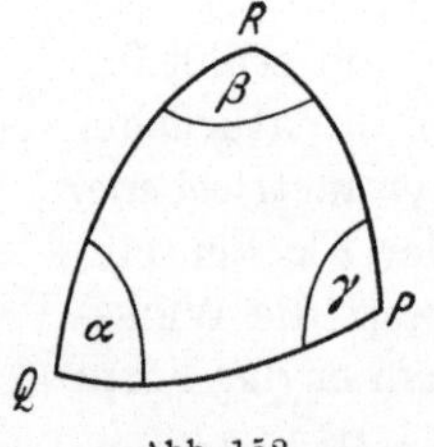

Abb. 152.

Die Berechnung dieser ebenen Winkel, es sind dies die Winkel zwischen den 2 Zonen, deren Zonenachse die betreffenden Kanten sind, ist nicht einfach.

Am besten bestimmt man in den sphärischen Dreiecken zuerst die Seiten aus den Winkeltabellen von GOLDSCHMIDT nach der Formel:

$$\cos PQ = \cos \varrho_1 \cdot \cos \varrho_2 + \sin \varrho_1 \cdot \sin \varrho_2 \cdot \cos (\varphi_2 - \varphi_1) \quad \text{(Abb. 152)}.$$

Aus diesen Winkeln kann man dann die 3 Winkel α, β, γ berechnen.

Bei einfachen Krystallformen ist dieser Weg wohl für die geometrische Bestimmung der Netze sicher der beste. Schwieriger ist die Berechnung bei Kombinationen, da hierbei die Winkeltabellen, wenn überhaupt, oft nur teilweise benutzt werden können.

Je höher symmetrisch die Krystallsysteme sind, desto einfacher gestaltet sich diese Rechnung.

Weit einfacher als diese geometrische Ableitung der Krystallnetze ist die graphische Bestimmung.

Es soll hier nur die Herstellung vom Pappmodell behandelt werden und hierbei vor allem der wissenschaftliche Teil, d. h. die Herstellung dieser Krystallnetze.

Die Art der Zeichnung dieser Krystallnetze ist neu und noch nicht beschrieben und wird ohne Berechnung ebener Winkel rein graphisch ausgeführt.

Aus dem gnomonischen Projektionsbild ist es möglich, von jeder beliebigen Krystallfläche ein Bild zu zeichnen, so daß diese Fläche in der Zeichenebene (parallel der Zeichenebene) liegt[1].

Auf dieser Möglichkeit beruht diese Art der Zeichnung der Krystallnetze.

Soll eine Fläche, die im Projektionsmittelpunkt liegt, auf diese Art gezeichnet werden, so liegt die Leitlinie im Unendlichen, der Winkelpunkt im Projektionsmittelpunkt, bei Flächen, die im Unendlichen liegen, geht die Leitlinie durch den Mittelpunkt, der Winkelpunkt liegt auf dem Grundkreis, und zwar für die vorderen Flächen vorn und für die hinteren Flächen hinten. Für jede andere Fläche (Abb. 153) zeichne man die Zentrale und gehe von dem Projektionspunkt m der Fläche um ein Winkel von 90° auf die Zentrale, die Senkrechte durch diesen Punkt B zur Zentrale ist die Leitlinie für den Punkt (Fläche A), nun schlage man mit dem Radius BD einen Bogen durch die Zentrale, der Schnittpunkt ist der Winkelpunkt. Legt man dann das Lineal durch den Projektionspunkt der betreffenden Fläche und an den Projektionspunkt, dessen Kante mit dieser Fläche gesucht wird, und sucht den Schnittpunkt dieser Linie mit der Leitlinie, so ist die Senkrechte auf die Verbindungslinie dieses Punktes mit dem Winkelpunkt die Richtung der gesuchten Kante[2].

Es soll nun im folgenden die Herstellung eines Krystallnetzes für nichtidealisierten triklinen Krystall (Anorthit) erläutert werden.

Aus dem gnomonischen Projektionsbild wird zunächst ein Kopfbild (Abb. 154) gezeichnet. Dieses Kopfbild dient als Grundlage für das Krystallnetz.

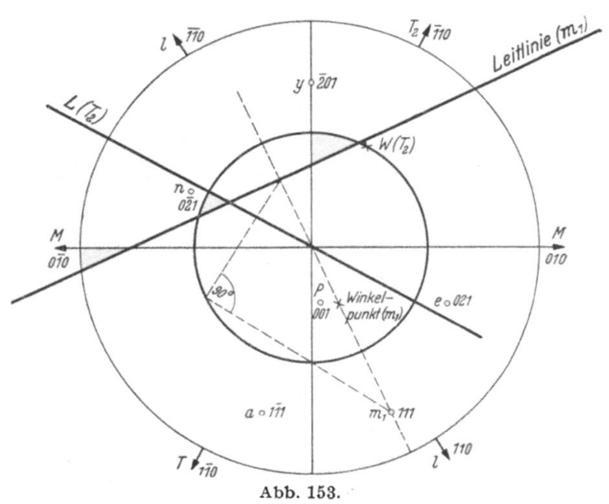

Abb. 153.

---

[1] Vgl. auch Seite 187.

[2] Um das Projektionsbild nicht unnötig vorher zu belasten, ist es ratsam, die Leitlinie und den Winkelpunkt erst dann zu konstruieren, wenn die betreffende Fläche gezeichnet wird. Am besten schreibt man in dem Projektionsbild für Projektionspunkte, Leitlinie und Winkelpunkte die entsprechenden Buchstaben mit Farbstift an.

In diesem Kopfbild zeichnet man zweckmäßig die unteren Flächen punktiert, um sie von den oberen zu unterscheiden.

Die Prismen sind die einzigen Flächen, die bei unserem Anorthit im Kopfbild in ihrer wahren Breite erscheinen, und mit diesen wollen wir beginnen.

Wir legen also unser Lineal in der Richtung der Leitlinie des betreffenden Prisma an und zeichnen zwei Linien senkrecht zu dieser Richtung in der Breite des Prisma, doch so weit von den Endpunkten entfernt, damit noch Platz für die Kanten der Endflächen mit dem betreffenden Prisma ist.

Aus dieser Zeichnung (Abb. 154) wird ja die Konstruktion der einzelnen Kanten besser als aus der Beschreibung zu ersehen sein.

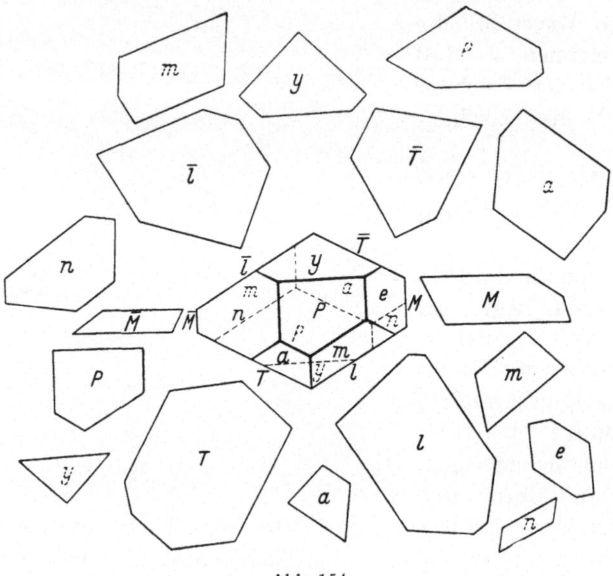

Abb. 154.

Nachdem das von den Prismen begrenzte obere Kopfbild die Oberseite von allen Prismen gezeichnet ist, kann man die einzelnen Prismen in der entsprechenden Reihenfolge so durchpausen, daß jeweils die Prismenkanten von zwei benachbarten Prismen sich decken, sind nun alle Prismen auf diese Art aneinandergelegt, so müssen die Endpunkte des ersten und des letzten Prisma, die ja später beim Zusammenfügen des Modells zusammenfallen, auf einer Geraden, senkrecht zu den Kanten der Prismenzonen liegen. Nach dieser Zeichnung der Oberseite zeichnet man die Unterseite der Prismen, dabei ist zu beachten, daß man für die vorderen Prismen den hinteren Winkelpunkt nehmen muß und umgekehrt. Außerdem muß man jedesmal die Länge der einzelnen Prismenkanten auf das benachbarte Prisma übertragen, nachdem man beim ersten Prisma eine entsprechende Länge der Kante gewählt hat. Man prüft jetzt wieder wie vorher durch Anlegen des Dreiecks, außerdem müssen natürlich auch die erste und die letzte Prismenkante die gleiche Länge haben. Dafür ist es nötig, alle Konstruktionen mit der größten Genauigkeit auszuführen.

Wir können nun mit der Zeichnung der Endflächen beginnen. Wir müssen natürlich zuerst jene Endflächen nehmen, bei denen die Länge der Kanten gegeben sind, das sind vorläufig nur die Kanten gegen die Prismen, die anderen Kanten müssen durch geeignete Konstruktion gefunden werden.

Am besten nimmt man dabei solche Flächen, die von möglichst vielen Prismen begrenzt sind, z. B. die Fläche n (Abb. 154). Die Länge der Kanten mit den Prismen T, M und l ist in den Zeichnungen der betreffenden Prismen gegeben. Für die Kanten für a und y können wir zwar die Richtung finden, jedoch nicht die Länge dieser Kanten. Wir verwenden dabei folgende Hilfskonstruktion (Abb. 155). Wir verlängern die Kante nP im Kopfbild bis zum Schnitt mit den Prismen T und l und übertragen diese beiden Sehnittpunkte auf die Zeichnung des betreffenden Prismas. Wir übertragen nun die Länge von der Kante nT und nl auf die Richtungen von den Kanten nT und nl und verbinden die beiden Endpunkte, bei richtiger Konstruktion muß dies die Richtung der Kante nP sein. Da aber die Längen der Kanten NT und nl aus den betreffenden Zeichnungen bekannt sind, müssen wir nur die Kanten na und ny von diesen Punkten bis zum

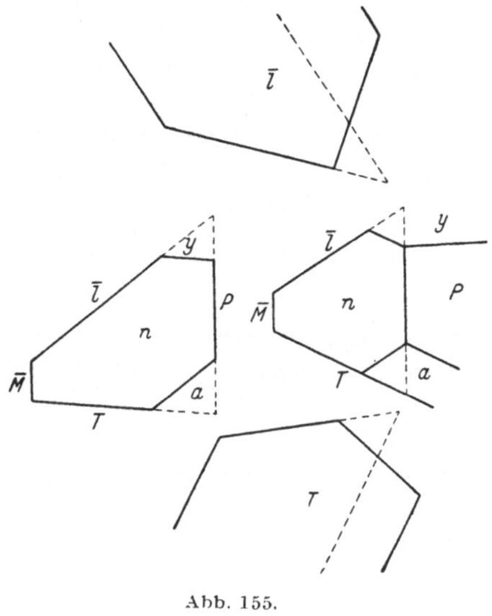

Abb. 155.

Schnitt der Kante Pn ziehen und haben somit die wahre Länge der Kante nP.

Die Zeichnung Abb. 155 diene zur Erläuterung.

Für die übrigen Endflächen verwendet man dieselbe Konstruktion, wenn nicht schon durch angrenzende Flächen die Länge der Kanten bekannt ist.

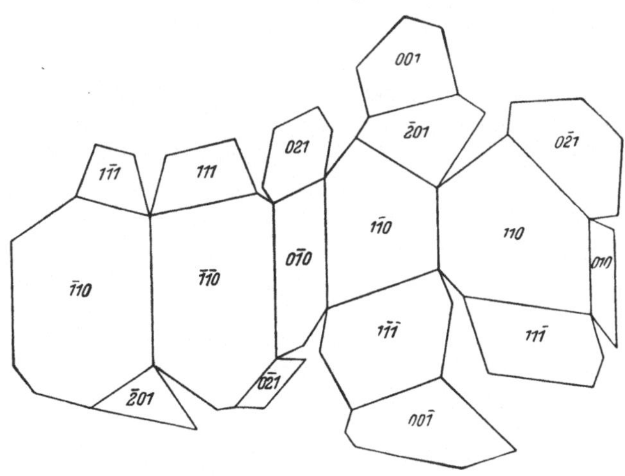

Abb. 156.

So könnte man z. B. Fläche xy nach Fläche n zeichnen, denn bei dieser Fläche sind die Kanten mit l und T und n (deren Länge wir jetzt fanden) bekannt, so daß man nur noch die Kanten yP und yln ziehen muß, deren Länge sich natürlich ohne weiteres aus ihrem Schnittpunkt ergibt. Auf diese Art konstruiert man alle Flächen der Ober- und Unterseite jede einzeln aus ihrer Leitlinie und ihrem Winkelpunkt.

Die nächste Aufgabe ist, aus diesen einzelnen Flächen das Netz zusammenzusetzen, indem man die Flächen auf Pauspapier mit ihren entsprechenden Kanten zusammenlegt (Abb. 156).

Dieses Bild ist dann das gesuchte Krystallnetz und kann durch Übertragen auf Karten das Modell hergestellt werden. In diesem Netz hängen je zwei Flächen zusammen mit der Kante, die sie gemeinsam haben, oder stoßen doch bei Zusammenbiegen in derselben zusammen.

b) Korkmodelle[1].

Eine Vermittlung zwischen den Modellen (Raumgebilde) und der Projektion bilden diese Korkmodelle mit ihren Nadelstiften, die äußerst einfach sind und außer zum Verständnis der Projektion noch mannigfacher Anwendung fähig sind.

Bei den Korkmodellen nimmt man die gleiche Substitution für jede Fläche durch ihre Normalen wie bei der gnomonischen Projektion vor.

An Stelle des Krystalls mit seinen Flächen tritt hier ein System von Strahlen aus einem Punkt. Abgesehen von der Zentraldistanz ersetzt das Strahlenbündel das Modell vollständig.

GOLDSCHMIDT, von dem die Idee dieser Korkmodelle stammt, gibt diesen die Gestalt der Grundform oder der Polarform der Krystalle.

Es genügt dabei, da es auf die absolute Größe der Winkel hierbei nicht ankommt, für jedes Krystallsystem ein Korkmodell in der Grundform, d. h. der Kombination der 3 Pinakoide zu nehmen.

Da Grundform und Polarform schematisch dieselbe Gestalt, d. h. dieselben Symmetrieverhältnisse haben, kann deshalb das Korkmodell die Gestalt der Grundform ebensogut wie die der Polarform haben.

Im ganzen genügen also 6 Modelle.

Auf der Oberfläche dieser Modelle sind die Diagonalen und die Mittellinien gezogen, die die wichtigsten Zonenlinien darstellen.

Die Nadelstifte sind runde Holzstäbchen, die mit verschiedenen Farben angestrichen sind und in die eine starke Stopfnadel eingetrieben ist.

Wer diese Modelle in Gebrauch nimmt, wird die Mannigfaltigkeit der Anwendung sowohl zur Demonstration als auch zur eigenen Orientierung von selbst finden.

---

[1] Zu beziehen durch P. Stoe & Co., Heidelberg.

Anhang.

Sehnen-Tangententabelle (zu S. 135).

Sehnen $s = 2\sin\dfrac{\alpha}{2}$.

α^0	0′	10′	20′	30′	40′	50′
0	0,0000	0,0029	0,0058	0,0087	0,0116	0,0145
1	0,0175	0,0204	0,0233	0,0262	0,0291	0,0320
2	0,0349	0,0378	0,0407	0,0436	0,0465	0,0494
3	0,0524	0,0553	0,0582	0,0611	0,0640	0,0669
4	0,0698	0,0727	0,0756	0,0785	0,0814	0,0843
5	0,0872	0,0901	0,0931	0,0960	0,0989	0,1018
6	0,1047	0,1076	0,1105	0,1134	0,1163	0,1192
7	0,1221	0,1250	0,1279	0,1308	0,1337	0,1366
8	0,1395	0,1424	0,1453	0,1482	0,1511	0,1540
9	0,1569	0,1598	0,1627	0,1656	0,1685	0,1714
10	0,1743	0,1772	0,1801	0,1830	0,1859	0,1888
11	0,1917	0,1946	0,1975	0,2004	0,2033	0,2062
12	0,2091	0,2119	0,2148	0,2177	0,2206	0,2235
13	0,2264	0,2293	0,2322	0,2351	0,2380	0,2409
14	0,2437	0,2466	0,2495	0,2524	0,2553	0,2582
15	0,2611	0,2639	0,2668	0,2697	0,2726	0,2755
16	0,2783	0,2812	0,2841	0,2870	0,2899	0,2927
17	0,2956	0,2985	0,3014	0,3042	0,3071	0,3100
18	0,3129	0,3157	0,3186	0,3215	0,3244	0,3272
19	0,3301	0,3330	0,3358	0,3387	0,3416	0,3344
20	0,3473	0,3502	0,3530	0,3559	0,3587	0,3616
21	0,3645	0,3673	0,3702	0,3730	0,3759	0,3788
22	0,3816	0,3845	0,3873	0,3902	0,3930	0,3959
23	0,3987	0,4016	0,4044	0,4073	0,4101	0,4130
24	0,4158	0,4187	0,4215	0,4244	0,4272	0,4300
25	0,4329	0,4357	0,4386	0,4414	0,4442	0,4471
26	0,4499	0,4527	0,4556	0,4584	0,4612	0,4641
27	0,4669	0,4697	0,4725	0,4754	0,4782	0,4810
28	0,4838	0,4867	0,4895	0,4923	0,4951	0,4979
29	0,5008	0,5036	0,5064	0,5092	0,5120	0,5148
30	0,5176	0,5204	0,5233	0,5261	0,5289	0,5317
31	0,5345	0,5373	0,5401	0,5429	0,5457	0,5485
32	0,5513	0,5541	0,5569	0,5597	0,5623	0,5652
33	0,5680	0,5708	0,5736	0,5764	0,5792	0,5820
34	0,5847	0,5875	0,5903	0,5931	0,5959	0,5986
35	0,6014	0,6042	0,6070	0,6097	0,6125	0,6153
36	0,6180	0,6208	0,6236	0,6263	0,6291	0,6319
37	0,6346	0,6374	0,6401	0,6429	0,6456	0,6484
38	0,6511	0,6539	0,6566	0,6594	0,6621	0,6649
39	0,6676	0,6704	0,6731	0,6758	0,6786	0,6813
40	0,6840	0,6868	0,6895	0,6922	0,6950	0,6977
41	0,7004	0,7031	0,7059	0,7086	0,7113	0,7140
42	0,7167	0,7195	0,7222	0,7249	0,7276	0,7303
43	0,7330	0,7357	0,7384	0,7411	0,7438	0,7465
44	0,7492	0,7519	0,7546	0,7573	0,7600	0,7627
45	0,7654	0,7681	0,7707	0,7734	0,7761	0,7788
α^0	0′	10′	20′	30′	40′	50′

Tangenten $5\,\mathrm{tg}\,\alpha$.

α^0	0′	10′	20′	30′	40′	50′	α^0	0′	10′	20′	30′	40′	50′
0	0,000	0,014·	0,029	0,044	0,058	0,073	45	5,000	5,029	5,058·	5,088	5,118	5,148
1	0,087	0,102	0,116·	0,131	0,145·	0,160	46	5,178	5,208	5,238	5,269	5,300	5,331
2	0,174·	0,189	0,204	0,218	0,233	0,247·	47	5,362	5,393	5,425	5,456·	5,488·	5,521
3	0,262	0,277	0,291	0,306	0,320·	0,335	48	5,553	5,586	5,618·	5,651·	5,685	5,718
4	0,350	0,364	0,379	0,393·	0,408	0,423	49	5,752	5,786	5,820	5,854	5,889	5,924
5	0,437·	0,452	0,467	0,481·	0,496	0,511	50	5,959	5,994	6,030	6,065·	6,101·	6,138
6	0,525·	0,540	0,555	0,570	0,584·	0,599	51	6,174·	6,211	6,248·	6,286	6,323·	6,361·
7	0,614	0,629	0,643·	0,657	0,673	0,688	52	6,400	6,438	6,477	6,516	6,555·	6,595
8	0,703	0,717·	0,732·	0,747	0,762	0,777	53	6,635	6,675·	6,716	6,757	6,798·	6,840
9	0,792	0,807	0,822	0,837	0,852	0,867	54	6,882	6,924	6,967	7,010	7,053	7,097
10	0,882	0,897	0,912	0,927	0,942	0,957	55	7,141	7,185	7,230	7,275	7,320·	7,366·
11	0,972	0,987	1,002	1,017	1,032·	1,047·	56	7,413	7,459·	7,507	7,554	7,602	7,650·
12	1,063	1,078	1,093	1,108·	1,124	1,139	57	7,699	7,749	7,798	7,848	7,899	7,950
13	1,154	1,170	1,185	1,200·	1,216	1,231	58	8,002	8,054	8,106	8,159	8,213	8,267
14	1,247	1,262	1,278	1,293	1,309	1,324	59	8,321·	8,376·	8,432	8,488	8,545	8,602
15	1,340	1,355	1,371	1,387	1,402	1,418	60	8,660	8,719	8,778	8,837·	8,898	8,959
16	1,434	1,450	1,465	1,481	1,497	1,513	61	9,020	9,082·	9,145	9,209	9,273	9,338
17	1,529	1,546	1,560·	1,576·	1,592·	1,608·	62	9,404	9,470	9,537	9,605	9,673·	9,743
18	1,625	1,641	1,658	1,673	1,689	1,705·	63	9,813	9,884	9,956	10,028	10,102	10,176
19	1,722	1,738	1,754	1,771	1,787	1,803·	64	10,251	10,328	10,405	10,483	10,562	10,642
20	1,820	1,836	1,853	1,869·	1,886	1,903	65	10,723	10,804	10,887	10,971	11,057	11,143
21	1,919	1,936	1,953	1,969·	1,986	2,003	66	11,230	11,319	11,408	11,499	11,591	11,685
22	2 020	2 037	2 054	2.071	2 088	2,105	67	11,779	11,875	11,972	12,071	12,171	12,273
23	2,122	2,139·	2,157	2,174	2,191·	2,209	68	12,375	12,480	12,586	12,693	12,802	12,913
24	2,226	2,243·	2,261	2,279	2,296	2,314	69	13,025	13,140	13,255	13,373	13,493	13,614
25	2,331·	2,349	2,367	2,385	2,403	2,421	70	13,737	13,863	13,990	14,120	14,251	14,385
26	2,439	2,457	2,475	2,493	2,511	2,529	71	14,521	14,659	14,800	14,943	15,089	15,237
27	2,548	2,566	2,584·	2,603	2,621	2,640	72	15,388	15,542	15,699	15,858	16,020	16,186
28	2,658·	2,677	2,696	2,715	2,734	2,752·	73	16,354	16,526	16,701	16,880	17,062	17,248
29	2,771·	2,790·	2,810	2,829	2,848	2,867·	74	17,437	17,630	17,828	18,029	18,235	18,445
30	2,887	2,906	2,926	2,945	2,965	2,984·	75	18,660	18,880	19,104	19,334	19,568	19,808
31	3,004	3,024	3,044	3,064	3,084	3,104	76	20,054	20,305	20,563	20,826	21,097	21,374
32	3,124	3,144·	3,165	3,185	3,206	3,226·	77	21,657	21,948	22,247	22,554	22,868	23,191
33	3,247	3,268	3,288·	3,309·	3,330·	3,351·	78	23,523	23,864	24,215	24,576	24,947	25,329
34	3,372·	3,394	3,415	3,436·	3,458	3,479·	79	25,723	26,128	26,546	26,978	27,423	27,882
35	3,501	3,523	3,544·	3,566·	3,588·	3,610·	80	28,356	28,847	29,354	29,879	30,422	30,985
36	3,633	3,655	3,677	3,700	3.722	3,745·	81	31,569	32,174	32,803	33,456	34,135	34,841
37	3,768	3,790·	3,813·	3,837	3,860	3,883	82	35,577	36,344	37,144	37,979	38,852	39,765
38	3,906·	3,930	3,953·	3,977	4,001	4,025	83	40,722	41,725	42,778	43,884	45,049	46,277
39	4,049	4,073	4,097	4,122	4,146	4,171	84	47,572	48,941	50,390	51,927	53,560	55,297
40	4,195·	4,220	4,245	4,270·	4,295·	4,321	85	57,150	59,131	61,252	63,531	65,984	68,633
41	4,346·	4,372	4,398	4,424	4,450	4,476	86	71,503	74,622	78,024	81,750	85,847	90,375
42	4,502	4,528·	4,555	4,582	4,608·	4,635·	87	95,406	101,03	107,35	114,52	122,71	132,16
43	4,663	4,690	4,717	4,745	4,772·	4,800·	88	143,18	156,21	171,84	190,94	214,82	245,52
44	4,828·	4,857·	4,885	4,913·	4,942	4,971	89	286,45	343,75	429,70	572,95	859,42	1718,9
α^0	0′	10′	20′	30′	40′	50′	α^0	0′	10′	20′	30′	40′	50′

Literaturverzeichnis.

[1] BAUMHAUER, H.: Untersuchungen über die Entwicklung der Krystallflächen im Zonenverbande. Z. Krystallogr. Bd. 38 (1903) S. 628.

[2] BERNHARDI, J. J.: Gedanken über Krystallogenie und Anordnung der Mineralien nebst einigen Beilagen über Krystallisation verschiedener Substanzen. Gehlens Journal für Physik, Chemie und Mineralogie Bd. 8. S. 360f. Berlin 1809.

[3] BRAVAIS, A.: Mémoire sur les polyèdres de forme symmétrique. Journal de mathémat. p. Lionville, Bd. 14 (1849) S. 137.

[4] BORGSTRÖM, L. und V. GOLDSCHMIDT: Krystallberechnung im triklinen System illustriert am Anorthit. Z. Krystallogr. Bd. 24 (1905) S. 610.

[5] FEDOROV, E. v.: Beiträge zur zonalen Krystallographie. V. Komplikationsgesetze und richtige Aufstellung der Krystalle. Z. Krystallogr. Bd. 35 (1901) S. 25f.

[6] GADOLIN, A.: Mémoire s. l. déduction d'un seul principe de tous les systèmes cristallographiques avec leur subdivisions. Acta Soc. Scient. Fenn Helsingf. Bd. 9 (1871) S. 1f.

[7] GOLDSCHMIDT, V.: Index der Krystallformen der Mineralien. Bd. 1, S. 15f, 18f. Berlin: Springer (1886).

[8] — Über Projection und graphische Krystallberechnung. Berlin: Springer (1887).

[9] — Über Krystallzeichnen. Z. Krystallogr. Bd. 19 (1891) S. 352.

[10] — Polarstellen am zweikreisigen Goniometer. Z. Krystallogr. Bd. 24 (1894) S. 610.

[11] — Über Entwicklung der Krystallformen. Z. Krystallogr. Bd. 28, I. Teil, S. 1—35, II. Teil S. 414—451.

[12] — Krystallographische Winkeltabellen. Berlin: Springer (1897).

[13] — Das zweikreisige Goniometer und seine Justierung. Z. Krystallogr. Bd. 29 (1987) S. 333.

[14] — Krystallographische Projektionsbilder. Berlin: Springer (1887).

[15] — Über Krystallsysteme, deren Definition und Erkennung. Z. Krystallogr. Bd. 31 (1899) S. 136.

[16] — und W. NICOL: Spinellgesetz beim Pyrit und über Rangordnung der Zwillingsgesetze. N. Jahrb. Min. Bd. II (1904) S. 93.

[17] — Über Complikation und Displikation. Heidelberg: C. Winter 1921.

[18] HAAG, FR.: Bemerkungen zum Complikationsgesetz. Z. Krystallogr. Bd. 45 (1908) S. 63.

[19] HESSEL, J. F. C.: Krystall, Gehlers physikalisches Wörterbuch, 5 (1830).

[20] JUNGHANN, G.: Studien über die Geometrie der Krystalle. N. Jahrb. Min. Bd. 1 (1881) S. 325.

[21] KLEBER, W.: Fortschr. Min. 21 (1937) S. 172.

[22] MAUGUIN, CH.: Sur le symbolisme des groupes de répétition ou de symétrie desassemblages cristallins. Z. Krystallogr. Bd. 76 (1931) S. 542.

[23] MILLER, W.: A treatise on Crystallography. Cambridge 1839.

[24] MOHS, FR.: Grundriß der Mineralogie. Bd. 1, S. 56, Dresden (1822).

[25] NAUMANN, FR.: Lehrbuch der Krystallographie. Bd. 1 (1839).

[26] NEUMANN, F. C.: Beiträge zur Krystallonomie. Berlin und Posen 1823.

[27] NIES, A.: Allgemeine Krystallbeschreibung auf Grund einer vereinfachten Methode des Krystallzeichnens. Stuttgart: Schweizerbart (1895).

[28] PARSONS, A. L.: Two-circle Calculation in the Hexagonal System. Am. Min. Bd. 22 S. 580 (1937).

[29] PEACOCK, M.: Geometrical Relations in the Hexagonal System. Am. Min. Bd. 23 (1938) S. 315.

[30] SCHOENFLIESS, A.: Krystallsysteme und Krystallstruktur. Leipzig: Teubner (1891).

[31] SOMMERFELD, E.: Kettenbruchähnliche Entwicklungen zur Beurteilung der Wahrscheinlichkeit des Auftretens bestimmter Flächenkombinationen an Krystallen. Z. Krystallogr. Bd. 41 (1905) S. 659.

[32] WEISS, CHR. S.: Über die krystallographische Fundamentalbestimmung des Feldspates. Abhandl. d. Berliner Ak. d. Wiss. 1816—1817.

[33] — Übersichtliche Darstellung der verschiedenen Abteilungen der Krystallisationssysteme. Ak. Wiss. Berlin 1818.

[34] WHEWELL, W. A.: A general Method of calculating the angles made by any crystal and the laws according to which they are found. Phil. Trans. S. 87f. (1825).

[35] DANA's System of Mineralogy. New York: John Weley & sons (1944).

Sachverzeichnis.

Leipziger Druckhaus, Leipzig (M 115).
Gen.-Nr. 721/53/50.